水利水电工程施工技术全书

第三卷 混凝土工程

第四册

混凝土生产系统

方鉴 等 编著

中国水利水电出版社
www.waterpub.com.cn
·北京·

内 容 提 要

本书是《水利水电工程施工技术全书》第三卷《混凝土工程》中的第四分册。本书系统阐述了水利水电混凝土生产系统的技术和方法。主要内容包括：综述，混凝土生产系统布置，拌和系统设计，制冷系统及制热系统设计，给排水系统及废水处理工艺，供配电及控制系统设计，混凝土生产系统的设备安装，系统调试与运行，质量控制，安全管控，混凝土生产系统工程实例等。

本书可作为水利水电工程施工领域的工程技术人员、工程管理人员和高级技术工人的工具书，也可供从事水利水电工程科研、设计、建设及运行管理和相关企事业单位的工程技术人员、工程管理人员使用，并可作为大专院校水利水电工程及机电专业师生教学参考书。

图书在版编目（Ｃ Ｉ Ｐ）数据

混凝土生产系统 / 方鉴等编著. -- 北京 ： 中国水利水电出版社，2016.7

（水利水电工程施工技术全书. 第三卷. 混凝土工程；第四册）

ISBN 978-7-5170-4617-2

Ⅰ. ①混… Ⅱ. ①方… Ⅲ. ①混凝土－生产工艺

Ⅳ. ①TU528.06

中国版本图书馆CIP数据核字 (2016) 第190196号

书　　　名	水利水电工程施工技术全书 **第三卷　混凝土工程** **第四册　混凝土生产系统** HUNNINGTU SHENGCHAN XITONG
作　　　者	方鉴　等 编著
出 版 发 行	中国水利水电出版社 （北京市海淀区玉渊潭南路 1 号 D 座　100038） 网址：www. waterpub. com. cn E-mail：sales@waterpub. com. cn 电话：(010) 68367658（营销中心）
经　　　售	北京科水图书销售中心（零售） 电话：(010) 88383994、63202643、68545874 全国各地新华书店和相关出版物销售网点
排　　　版	中国水利水电出版社微机排版中心
印　　　刷	北京瑞斯通印务发展有限公司
规　　　格	184mm×260mm　16 开本　14.25 印张　338 千字
版　　　次	2016 年 7 月第 1 版　2016 年 7 月第 1 次印刷
印　　　数	0001—3000 册
定　　　价	**58.00 元**

《水利水电工程施工技术全书》
编审委员会

顾　　问：潘家铮　中国科学院院士、中国工程院院士
　　　　　谭靖夷　中国工程院院士
　　　　　陆佑楣　中国工程院院士
　　　　　郑守仁　中国工程院院士
　　　　　马洪琪　中国工程院院士
　　　　　张超然　中国工程院院士
　　　　　钟登华　中国工程院院士
　　　　　缪昌文　中国工程院院士

名誉主任：范集湘　丁焰章　岳　曦
主　　任：孙洪水　周厚贵　马青春
副 主 任：宗敦峰　江小兵　付元初　梅锦煜
委　　员：（以姓氏笔画为序）

丁焰章	马如骐	马青春	马洪琪	王　军	王永平
王亚文	王鹏禹	付元初	江小兵	刘永祥	刘灿学
吕芝林	孙来成	孙志禹	孙洪水	向　建	朱明星
朱镜芳	何小雄	和孙文	陆佑楣	李友华	李志刚
李丽丽	李虎章	沈益源	汤用泉	吴光富	吴国如
吴高见	吴秀荣	肖恩尚	余　英	陈　茂	陈梁年
范集湘	林友汉	张　晔	张为明	张利荣	张超然
周　晖	周世明	周厚贵	宗敦峰	岳　曦	杨　涛
杨成文	郑守仁	郑桂斌	钟彦祥	钟登华	席　浩
夏可风	涂怀健	郭光文	常焕生	常满祥	楚跃先
梅锦煜	曾　文	焦家训	戴志清	缪昌文	谭靖夷
潘家铮	衡富安				

主　　编：孙洪水　周厚贵　宗敦峰　梅锦煜　付元初　江小兵
审　　定：谭靖夷　郑守仁　马洪琪　张超然　梅锦煜　付元初
　　　　　周厚贵　夏可风
策　　划：周世明　张　晔
秘 书 长：宗敦峰（兼）
副秘书长：楚跃先　郭光文　郑桂斌　吴光富　康明华

《水利水电工程施工技术全书》
各卷主（组）编单位和主编（审）人员

卷序	卷名	组编单位	主编单位	主编人	主审人
第一卷	地基与基础工程	中国电力建设集团（股份）有限公司	中国电力建设集团（股份）有限公司 中国水电基础局有限公司 葛洲坝基础公司	宗敦峰 肖恩尚 焦家训	谭靖夷 夏可风
第二卷	土石方工程	中国人民武装警察部队水电指挥部	中国人民武装警察部队水电指挥部 中国水利水电第十四工程局有限公司 中国水利水电第五工程局有限公司	梅锦煜 和孙文 吴高见	马洪琪 梅锦煜
第三卷	混凝土工程	中国电力建设集团（股份）有限公司	中国水利水电第四工程局有限公司 中国葛洲坝集团有限公司 中国水利水电第八工程局有限公司	席　浩 戴志清 涂怀健	张超然 周厚贵
第四卷	金属结构制作与机电安装工程	中国能源建设集团（股份）有限公司	中国葛洲坝集团有限公司 中国电力建设集团（股份）有限公司 中国葛洲坝建设有限公司	江小兵 付元初 张　晔	付元初
第五卷	施工导（截）流与度汛工程	中国能源建设集团（股份）有限公司	中国能源建设集团（股份）有限公司 中国葛洲坝集团有限公司 中国水利水电第八工程局有限公司	周厚贵 郭光文 涂怀健	郑守仁

《水利水电工程施工技术全书》
第三卷《混凝土工程》编委会

主　　编：席　浩　戴志清　涂怀健

主　　审：张超然　周厚贵

委　　员：（以姓氏笔画为序）

　　　　　牛宏力　王鹏禹　刘加平　刘永祥　刘志和

　　　　　向　建　吕芝林　朱明星　李克信　肖炯红

　　　　　姬脉兴　席　浩　涂怀健　高万才　黄　巍

　　　　　戴志清　魏　平

秘 书 长：李克信

副秘书长：姬脉兴　赵海洋　黄　巍　赵春秀　李小华

《水利水电工程施工技术全书》
第三卷《混凝土工程》
第四册《混凝土生产系统》
编写人员名单

主　　编：方　鉴

审　　稿：向　建

编写人员：方　鉴　　陈雁高　　肖炯红　　李盛林　　余淑娟　　夏　云

夏海霞　　唐云宏　　宁占元

序 一

水利水电工程建设在我国作为一项基础建设事业，已经走过了近百年的历程，这是一条不平凡而又伟大的创业之路。

新中国成立 66 年来，党和国家领导一直高度重视水利水电工程建设，水电在我国已经成为了一种不可替代的清洁能源。我国已经成为世界上水电装机容量第一位的大国，水利水电工程建设不论是规模还是技术水平，都处于国防领先或先进水平，这是几代水利水电工程建设者长期艰苦奋斗所创造出来的。

改革开放以来，特别是进入 21 世纪以后，我国的水利水电工程建设又进入了一个前所未有的高速发展时期。到 2014 年，我国水电总装机容量突破 3 亿 kW，占全国电力装机容量的 23%。发电量也历史性地突破 31 万亿 kW·h。水电作为我国当前重要的可再生能源，为我国能源电力结构调整、温室气体减排和气候环境改善做出了重大贡献。

我国水利水电工程建设在新技术、新工艺、新材料、新设备等方面都取得了突破性的进展，无论是技术、工艺，还是在材料、设备等方面，都取得了令人瞩目的成就，它不仅推动了技术创新市场的活跃和发展，也推动了水利水电工程建设的前进步伐。

为了对当今水利水电工程施工技术进展进行科学的总结，及时形成我国水利水电工程施工技术的自主知识产权和满足水利水电建设事业的工作需要，全国水利水电施工技术信息网组织编撰了《水利水电工程施工技术全书》。该全书编撰历时 5 年，在编撰过程中组织了一大批长期工作在工程建设一线的中青年技术负责人和技术骨干执笔，并得到了有关领导、知名专家的悉心指导和审定，遵循"简明、实用、求新"的编撰原则，立足于满足广大水利水电工程技术人员的实际工作需要，并注重参考和指导价值。该全书内容涵盖了水利水电工程建设地基与基础工程、土石方工程、混凝土工程、金属结构制作与机电安装工程、施工导（截）流与度汛工程等内容的目标任务、原理方法及工程实例，既有理论阐述，又有实例介绍，重点突出，图文并茂，针对性及可操作性强，对今后的水利水电工程建设施工具有重要指导作用。

《水利水电工程施工技术全书》是对水利水电施工技术实践的总结和理论提炼，是一套具有权威性、实用性的大型工具书，为水利水电工程施工"四新"技术成果的推广、应用、继承、创新提供了一个有效载体。为大力推动水利水电技术进步和创新，推进中国水利水电事业又好又快地发展，具有十分重要的现实意义和深远的科技意义。

水利水电工程是人类文明进步的共同成果，是现代社会发展对保障水资源供给和可再生能源供应的基本需求，水利水电工程施工技术在近代水利水电工程建设中起到了重要的推动作用。人类应对全球气候变化的共识之一是低碳减排，尽可能多地利用绿色能源就成为重要选择，太阳能、风能及水能等成为首选，其中水能蕴藏丰富、可再生性、技术成熟、调度灵活等特点成为最优的绿色能源。随着水利水电工程建设与管理技术的不断发展，水利水电工程，特别是一些高坝大库能有效利用自然条件、降低开发运行成本、提高水库综合效能，高坝大库的（高度、库容）记录不断被刷新。特别是随着三峡、拉西瓦、小湾、溪洛渡、锦屏、向家坝等一批大型、特大型水利水电工程相继建成并投入运行，标志着我国水利水电工程技术已跨入世界领先行列。

近年来，我国水利水电工程施工企业积极实施走出去战略，海外市场开拓业绩突出。目前，我国水利水电工程施工企业在亚洲、非洲、南美洲多个国家承建了上百个水利水电工程项目，如尼罗河上的苏丹麦洛维水电站、号称"东南亚三峡工程"的马来西亚巴贡水电站、巨型碾压混凝土坝泰国科隆泰丹水利工程、位居非洲第一水利枢纽工程的埃塞俄比亚泰克泽水电站等，"中国水电"的品牌价值已被全球业内所认可。

《水利水电工程施工技术全书》对我国水利水电施工技术进行了全面阐述。特别是在众多国内外大型水利水电工程成功建设后，我国水利水电工程施工人员创造出一大批新技术、新工法、新经验，对这些内容及时总结并公开出版，与全体水利水电工作者分享，这不仅能促进我国水利水电行业的快速发展，提高水利水电工程施工质量，保障施工安全，规范水利水电施工行业发展，而且有助于我国水利水电行业走进更多国际市场，展示我国水利水电行业的国际形象和实力，提高我国水利水电行业在国际上的影响力。

该全书的出版不仅能提高水利水电工程施工的技术水平，而且有助于提高我国水利水电行业在国内、国际上的影响力，我在此向广大水利水电工程建设者、工程技术人员、勘测设计人员和在校的水利水电专业师生推荐此书。

2015 年 4 月 8 日

序 二

《水利水电工程施工技术全书》作为我国水利水电工程技术综合性大型工具书之一，与广大读者见面了！

这是一套非常好的工具书，它也是在《水利水电工程施工手册》基础上的传承、修订和创新。集中介绍了进入 21 世纪以来我国在水利水电施工领域从施工地基与基础工程、土石方工程、混凝土工程、金属结构制作与机电安装工程、施工导（截）流与度汛工程等方面采用的各类创新技术，如信息化技术的运用：在施工过程模拟仿真技术、混凝土温控防裂技术与工艺智能化等关键技术，应用了数字信息技术、施工仿真技术和云计算技术，实现工程施工全过程实时监控，使现代信息技术与传统筑坝施工技术相结合，提高了混凝土施工质量，简化了施工工艺，降低了施工成本，达到了混凝土坝快速施工的目的；再如碾压混凝土技术在国内大规模运用：节省了水泥，降低了能耗，简化了施工工艺，降低了工程造价和成本；还有，在科研、勘察设计和施工一体化方面，数字化设计研究面向设计施工一体化的三维施工总布置、水工结构、钢筋配置、金属结构设计技术，推广复杂结构三维技施设计技术和前期项目三维枢纽设计技术，形成建筑工程信息模型的协同设计能力，推进建筑工程三维数字化设计移交标准工程化应用，也有了长足的进步。因此，在当前形势下，编撰出一部新的水利水电施工技术大型工具书非常必要和及时。

随着水利水电工程施工技术的不断推进，必然会给水利水电施工带来新的发展机遇。同时，也会出现更多值得研究的新课题，相信这些都将对水利水电工程建设事业起到积极的促进作用。该全书是当今反映水利水电工程施工技术最全、最新的系列图书，体现了当前水利水电最先进的施工技术，其中多项工程实例都是曾经创造了水利水电工程的世界纪录。该全书总结的施工技术具有先进性、前瞻性，可读性强。该全书的编者们都是参加过我国大型水利水电工程的建设者，有着非常丰富的各专业施工经验。他们以高度的社会责任感和使命感、饱满的工作热情和扎实的工作作风，大力发展和创新水电科学技术，为推进我国水利水电事业又好又快地发展，做出了新的贡献！

近年来，我国水利水电工程建设快速发展，各类施工技术日臻成熟，相继建成了三峡、龙滩、水布垭等具有代表性的水电工程，又有拉西瓦、小湾、溪洛渡、锦屏、糯扎渡、向家坝等一批大型、特大型水电工程，在施工过程中总结和积累了大量新的施工技术，尤其是混凝土温控防裂的施工方法在三峡水利枢纽工程的成功应用，高寒地区高拱坝冬季施工综合技术在拉西瓦等多座水电站工程中的应用……，其中的多项施工技术获得过国家发明专利，达到了国际领先水平，为今后水利水电工程施工提供了参考与借鉴。

目前，我国水利水电工程施工技术已经走在了世界的前列，该全书的出版，是对我国水利水电工程建设领域的一大贡献，为后续在水利水电开发，例如金沙江上游、长江上游、通天河、黄河上游的水电开发、南水北调西线工程等建设提供借鉴。该全书可作为工具书，为广大工程建设者们提供一个完整的水利水电工程施工理论体系及工程实例，对今后水利水电工程建设具有指导、传承和促进发展的显著作用。

《水利水电工程施工技术全书》的编撰、出版是一项浩繁辛苦的工作，也是一项具有创造性的劳动过程，凝聚了几百位编、审人员近 5 年的辛勤劳动，克服各种困难。值此该全书出版之际，谨向所有为该全书的编撰给予关心、支持以及为此付出了辛勤劳动的领导、专家和同志们表示衷心的感谢！

2015 年 4 月 18 日

前　言

由全国水利水电施工技术信息网组织编写的《水利水电工程施工技术全书》第三卷《混凝土工程》共分为十二册，《混凝土生产系统》为第四册，由中国水利水电第七工程局有限公司编撰。

本书对水利水电行业主要附属企业之一的混凝土生产系统的规划、设计、安装、调试、运行管理以及有关的质量安全管理等问题均有阐述，并力求与我国现行国家标准、行业规范相一致。书中详细介绍了混凝土生产各个部分设计的原则、内容、方法和步骤，还提供了有关的资料、数据、公式、图表，并提供了相关工程实例，有很强的操作性和实用性。本书的选材，既总结了以往较为成熟的经验，也吸取了近年来的新技术和世界先进成果。本书的编写内容以大中型工程为主，适当兼顾小型工程。是一部面向混凝土生产行业的相关技术人员、工程管理人员和高级技术工人的参考书。

本书的编撰人员都由长期从事混凝土生产系统设计及施工，既有较强理论研究水平，又有丰富实践工作经验的专业技术人员组成。参加编写的人员为中国水利水电第七工程局有限公司从事混凝土生产系统相关专业的方鉴、陈雁高、肖炯红、李盛林、余淑娟、夏云、夏海霞、唐云宏、宁占元共9位业务骨干，最后由公司总工程师向建总审定稿。

在本书的编撰过程中，得到了《水利水电工程施工技术全书》编审委员会和有关专家的大力支持，并吸收了他们的许多宝贵经验，意见和建议。在此，谨向他们表示衷心的感谢！

由于我们收集、掌握的资料和专业技术水平有限，书中的缺点、错误和疏漏在所难免。在此，我们诚恳地期望广大读者提出宝贵意见和建议。

作者

2015 年 10 月

目 录

1 综　述

1.1　混凝土生产系统的组成和分类

截至 2011 年年底，我国已建的水电站达 4.6 万座，到 2012 年年底，我国水电的总装机规模已经达到了 2.489 亿 kW，开发程度约 46%。已建和在建的坝高 100m 以上的大中型水利水电枢纽工程 50% 以上是混凝土坝。水利水电混凝土工程具有工程量大、浇筑强度高、混凝土品种多及温度要求严的特点。因此，混凝土生产系统不仅要满足混凝土施工中对量的要求，还要能适应提供多品种及其质量要求。

1.1.1　系统的组成

混凝土生产系统是将骨料、水泥、煤灰、外加剂等材料拌制成混凝土的生产系统，根据水利水电枢纽布置形式、导流方式、浇筑设备、施工场地条件，混凝土生产系统分为分散布置和集中布置两种。生产系统主要由拌和楼（站）、骨料储运系统、胶凝材料储运设施、掺合料及外加剂储运设施、骨料预制冷或预热设施和其他辅助设施等组成。

骨料储运设施主要用以储存混凝土生产的各种砂石骨料。其主要包括堆场（或料罐）、输送胶带机、受料装置、卸料装置、骨料冲洗装置等，根据工程性质的不同，部分工程还配有有轨机车进行砂石骨料的储运。

胶凝材料储运设施主要用以仓储、输送（含拆包）各种水泥、粉煤灰等胶凝材料。其主要包括各种胶凝材料的仓库（胶凝材料罐、袋装仓库）、输送胶凝材料的管路及输送机械、除尘机械，部分工程采用袋装胶凝材料，还需配置拆包、卸料设备。

掺合料及外加剂储运设施用以仓储、输送各种混凝土混凝土外加剂及掺和料。其中外加剂储运设施主要由外加剂仓库、溶解稀释外加剂的储池、外加剂泵及输送管路组成。

骨料预冷或预热设施主要是在温控混凝土生产期间，为进行混凝土温度控制而设。其中预冷常采用骨料风冷（或水冷）、加冷水拌和、加冰拌和等措施，相应的制冷系统常分为制冷车间、风冷车间、制冷水（冰）车间。预热常采用加热水拌和、骨料蒸汽加热拌和等措施，相应的制热系统主要由锅炉房、蒸汽管路等组成。

1.1.2　系统的分类

混凝土生产系统按生产规模分为大、中、小型；按生产方式可分为间歇式和连续式；按搅拌机工作原理，可分为强制式和自落式；按混凝土生产系统的布置方式，可分为集中式、分散式。其中《水电水利工程混凝土生产系统设计导则》（DL/T 5086—1999）对混凝土生产系统规模划分标准见表 1-1。

表 1-1		混凝土生产系统规模划分标准	
规模定型	小时生产能力/（m³/h）		月生产能力/万 m³
大型	＞200		＞6
中型	50～200		1.5～6
小型	＜50		＜1.5

1.2 混凝土生产系统技术发展现状及前景

1.2.1 拌和楼（站）技术

混凝土拌和楼（站）按其生产混凝土时取料、拌和工艺等工作性质分为连续式和间隙式两类，水利水电工程中常用间隙式拌和楼（站）。拌和楼（站）在生产工艺上的主要区别在取料、拌和作业中骨料提升次数不同。多次提升、骨料各部分呈水平布置的称拌和站，一次提升、骨料各部分呈竖向布置的称拌和楼。一般水利水电工程施工场地狭窄、混凝土的浇筑强度大，常采用拌和楼为生产混凝土的主要设备。对于工程规模较小、生产期短且分散以及前期临建工程，可采用拌和站。随着施工机械制造技术的发展，为适应大型水利水电工程的需要，我国研究和制造的混凝土拌和楼（站）总的趋势是向大型化、计算机控制自动化方向发展。

1.2.2 拌和楼（站）系统自动调度技术

国内水利水电工程混凝土拌和楼本身的生产过程已实现微机控制、自动化生产，但混凝土拌制、出料与运输车辆调度之间多为人工信号指挥，制约了生产效率的提高，并容易出现差错。这种情况在多座拌和楼、多条混凝土运输线和多品种混凝土生产时，尤为突出。

混凝土生产计算机自动调度系统的应用，使混凝土生产形成较为完善的自动化生产体系，从车辆进入、混凝土生产、装料、车辆出楼等整个生产完全由调度主机控制。提高了生产效率、降低了人工信号指挥出错的几率。

1.2.3 出机口温控技术

在水利水电工程的大体积混凝土的施工中，为防止或减少混凝土温度裂缝产生，必须严格控制混凝土浇筑时的入仓温度。为了混凝土入仓温度降到允许范围，必须在混凝土生产系统中控制预拌混凝土的出机口温度。混凝土生产的冷却措施有很多，其主要措施有：骨料场喷雾降温；砂堆场设遮阳棚；骨料的真空汽化冷却、水冷、风冷；低温水拌和；以冰代替水拌和；液氮直接喷入搅拌机等。对少量混凝土生产中可以采用骨料真空汽化冷却，即在真空状态下，利用骨料表面水分的蒸发吸热降低骨料温度。也可利用液氮直接喷入搅拌机或搅拌车达到降温制冷的目的。在大型工程中都采用氨为制冷剂，以加片冰、冷水和风冷骨料来实现温控。

对骨料的冷却有水冷和风冷二种冷却方式。水冷常采用喷淋冷水来冷却骨料，达到控制混凝土出机口温度的目的。在三峡水利枢纽工程成功采用二次风冷骨料生产 7℃ 低温混凝土后，对混凝土温控有较高要求的国内大中型工程都选择了二次风冷骨料模式。

2 混凝土生产系统布置

2.1 混凝土系统的规划

混凝土生产系统能否按时、按量、高速、优质地向大坝输送混凝土，对保证工程顺利实施具有决定性的意义。因此，在工程的施工组织设计阶段和工程实施阶段都必须进行规划，并且根据不同施工期主客观条件变化进行相应调整，以求充分满足施工需要和取得良好的经济效益。

混凝土生产系统规划主要有两个内容：一是系统设置方式（即混凝土的供料方式），设置方式分为集中、分散、一岸、两岸（包括基坑）等几种不同方式；二是系统厂址选择。

规划应根据工程导流方案和施工总进度的安排，结合各建筑物的特点、施工程序、施工方法、施工强度、坝区地形条件及原材料的供给条件等具体情况进行研究，对不同方案进行技术经济比较后确定。

2.1.1 系统的布置方式

一个工程的混凝土，可以集中由一个混凝土系统（即混凝土工厂）供应，也可以同时由两个或两个以上的混凝土工厂按各自预定的供料对象和范围分散供应，这些工厂有分设在河两岸，也有设于同一岸的。同一混凝土工厂还有按设厂高程先低后高的供料方式。采用何种供料方式，应根据供料对象即各建筑物的混凝土工程量、品种及其空间的分布特点、施工程序、导流方式、施工方法（现场的混凝土运输入仓方法）、施工强度以及地形地质条件等具体情况研究确定，必要时需进行不同方案的技术经济比较。

（1）集中设厂。设置一个混凝土工厂集中供料，其占地和土建工程量最省，总的建厂工作量较分散设厂小。根据一些工程的统计，集中设厂的总工作量大约要少15％，人员配置可少25％～30％。因此，混凝土工厂的投资和运营费用都比较低。如果一个混凝土工厂的生产能力满足混凝土施工强度的要求，建筑物比较集中，采用一次断流的导流方式，或虽分期导流，但可用缆索式起重机（简称缆机）、栈桥向对岸供料时，选择一岸集中设厂供料最为有利。我国许多水利工程，如新安江、三门峡、刘家峡等水利工程都采用集中的供料方式。

（2）两岸设厂。在洪水流量大或有通航要求的宽阔河段上筑坝，通常采用分期的导流方式，如果由设置在一岸的混凝土工厂向对岸供料有很大困难或明显不利时，应在两岸分别设厂。也有这样的情况，即虽可通过栈桥等设施向对岸供料，但因施工强度大，非一个混凝土工厂所能承担；或因运距过长，对施工不利；或因受单一运输线路条件的影响，限制了工厂的供料能力；或两岸骨料均有来源，供给方便等，应考虑两岸分别设厂的方案。

（3）多厂供料。由于混凝土工厂具有较大的生产能力，如设有两座 $4\times3m^3$ 拌和楼的混凝土工厂，年生产能力可以超过 120 万 m^3。因此，一般大型工程，很少有超过两个混凝土工厂的。只有在工程规模很大，施工强度很高，或混凝土建筑物分布范围广，工作面大，施工场地开阔，设厂不受限制的条件下才需要研究超过两厂的多厂供料方案。

（4）不同高程的先后设厂。如坝的高度较大，浇筑起重设备由于受提高的限制，需在施工后期将运输路线和浇筑起重设备提高并重新布置；或在使用缆机浇筑高坝特别是高拱坝时，如一次将混凝土运输线布置在坝顶高程附近，缆机前期工效受到影响，而降低运输线高程又因须穿过坝体而妨碍施工。为了解决这一矛盾，可按施工的需要，考虑在施工前期把拌和楼设在一个较低高程，然后在前期任务完成后利用施工间隙将拌和楼拆迁至预定较高的高程，为后期施工服务。这种供料方式，大多用于集中供料。但因先后使用不同高程的楼址，如何利用原有砂石、水泥储存设施，做到后期进料方便，拆迁迅速，使问题变得比较复杂，事先必须考虑周到，才能保证顺利过渡。

（5）其他供料方式。除混凝土枢纽工程外，对于导流工程、引水系统（如隧洞、渠道）和发电厂房，以及发电尾水系统、调压塔（井）建筑物等，由于混凝土量不大，或施工强度较低，且地点分散，施工期较短，混凝土品种和大坝的要求也各有差别，可因地制宜分散设置若干小型的混凝土工厂。如条件有利，也可采用集中配料，分送到现场配制混凝土，或集中预拌混凝土，用搅拌车运混凝土到工作面的方式。后者如鲁布革水利工程，有长 9km 的隧洞，只设一个混凝土工厂，供应各个工作面用料。此外，在枢纽的基坑混凝土施工初期，由于混凝土工厂尚未建成，也有采取临时性混凝土供应设施的。对于施工准备阶段临建工程的混凝土，一般也都设置临时性简易混凝土工厂进行供料。

2.1.2 系统厂址选择

在水利水电工程中混凝土拌和系统的厂址选择无固定格式，主要依据地形及地质条件而定。但必须充分合理地利用地形特点，来满足工艺要求，尽量减少建厂工程量，缩短运输距离，保持运输线路通畅，并考虑建厂时设备堆放及拼装的场地。以下原则，可供混凝土工厂厂址选择时参考。

（1）混凝土系统的建设和生产活动，要避免同其他施工活动互相干扰。后期须搬迁的，更要事先考虑周到。系统附近如有爆破作业，安全距离一般不小于 300m，如爆破自由面背向混凝土系统，无飞石危害，则可适当减少。

（2）厂址应便于拌和楼（站）接受各种材料和运出混凝土。为减少运输途中混凝土分离，坍落度损失以及温度变化，拌和楼应尽量靠近用户。混凝土拌和楼（站）一般布置在大坝或厂房等主要建筑物 500m 以内，要尽量靠近混凝土浇筑点。气候炎热而无降温隔热措施时，运距应按混凝土出机到入仓的时间不超过 40min 考虑。布置拌和楼（站）时充分利用自然地形高差，可以缩小系统内各个环节之间的距离。

（3）系统位置一般宜设在大坝下游。如因受骨料来源、交通、地形等条件限制而必须设在上游时，应尽可能设置于初期发电水位以上，并妥善解决水库蓄水后的混凝土供料问题。

（4）系统位置宜选择在地质良好、地形比较平缓处。根据我国若干工程统计，每月 1 万 m³ 混凝土生产能力的工厂占地面积约需 3000～9000m²。拌和楼（站）、水泥储罐等高大建筑物最好置于基岩上。若为软基，则要求地基土质均匀，承载能力应满足设计要求。当系统位置系从陡坡上开挖出来时，则要注意高边坡的稳定和危石处理。同时，还应研究台阶式的布置方案，以节省开挖。

（5）系统主要建筑物应建在当地 20 年一遇的洪水位以上。混凝土生产系统设于沟口时，要保证不受山洪和泥石流的威胁。若设在软基上时，应采用桩基、换填等基础处理措施。骨料受料仓、卸载站、廊道地下部分的建筑物，一般应设在地下水位以上，否则须采取防水或排水措施。

（6）混凝土系统的出料高程一般指拌和楼底层轨面或地面高程，它与混凝土的运输方式和大坝的浇筑施工方法密切相关。现阶段常用的大坝混凝土施工方法主要有混凝土有轨运输、汽车运输、胶带机运输，塔（门）式起重机栈桥吊罐入仓和缆机坝头吊罐入仓两种，此外混凝土入仓方式还有溜槽入仓和最近发展起来的塔带机入仓。三峡水利枢纽工程首次采用从拌和楼至大坝用带式输送机运输混凝土，塔带机入仓的施工方法。此方法浇筑速度快、机械化程度高，在龙滩水电站得到了进一步推广。栈桥轨面高程或缆机吊罐起吊高程一经确定，混凝土系统的出料高程即基本确定，只能在运输线路纵坡允许的范围内作少量调整。栈桥轨面高程，要根据大坝、厂房等建筑物断面尺寸、浇筑起重设备的控制范围和洪水位等因素综合研究决定。混凝土工厂出料高程的确定，一般应服从混凝土施工的需要。若用缆机施工，则混凝土工厂的出料高程有较多的选择余地。可以一次把工厂设置于坝顶高程附近，也可先低后高设置拌和楼和相应的运输线路，以较好地适应前后阶段施工的需要。此外一个混凝土工厂还可向不同高程的运输线供料。

鉴于混凝土工厂的出料高程对于厂址和运输线路的选择是一个很重要的条件，且对建安费用和混凝土成本也有一定的影响，所以选厂工作要和混凝土的施工方法的研究密切结合起来，以求得最大的综合效益。

（7）如果没有明显有利的厂址可选，特别是在地形地质复杂的条件下，应结合混凝土施工方法进行必要的方案比较和优选。

2.2　混凝土系统的布置

2.2.1　一般原则

混凝土系统一般以拌和楼（站）为中心结合成品料场和水泥仓库进行布置。要求做到进料方便、出料顺畅、布置紧凑，工艺合理、产品质量有保证，并应尽量缩短物料流程，减少转运环节，利用坡地高差自溜运输，以节省土建、设备投资和动力消耗，提高劳动生产率。

在进行混凝土系统布置时，一般应考虑以下内容：

（1）在选定的厂址范围内，确定适当的拌和楼（站）位置。在确定混凝土拌和楼（站）位置时，混凝土拌和楼（站）的地基必须坚实。当一个混凝土拌和系统布置两座或两座以上拌和楼时，应特别注意拌和楼（站）的组合方式，各种类型混凝土拌和楼（站）

的组合布置方式见图2-1。

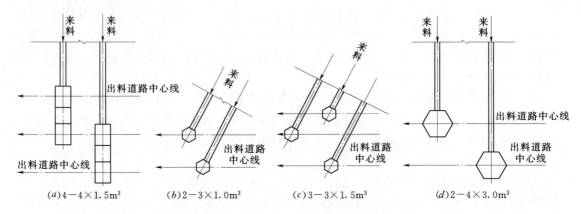

(a)4—4×1.5m³　　(b)2—3×1.0m³　　(c)3—3×1.5m³　　(d)2—4×3.0m³

图2-1　多拌和楼（站）组合方式布置图

多拌和楼布置的组合基本要求是：每座混凝土拌和楼（站）最好有单独的出料线，一般不宜串联；进出料线应互不干扰；砂石骨料和水泥要从砂石料堆场和水泥库一侧进料；拌和楼（站）如需分期安装，楼与楼间应留有必要的施工场地。

（2）对于混凝土有降温要求的混凝土拌和楼，一般要设制冷楼（厂）供冷水、冷风和片冰。制冷楼（厂）应布置在紧靠混凝土拌和楼的进冰侧，必要时制冷楼可架空跨接在混凝土出料线上，但拌和楼控制室不应离制冷楼太近，以防氨泄漏对操作人员和控制室电气接点造成影响。制冷楼向两座混凝土拌和楼供冰的布置见图2-2。

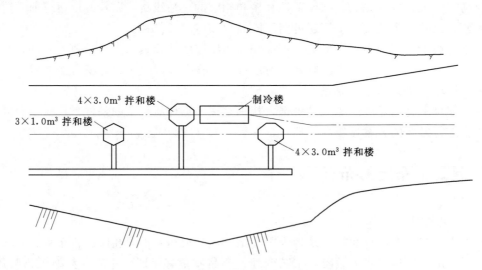

图2-2　制冷楼向两座混凝土拌和楼供冰的布置图

（3）在水利水电大、中型工程中，混凝土拌和系统的水泥储存仓库一般都是采用水泥储存罐，其位置要结合水泥卸载方式和混凝土拌和楼（站）考虑。从水泥储存罐到混凝土拌和楼（站）如采用机械输送时，一般水平距离不应超过100m，水泥储罐地面高程也不宜低于拌和楼。水泥进料方向应与混凝土拌和楼（站）的结构相适应。气力输送时布置就比较灵活，水平输送距离可达500m，地面高程也可低于拌和楼（站），具体数据由计算确定。水泥卸载站要结合对外交通的站场布置，尽量靠近水泥储罐。当从卸载站到水泥储罐的卸载距离和高度超过卸载设备的能力范围时，可用中转设备转运或调整卸载站、水泥储罐的相对位置。袋装水泥和散装水泥的卸载站宜分别设置，水泥拆包间应与袋装水泥库放在一起。某工程混凝土生产系统平面布置（系统中既有近距离机械输送水泥，也有远距离气力输送水泥）见图2-3。

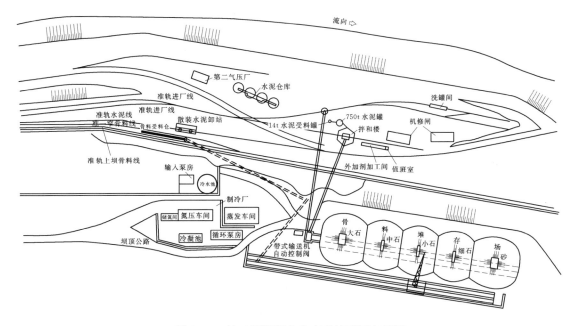

图2-3　某工程混凝土生产系统平面布置图

（4）混凝土拌和系统骨料堆料场应布置在地形平坦和排水良好的地段，便于受料和向混凝土拌和楼（站）供料。当地形条件不允许时，也可用料罐储存砂石骨料，并可在坡地上布置。堆料场的活容积一般为3~7d的需要量，在特别困难的条件下，也可减少到4h的需用量。冬夏季施工按特殊要求确定。堆料场长度方向尽可能东西向布置，以减少太阳辐射。堆料场到拌和楼（站）的距离不宜过长，当由一条带式输送机向一座拌和楼（站）供料时，从供料点到拌和楼（站）的距离以小于300m为宜，一般不超过500m。向两座楼供料时应尽量缩短距离，并加强运输换料控制，增加有效供料时间。

采用风冷骨料时，储仓内必须常保持必要的料层厚度。同时，由于换料频繁，应按实际需要验算带式输送机的供料能力。

（5）对粗骨料有加热、冷却和二次冲洗筛分要求时，需在堆料场和拌和楼之间（或在拌和楼顶）分别设置相应的设施。二次筛分既可设在拌和楼下，也可设在拌和楼上。如设在拌和楼下，为调节骨料交替上楼，二次筛分后要有小料仓。二次筛分设楼上时，则可在堆场地弄将粗骨料按大致需用级配混合后运输上楼，因此无须交替上料，堆料至拌和楼的距离也可不受限制。

（6）有关风、水、电供应参见本书的第3章、第5章和第6章。水泥输送用压缩空气的压力一般仅需2~4kgf/cm²，为减少电耗，混凝土工厂宜设专用的压缩空气站。

（7）为了方便料罐冲洗，应在运输线附近设料罐冲洗间，冲洗用水的压力一般为 2～3kgf/cm²。

（8）为了方便处理废弃混凝土，应在拌和楼或出料线附近设置适当的废料弃料设施。

2.2.2 拌和楼（站）的进料和出料

拌和楼（站）的砂石进料和混凝土出料线布置应按楼的形式和结构，结合当地条件进行。目前，国产方形楼的进出料线相互垂直，六角形楼的进出料线夹角 60°，八角形楼进出料线垂直或呈 45°夹角。改变进出料线的夹角，要对拌和楼（站）作相应的改装。

拌和楼（站）的进料，对于砂石，普遍使用带式输送机；对于水泥，有气力输送和机械输送两种；而干掺合料，一般多用于机械输送。

拌和楼的出料，分有轨、汽车运输、带式输送机运输和其他运输方式。拌和楼底层的净空尺寸应满足混凝土运输工具的通行要求。从混凝土发料斗下口到运输工具顶部的净空，对有轨运输不宜小于 0.35m，对于无轨运输不小于 0.4m。

（1）有轨运输。有轨运输主要有地面轨道和架空单轨两种。

1）地面轨道运输。地面轨道运输一般用机车牵引的料罐车或装有吊罐的平板列车运输。根据运输组织，平板列车可以装载 2 重（料罐）1 空（车皮）、3 重 1 空、4 重 1 空等多种组合形式。采用的轨距有准轨、米轨和窄轨等，它主要取决于吊罐的容量和运输线路的布置条件。按轨道的布置方式有循环岔道、环形道和尽头式。

A. 贯通式。采用 4 座 4×1.5m³ 方形楼的循环岔道布置见图 2-4。由于采用循环道，出料畅通，不会影响拌和楼（站）的生产能力。该布置两座楼为一组，每楼有一条出料线，每列车装运 12m³ 混凝土，每条出料线平均间隔 12min 发一列车，可保证顺利出料。这种布置方式岔道多，高度复杂，占地面积大。

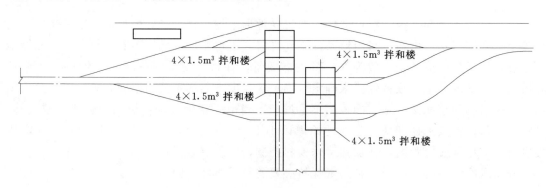

图 2-4　循环岔道布置示意图

B. 循环式。美国霞司塔坝曾用环形道出料，环形道的半径为 64m。这种出料方式干扰少、高度简单，但要求有适当的地形条件。

C. 尽头式。某混凝土工厂出料采用尽头式地面轨道线布置见图 2-5。刘家峡、龙羊、安康等许多水利工程都采用这种布置方式。单端尽头线布置方式，出料能力受到严重影响，一般应尽量避免采用。如地形条件限制不得不采用，则需验算其发车能力。每小时的发车次数 N 可按式（2-1）计算。

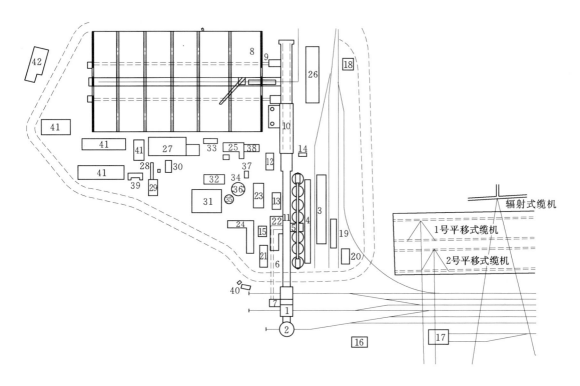

图 2-5　某混凝土工厂出料采用尽头式地面轨道线布置示意图

1—2座 4×1.5m² 拌和楼；2—C-900 拌和楼；3—水泥卸载站；4—袋装水泥库；5—水泥库（7×800t）；6—水泥输送地弄；7—水泥提升机井；8—堆料场；9—地弄；10—骨料预冷间；11—带式输送机廊道；12—骨料控制室；13—水泥控制室；14—骨料系统变电所；15—水泥系统变电所；16、39、40、42—1号变电所；17—内燃机车检修间；18—运转室；19—外加剂搅拌间；20—氯化钙搅拌间；21—办公室；22—仓库；23—机修间；24—混凝土试验室；25—拌和楼空压机房；26—锅炉房；27—氨压机房；28—冷凝水池；29—储氨桶棚；30—油库；31、32、33—蒸发间；34—水池（300t）；35—水池（150t）；36—冷却水泵房；37—蒸汽制冷机房；38—工具间；41—空气压缩机房

$$N \leqslant 60/(2L/v + t_w + t_e) \tag{2-1}$$

式中　L——第一个岔道的警冲标到拌和楼（站）中心的距离，m；

　　　v——机车调车速度，一般可取 60m/min；

　　　t_w——在警冲标处列车到发的间隔时间，可取 0.5～1.0min；

　　　t_e——列车在楼内进行装料的时间，与拌和楼生产能力、列车牵引量及发料斗布置型式有关，按具体条件计算。

2）单轨架空小车出料。单轨架空小车出料宜采用环形道布置，这种出料方式曾用于巴西伊泰普水电工程。

（2）汽车运输。汽车运输一般有自卸车、料罐车、装料罐的载重车和搅拌车等几种方式，其出料线亦宜采用环形道，转弯半径由所用汽车的技术性能决定，但在拌和楼前后至少各有 10m 的直线段。

自卸汽车运输漏浆不易避免，路面宜设置不少于 5‰ 的纵坡，两侧设排水沟，以利冲洗排水。如在机车运输的同时使用汽车出料，在拌和楼（站）前后需设一段铁路公路共用路床。

（3）带式输送机运输。在拌和楼（站）出料口下布置带式输送机，将生产出来的混凝土拌和物运输至浇筑现场，由塔带机或胎带机入仓进行浇筑。这种运输方式出料第一次在三峡水利枢纽工程出现，在龙滩水电站得到进一步推广使用。

（4）其他运输方式出料。采用混凝土泵、箕斗等其他运输方式出料，应做专门的设计。

2.3 混凝土系统生产能力的确定

混凝土生产系统的生产能力是指正常使用条件下整个系统的配套生产能力，它必须满足高峰月混凝土浇筑的要求，生产能力的大小按有关规模划分见表1-1。

2.3.1 混凝土高峰月的浇筑强度

一般应按施工进度计划确定，如无进度计划，可按式（2-2）进行计算：

$$Q_m = K_m V / N \qquad (2-2)$$

式中 Q_m——混凝土的高峰月浇筑强度，m^3；

V 在计算时段内由该混凝土系统供应的混凝土量，m^3；

N——相应于 V 的混凝土浇筑月数，月；

K_m——月不均匀系数，当 V 按全工程的混凝土总量计算时，$K_m=1.8\sim2.4$。

V 为估计高峰年混凝土浇筑量时，取 $K_m=1.3\sim1.6$。对规模较大、结构简单、受水文气象因素影响较小、管理水平较高的混凝土工程，K_m 取较小值，反之取较大值。

2.3.2 混凝土拌和系统小时生产能力

混凝土生产系统小时生产能力按式（2-3）计算：

$$Q_h = \frac{K_h Q_m}{mn} \qquad (2-3)$$

式中 Q_h——小时生产能力，m^3/h；

K_h——小时不均匀系数，可取1.5；

Q_m——混凝土的高峰月浇筑强度，m^3；

m——每月工作天数，取25d；

n——每天工作小时数，取20h。

2.3.3 混凝土初凝条件校核小时生产能力

混凝土采用平铺法分层浇筑时，必须在前一层混凝土初凝前覆盖上一层混凝土，此时混凝土生产系统的小时生产能力 Q_h 必须满足式（2-4）的要求：

$$Q_h \geqslant 1.1SD/(t_1 - t_2) \qquad (2-4)$$

式中 S——最大混凝土块的浇筑面积，m^2；

D——最大混凝土块的浇筑分层厚度，m；

t_1——混凝土的初凝时间，h；与所用水泥种类、气温、混凝土的浇筑温度、外加剂等因素有关，在没有试验资料的情况下参照表 2-1 选取；

t_2——混凝土出机后到浇筑入仓所经历的时间，h；一般混凝土不超过 1.5h，夏季混凝土最好不超过 40min。

混凝土采用台阶法铺料时，浇筑一次时须将所有台阶覆盖一层混凝土，此时混凝土生产系统的小时生产能力 Q_h 必须满足式（2-5）的要求：

$$Q_h \geqslant (\delta n L \sqrt{v/\delta})/(t_1 - t_2) \qquad (2-5)$$

式中　δ——铺料厚度（即台阶高度），m；

n——台阶数；

L——浇筑块短边长度，m；

v——吊罐容积，m³；

t_1——混凝土的初凝时间，h；与所用水泥种类、气温、混凝土的浇筑温度、外加剂等因素有关，在没有试验资料的情况下参照表 2-1 选取；

t_2——混凝土出机后到浇筑入仓所经历的时间，h；一般混凝土不超过 1.5h，夏季混凝土最好不超过 40min。

表 2-1　　　　　　　　　　混凝土初凝时间表（未掺外加剂）

浇筑温度/℃	初凝时间/h	
	普通水泥	矿渣水泥
30	2	2.5
20	3	3.5
10	4	4.0

2.4　部分工程混凝土系统主要技术参数

部分工程混凝土系统主要技术指标见表 2-2。

表 2-2　　　　　　　　　部分工程混凝土系统主要技术指标表

工程名称　　項目	五强溪	二滩	龙滩	阿海	亭子口（左岸）	观音岩
最高月产量/（万 m³/月）	16.4	23.3	23.7	25	18	14.13
设备标称能力/（m³/h）	2×240	2×360	2×360	2×360+1×240	320+360	2×320
堆料场容量/万 t	9.35	13.8	3.75	9	—	3
水泥库容量/t	6000	6000	4×1500	9000	6×1500	6000
制冷标准容量/kW	8744	—	15572	14583.3	13374.5	12833.3
人员总数/人	300	189	180	202	120	150
人均月产量/m³	547	1233	1312.7	1374	1500	942

项 目 \ 工程名称	五强溪	二滩	龙滩	阿海	亭子口（左岸）	观音岩
电动机容量/kW	5000	4511	14100	17000	12600	11573
土石方/万 m³	8.94	—	39	94.72	9.8	17
混凝土/m³	9220	37800	19000	36331	12000	12727
占地面积/m²	31800	13850	41000	64000	28000	65000
金属结构/t	2640	—	2700	2672	1200	1237.9（包括管材）

3 拌 和 系 统 设 计

3.1 拌和楼（站）选择

3.1.1 混凝土搅拌机

混凝土搅拌机是混凝土生产的主要设备，用于将一定配比的砂石骨料、水泥等混凝土原材料拌制成混凝土。国内外对搅拌机有许多标称方法，我国的搅拌机的代号见表3-1。

表 3-1   搅 拌 机 的 代 号 表

机 型	代 号	机 型	代 号
鼓形	JG	锥形倾翻出料	JF
锥形反转出料	JZ	强制式	JQ

注 代号按拼音字母表示。

混凝土搅拌机的类型繁多，按工作性质不同分为周期式和连续式两大类；按搅拌原理不同分为自落式和强制式两个机种。可以固定或移动使用。对于周期式生产的，又有倾翻和非倾翻两种出料方式。大、中型工程的混凝土生产常用的是周期锥形自落倾翻式和双卧轴强制式搅拌机。连续式搅拌机已在我国一些工程（如沙牌工程）成功应用。

（1）自落式搅拌机。在20世纪初，由蒸汽机驱动的鼓筒式混凝土搅拌机已开始出现，50年代后，反转出料式和倾翻出料式的双锥形搅拌机以及裂筒式搅拌机等相继问世并获得发展。自落式搅拌机利用旋转筒体内的叶片将部分物料提升到一定高度，然后自由抛落和筒底的物料混合，不断地提升抛落，最后达到均匀混合。选用搅拌机的容量应满足混凝土的生产能力要求，与运输工具容量配套，混凝土搅拌机允许最大骨料粒径见表3-2。在我国水利水电工程中，通常采用 $0.8m^3$、$1.5m^3$、$3.0m^3$、$4.5m^3$、$6.0m^3$ 容量，混凝土搅拌机允许最大骨料粒径见表3-2。

表 3-2   混凝土搅拌机允许最大骨料粒径表

搅拌机容量 /m^3	允许最大骨料粒径 /mm	搅拌机容量 /m^3	允许最大骨料粒径 /mm
<0.5	80	1.5	150
0.8~1.0	120	3.0 及以上	250

注 搅拌机容量是以捣实后的混凝土单位为"立方米（m^3）"或"升（L）"计。

1）鼓形搅拌机。鼓形搅拌机有反转出料和摆动料槽出料等形式，容量多在 $0.8m^3$ 以下。可以固定使用，也可安装在底盘上用作移动式。这种搅拌机容量较小，广泛运用于水电站的前期临建工程和小型工程上，瀑布沟水电站、糯扎渡水电站的前期临建工程都采用该型号的搅拌机。鼓形混凝土搅拌机主要技术参数见表3-3。

表3-3　　　　　　　　　　鼓形混凝土搅拌机主要技术参数表

项　目	型　号		
	JG150	JG250	JG500
出料容量/L	150	250	500
进料容量/L	250	400	800
额定功率/kW	6.5	7.5	17
每小时循环次数/（次/h）	25	20	20
骨料最大粒径/mm	60	60	80
搅拌筒转速/（r/min）	18	18	14
装置式样	移动式	移动式	固定式
重量/t	1.5	2.85	4.8
外形尺寸（长×宽×高）/（m×m×m）	2280×2700×2406	3700×2800×2850	3000×2400×2560

2）双锥形反转出料搅拌机。该搅拌机也广泛运行用水电站的前期临建工程和小型工程上。锥形反转出料搅拌机技术参数见表3-4。

表3-4　　　　　　　　　　锥形反转出料搅拌机技术参数表

型　号	JZC350	JZC500	型　号	JZC350	JZC500
出料容量/L	350	500	功率/kW	5.5	7.5
进料容量/L	560	800	水泵功率/kW	0.55	0.55
生产能力/（m³/h）	12~14	20~25	最大拖行速度/（km/h）	20	23
搅拌筒转速/（r/min）	17	13	外形尺寸/（mm×mm×mm）	2766×2140×3000	4056×2300×3840
骨料最大粒径/mm	60	60~80	整机重量/kg	1950	3300
供水精度/%	≤2	≤2			

3）双锥形倾翻出料搅拌机。双锥形倾翻式搅拌机结构简单，工作可靠，磨损零件少，卸料快，能搅拌大骨料低流态混凝土，在国内广泛应用在混凝土拌和楼（搅拌楼）上。如三峡水利枢纽工程高程98.70m混凝土生产系统中的自落式拌和楼（4×3m³ 拌和楼）、龙滩水电站高程382.00m混凝土生产系统中的自落式拌和楼（3×1.5m³ 拌和楼）、糯扎渡水电站火烧寨混凝土生产中的自落式拌和楼（2×3m³ 拌和楼）、阿海水电站左岸上游混凝土拌和楼及制冷系统中的自落式拌和楼（4×3m³ 拌和楼）都采用了该类型的搅拌机。国外最大的容量已达到12m³ 搅拌机的出料容量。

部分双锥形倾翻出料搅拌机技术参数见表3-5。

表 3-5 　　　　　　　　　　　　双锥形倾翻出料搅拌机技术参数表

项目	标称容量/m³						
	0.75	1.0	1.5	2.0	3.0	4.5	6.0
几何容积/m³		3.3		5.7	9.0	13.5	20.1
周期/s					160	200	230
骨料粒径/mm					150	150	
转速/(r/min)	16	15	13	12	11	10	11
功率/kW	7.5	11	2×7.5	22	2×22	2×22	2×37
重量/t	3.5	3.9	5.2	6.1	11	16.5	22

（2）强制式搅拌机。从 20 世纪 50 年代初开始出现，最先出现的是圆盘立轴式强制混凝土搅拌机，这种搅拌机分为涡桨式和行星式两种。70 年代后，随着轻骨料的应用，出现了圆槽卧轴式强制搅拌机（又称卧轴式搅拌机），它又分单卧轴式和双卧轴式两种，兼有自落和强制两种搅拌的特点。大中型强制式搅拌机一般为双卧轴搅拌机，由于叶片的相（反）向运动，迫使物料强烈地作径向和轴抽扰动，是真正有搅拌作用的搅拌机。因此，搅拌后的混凝土熟料的离差系数小，均匀性与和易性好，灰浆的附着性强。经水口、三峡和龙滩水利工程使用，不仅适用于搅拌低坍落度混凝土或无坍落度的碾压混凝土，且适当型号的搅拌机还可搅拌特大骨料（150mm）的大坝常态混凝土。

双卧轴强制式搅拌机虽品种很多，但比较适用于大坝混凝土的产品主要为德国的 BHS 和日本 IHI 的 HD 型搅拌机。

需说明的是用于低坍落度（8cm 以下）和骨料粒径（80mm 以上）的混凝土，在搅拌机的容量、叶片夹角、功率配置以及耐磨部位都要采取相应的措施。

BHS 最早推出强制式搅拌机，其他厂商开发的强制式搅拌机大多与 BHS 的类似。IHI 的搅拌机采用液压驱动、特殊的进料搅拌程序，提供了较好的混凝土质量，这两种搅拌机的主要特点，以 6m³ 为例（见表 3-6）。

表 3-6 　　　　　　IHI 和 BHS 强制式搅拌机（6m³）的主要技术参数表

搅拌机容量	IHI	BHS
重量/kg	23500＋3700	28500
外形尺寸（长×宽×高）/（mm×mm×mm）	5399×3470×3140（不含液压站）	5287×3170×2420
电机功率/kW	2×132	4×75＋7.68
轴转速/（r/min）	7～30	20
最大允许骨料粒径/mm	150	150～180
搅臂夹角/（°）	90°	60°（4m³ 以下 90°）
加料方式	分批延时进料	同时进料
搅拌速度	衡功率自动调速	基本不变
搅拌时间/s	75～105（含进料时间）	30～45（不含进料时间）
筒体几何容积/m³		12.67

1）IHI的强制式搅拌机分普通混凝土和大坝混凝土两类，虽然大坝用搅拌机，厂家资料 2m³ 以下也可搅拌 150mm 骨料，而水口工程 2.25m³ 强制搅拌机虽曾用于搅拌 150mm 骨料，但振动很大，磨损非常严重。

2）为适应大坝混凝土的需要，需要采用较大一级的搅拌机，即 4m³ 机当 3m³ 机用。IHI 还要将搅拌臂夹角加大到 90°。BHS 搅拌机由于轴衬较小，轴与内衬间的空间较大，无论骨料大小、坍落度高低，除 4m³ 以下也须将搅拌臂夹角调整到 90°外，4.5m³ 以上的搅拌机仍可采用 60°夹角。长期以来人们普遍怀疑强制式搅拌四级配混凝土的可行性，但从水口、三峡和龙滩等水利工程的实际使用看是可行的。

3）IHI 搅拌机采用液压驱动。由于有一套特有的加料搅拌控制程序，可充分利用液压驱动的衡功率自动变速特性，预拌砂浆，提高混凝土质量，降低峰值负荷，减少设备磨损。其主要做法：加料程序是先加水、外加剂、水泥、混合材料和砂，然后逐级由小到大加入骨料。

由于开始搅拌水泥灰浆的阻力小，负荷轻，搅拌机以高速运转（30r/min），使得水泥很好地分散和水混合，起到裹砂的作用（灰浆的附着性好）。砂浆初步混合后，随着骨料加入，负荷增高，液压系统将自动降低搅拌速度，至特大石进入，转速降到正常搅拌速度 20r/min。由于先前物料已初步混合，起到一定的润滑作用，物料体积有所减少，从而降低了高峰负荷，特大骨料投入后的搅拌时间短，对叶片和衬板的磨损也就减轻了。随着混凝土拌熟，负荷减轻，转速回升（显示混凝土拌熟）。出料时使转速降到 8r/min。因此，能耗和磨损都有所下降。即使卡料，也因液压驱动可以停转和反转排除故障。这是 IHI 搅拌机的突出优点。这种加料方式虽然延长了进料时间，其实加料期间物料是在逐级搅拌，进料时间也是搅拌时间，所以不会因此影响混凝土的生产能力。这种加料搅拌程序特别适宜大骨料塑性混凝土。然而对于用水量很少的 RCC 混凝土，初期加入的水和砂的表面水都被水泥吸收了，再要将水泥均匀吸附到骨料表面，难度较大。预拌的润滑作用不大，物料体积较大，需要搅拌时间较长。

4）BHS 则按完全不同的程序加料。该设备要求先进水和粗骨料，水泥和粉煤灰必须在 80%～90% 以上的骨料进入后才开始加料。让骨料表面湿润，骨料表面湿润了，水泥很快分散均匀地黏附在骨料表面，可以大大缩短搅拌时间。所以 BHS 推荐的搅拌时间只有 30～45s。这样，搅拌机有很高的生产能力。对于用水量少的 RCC 混凝土，可能更适宜采用 BHS 的加料程序。

BHS 和 IHI 两种搅拌机技术参数见表 3-7 和表 3-8。

表 3-7　　　　　　　　　BHS 双卧轴强制式搅拌机技术参数表

容量 /m³	产　量				功　率			
	料罐车运输		自卸汽车运输		拌臂夹角 60°		拌臂夹角 90°	
	次数	m³/h	次数	m³/h	kW	适宜骨料粒径 /mm	kW	适宜骨料粒径/mm
0.50	61	31					15	0～63
0.75	61	46					22	

容量 /m³	产　量				功　率			
	料罐车运输		自卸汽车运输		拌臂夹角60°		拌臂夹角90°	
	次数	m³/h	次数	m³/h	kW	适宜骨料粒径 /mm	kW	适宜骨料粒径/mm
1.00	61	61			37	0～63	45	0～125
1.25	55	69			45		55	
1.67	50	84			55		65	
2.00	49	98	51	102	65		75	
2.25	46	104	49	110	65	0～90	75	0～150
2.50	48	120	57	143	2×37		2×45	
2.75	46	127	54	149	2×45		2×55	
3.00	43	129	52	156	2×50		2×55	
3.50	42	147	51	179	2×55	0～120	2×65	0～180
4.00	39	156	48	192	2×65		2×75	
4.50	37	167	54	243	2×80	0～160		
5.00	35	175	51	255	2×90			
6.00	31	186	49	294	2×110			
8.00	26	208	43	344	2×132	0～180		
9.00	24	216	43	387	2×160			

表 3-8　　　　　　　IHI 双卧轴强制式搅拌机技术参数表

型号	HD 1000	HD 1500	HD 1500d	HD 2000	HD 2000d	HD 2500	HD 2500d	HD 3000	HD 3000d	HD 4500	HD 4500d	HD 6000	HD 6000d
出料容量 /m³	1	1.5	1.5	2	2	2.5	2.5	3	3	4.5	4.5	6	6
最大骨料 /mm	60	80	150	80	150	100	150	100	150	120	150	120	150
最大转速 /（r/min）	13～50	11～45	10～38	11～45	10～38	10～40	10～38	10～40	8～32	8～32	8～32		7～29
出料方法	汽缸操作全开门												
重量/kg	4200	5900	9000	6700	10000	8300	11000	9200	13000	15000	18000	18000	23500
油箱/L	130	200	200	200	250	200	400	250	400	400	500	500	800
电机功率/kW	22	37	55	45	75	55	2×45	75	2×55	2×55	2×90	2×75	2×132
最高油压 /kPa	280	280	320	280	320	320	280		280		320		320
电机重量 /kg	700	1000	1200	1000	1200	1100	2200	1200	2400	2400	2600	2600	3700

注　1. 型号尾无字母为搅拌普通混凝土的搅拌机，标有字母 d 为搅拌4级配150mm骨料混凝土的大坝用搅拌机。

　　2. 普通混凝土搅拌机的出料容量系指搅拌坍落度8mm以上的塑性混凝土，如果坍落度低于8mm或者骨料粒径80mm以上，容积按75%计算。

意大利士高玛（Sicoma）双卧轴强制式搅拌机技术参数见表3-9。

表3-9　　　　　　士高玛（Sicoma）双卧轴强制式搅拌机技术参数表

型号 参数	干料容量 /L	密实混凝土 /L	拌刀 /个	电机功率 /kW	重量 /t
MAO2250/1500	2250	1500	12	2×30	6.5
MAO3000/2000	3000	2000	16	2×37	7.5
MAO4500/3000	4500	3000	20	2×55	9.2
MAO6000/4000	6000	4000	24	2×75	11.2
MAO6000/4500	6000	4500	24	2×75	12.2

随着制造业的技术发展，大型强制搅拌机已实现国产化，2008年福建南方路面机械有限公司已能生产 $9m^3$ 以内的双卧轴强制式搅拌机。南方路机双卧轴强制式搅拌机技术参数见表3-10。

表3-10　　　　　　南方路机双卧轴强制式搅拌机技术参数表

序号	搅拌机型号 项目	JS2000D	JS3000XD	JS4000XD	JS4500XD	JS5000D
1	主机出料容积 /L	2000	3000	4000	4500	5000
2	进料容积 /L	3200	4800	6400	6750	7500
3	骨料最大粒径 /mm	80	80	80	80	100/180
4	搅拌轴转速 /（r/min）	24	24	18	18	18
5	工作循环周期 /（s/次）	≤72	≤72	≤72	≤72	≤72
6	重量/kg	10000	11000	14200	15000	21000
7	电机功率/kW	2×37	2×55	2×75	2×75	2×90
8	外形尺寸（长×宽×高）/（mm×mm×mm）	3524×2640×2487	4216×2640×2487	4154×2940×2606	4337×2940×2606	4250×3200×2836

（3）连续式搅拌机。连续式混凝土搅拌机也有自落式和强制式两类。自落式类似于自落式鼓形搅拌机，一般长度较长，一端进料；另一端出料，搅拌叶片呈螺旋状排列，多数向出口倾斜，为了提高混凝土的均匀性，少数叶片反向倾斜。这种搅拌机早在20世纪50年代，苏联就开始应用，可以搅拌150mm骨料混凝土，但生产能力较低。双卧轴强制连续式搅拌机首先在沙牌工程，然后在招来河等工程得到成功应用。几种双卧轴强制连续式搅拌机技术参数见表3-11。

表 3-11		强制连续式搅拌机技术参数表		
型 号	生产能力/（t/h）	最大粒径/mm	功率/kW	自重/kg
LFE520×2600	45～60	30	18.5	2300
LFE700×2600	150～300	64	30	4000
LFE900×2600	350～700	64	55	5000
LFE1100×3000	600～1200	64	2×37	8500
DWM200S	500	60	2×55	12000
JSL900×3750	500		2×37	2580

3.1.2 拌和楼（站）的生产工艺

混凝土的生产按其配料和拌和工艺分为连续式和间隙式两类，各可配置自落式和强制式搅拌机，按拌和楼、拌和站设置。由于大坝工程混凝土的质量要求严格，目前大多采用周期生产方式（即间隙式生产方式）。连续生产的混凝土搅拌设备生产能力大、安装拆卸快、生产成本低，但其主要缺点是改变级配、标号不够灵活。

间隙生产的拌和楼和拌和站在生产工艺上的主要区别是物料在配料、拌和作业中的提升次数不同。物料一次提升后，全部利用重力进行储料、配料、装入搅拌机，并通过集中料斗向运输工具发料（即立式布置），由于建筑物较高，习惯上称拌和楼。物料需提升两次以上或配料后再作水平运送，配料、拌和两部分分设两处（即水平布置），这种装置的结构物高度较低，通称拌和站。一般拌和楼的技术经济指标要优于拌和站，拌和楼与拌和站技术经济比较见表 3-12。

表 3-12			拌和楼与拌和站技术经济比较表		
项 目	拌 和 楼		拌 和 站	
	指标	比较/%	指标	比较/%
建筑面积/m²	380	100	985	260
建筑容积/m³	12500	100	15000	120
工艺设备/t	225	100	265	118
电动机容量/kW	550	100	857	156

根据《周期式混凝土搅拌楼（站）》（SL 242—2009）的规定，混凝土搅拌楼（站）的型号表示方法为：

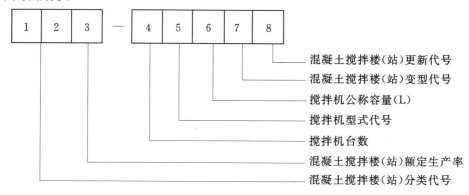

混凝土搅拌楼（站）型号中的代号含义见表 3－13。

表 3－13　　　　　　　　　混凝土搅拌楼（站）型号中的代号含义表

代号顺序	代号类别	代号	代号含义	代号说明
1	预拌混凝土	H	预拌混凝土	"混"字的汉语拼音字首
2	楼（站）	L	搅拌楼	"楼"字的汉语拼音字首
		Z	搅拌站	"站"字的汉语拼音字首
		Y	移动式搅拌站	"移"字的汉语拼音字首
		C	船载式	"船"字的汉语拼音字首
3	额定生产率	数字	单位时间生产能力/（m^3/h）	
4	搅拌机台数	数字	搅拌机装机台数	
5	搅拌机型式	F	双锥倾翻自落式	"翻"字的汉语拼音字首
		D	单卧轴强制式	"单"字的汉语拼音字首
		S	双卧轴强制式	"双"字的汉语拼音字首
		X	行星式	"星"字的汉语拼音字首
		Z	反转出料自落式	"转"字的汉语拼音字首
6	搅拌机规格	数字	搅拌机公称容量/L	
7	变型代号		基本型	基本型不标变型代号
		L	可搅拌预冷混凝土	"冷"字的汉语拼音字首
		R	可搅拌预热混凝土	"热"字的汉语拼音字首
		…	……	……
8	更新代号	大写英文字母	原型	原型不标更新代号
		A	第一次设计更新	按拉丁字母顺序使用，但其中 I、O、X 三个字母不得使用
		B	第二次设计更新	
		…	……	

例如 HL360－2S6000 型为生产能力 360m^3/h，装有 2 台 6m^3 双卧轴强制式搅拌机的拌和楼。

为了适应大型水利水电工程的需要，20 世纪 90 年代以来，我国研究和制造的混凝土拌和楼总的趋势是向大型化、计算机控制全自动化方面发展。金属结构按设备的要求以单阶式分层布置，机电设备分别安装在各层，同时又能集中控制。目前使用的混凝土拌和楼，不论是进口的或是国产的，其自上而下均为进料层、储料层、配料层、拌和及出料五层布置，基本工艺流程大致相同。混凝土拌和楼工艺流程见图 3－1。

为加快施工速度和确保质量，应尽早建成混凝土拌和楼作为生产混凝土的主要设备。但工程初期，混凝土工程量小而分散，且大多是前期临建工程，可采用混凝土拌和站作为过渡设备。

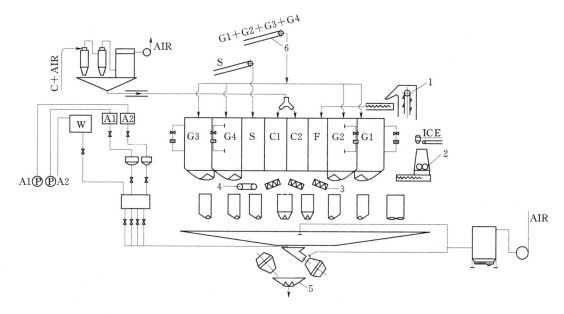

图 3-1 混凝土拌和楼工艺流程示意图

1—水泥输送机；2—片冰输送机；3—螺旋输送机；4—胶带机；5—拌和楼出料斗

3.1.3 拌和楼（站）生产能力的确定

混凝土拌和楼的生产能力是选型的重要因素。由于受水利水电工程条件的制约，影响混凝土拌和楼进行均衡生产。因此，混凝土拌和楼的生产能力必须满足施工强度的变化，适应生产多品种混凝土的需要。主要混凝土拌和楼生产能力见表 3-14。

表 3-14　　　　　　　　　　　　主要混凝土拌和楼生产能力表

型　号	搅拌机容量 /L	铭牌生产能力 /（m³/h）	可供高峰浇筑强度		
			小时/（m³/h）	日/（m³/d）	月/（m³/月）
HL50-2F1000	2×1000	48～60	40	640	16000
HL75-3F1000	3×1000	75	60	800	20000
HL75-2F1500	2×1500	75	60	800	20000
HL115-3F1500	3×1500	108～135	100	1600	32000
HL125-4F1500	4×1500	125	120	2000	40000
HL240-4F3000	4×3000	240	200	3200	75000
HL360-4F4500	4×4500	360	300	4800	96000
HL240-2S3000L	2×3000	240	200	3200	75000
HL320-2S4500LB	2×4500	320	260	4000	80000
HL360-2S6000L	2×6000	360	300	4800	96000

注　表中可供高峰浇筑强度，视系统协调、工程计划和管理水平，表中数据仅供参考。

在拌和楼内干掺粉煤灰时，国内一般按延长搅拌时间约 0.5～1.0min 考虑，国外厂商则认为生产能力不受影响。对风冷骨料则应按骨料的冷却要求、储仓容量和供风供冷的能力专门计算确定；掺加片冰时，一般不需增加搅拌时间，但若掺加粒冰，则需增加搅拌时间约 1～1.5min。加粒冰同时干掺粉煤灰时，搅拌时间以较长者为准，不应重复计算。部分工程加块冰实际采用的搅拌时间见表 3-15。

表 3-15　　　　　　　　　部分工程加块冰实际采用的搅拌时间表

工程名称	加冰率/%	冰粒径/mm	搅拌时间/min
桓仁	50		3～4
新丰江（二期加固）	60	20～40	3～4
大黑汀	50～70	<30	2.5～3
乌江渡	40～50	<30	2.5
丹江口	30～70	10～20	2～3.5

自行设计混凝土拌和站时，其小时生产能力：

$$Q_h = 60VNK/(t_1 + t_2 + t_3) \tag{3-1}$$

式中　　Q_h——小时生产能力，m^3/h；

　　　　V——搅拌机容量，m^3，按出料容量；

　　　　N——搅拌机台数；

　　　　K——时间利用系数，一般取 0.85～0.90；

　　　　t_1——装料时间，可取 0.25～0.33min；

　　　　t_2——卸料时间，可取 0.17～0.33min；

　　　　t_3——净搅拌时间，对普通混凝土可按表 3-16 查取。

表 3-16　　　　　　　　　普通混凝土净搅拌时间表

搅拌机出料容量 /m³	最大骨料粒径 /mm	t_3/min		
		坍落度 20～50mm	坍落度 50～80mm	坍落度大于 8mm
0.75	80	2.0	1.5	1.5
1.00	120	2.5	2.0	1.5
1.50	150	2.5	2.0	2.0
3.00	150	3.0	2.5	2.5

3.1.4　拌和楼（站）选型

一般水利水电工程施工现场狭窄，混凝土的浇筑强度大，常采用拌和楼为生产混凝土的主要设备。对于工程规模较小，服务期短且分散，以及早期临建工程，可采用拌和站。

选择拌和楼时应注意：

（1）按最大骨料粒径选用相应容量的搅拌机。

（2）主体工程用的混凝土，由于质量要求较高，称量三种和三种以上骨料的累计秤精度较差，一般不宜采用。

（3）一个混凝土系统配置的拌和楼以 1～2 座为宜，一般不超过 3 座。

（4）尽量采用通用的拌和楼。如工程有特殊要求时，亦可提出要求专门订购，但须考虑后续工程利用的可能性和合理性。

（5）拌和楼（站）选定以后，砂石、水泥、外加剂和掺合料的供应均应按拌和楼（站）的生产能力进行配置。供热、供冷设施则可按实际需要配置。

3.1.5 拌和楼（站）的技术性能

（1）周期式拌和楼技术性能。水利水电工程中目前使用的自落式混凝土拌和楼有 HL50-2F1000、HL115-3F1500、HL240-4F3000、HL360-4F4500 型等多种规格型号，控制方式有半自动、全自动和计算机控制全自动。强制式混凝土拌和楼主要有 HL240-2S3000L、HL320-2S4500LB、HL360-2S6000L 等规格型号，控制方式已全部实现微机全自动控制。各种规格型号的混凝土拌和楼的主要技术性能见表 3-17。

表 3-17　　　　　　　　混凝土拌和楼的主要技术性能表

指　　标			拌和楼型号			
			HL50-2F1000	HL115-3F1500A	HL240-4F3000B	HL360-4F4500L
拌和楼总高/m			25.145	29.448	35	37.25
拌和楼总功率/kW			83	90	640	429
拌和楼总重/t			117.96	205.6	580	680
压缩空气消耗量/（m³/min）			3	4	8	4
压缩空气工作压力/MPa			0.69	0.49～0.69	≥0.6	≥0.6
额定生产率	常态混凝土/（m³/h）		48～60	108～135	240	320～360
	碾压混凝土/（m³/h）				200	300
	预冷混凝土/（m³/h）			60	180	250
控制方式			电气自动集中控制	电气自动集中控制	微机自动控制	微机自动控制
混凝土搅拌机	台数及型式		2台 自落式	3台 自落式	4台 自落式	4台 自落式
	单机进料容量/L		1600	2400	4700	7500
	出料容量（捣实后）/m³		1	1.5	3	4.5
	允许最大骨料粒径/mm		120	150	150	150
	每小时拌和次数/次		2台 44～54	3台 72～90		
	电机功率/kW	每台搅拌机	2×7.5	2×7.5	2×22	2×22
		总功率	30	45	176	176
减速机型号			XwD₇₅-6-1/17	XwD₇₅-6-1/17		
混凝土出料斗容量/（m³/只）				6.8×1	12×2	15×2

指　标		拌和楼型号			
		HL50 - 2F1000	HL115 - 3F1500A	HL240 - 4F3000B	HL360 - 4F4500L
配料装置	电子秤总台数/台	8	11	12	12
	特大石 80～150mm	0～1500×1	0～1500×1	0～2000×1	0～3000×1
	大石 40～80mm	0～1500×1	0～1500×1	0～2500×1	0～4000×1
	中石 20～40mm	0～1500×1	0～1500×1	0～2500×1	0～4000×1
	小石 5～20mm	0～1500×1	0～1500×1	0～2500×1	0～4000×1
称量范围 /（kg/台数）	粗砂		0～1500×1	0～2500×1	0～3000×1
	细砂	0～1000×1	0～1500×1	0～3000×1	0～3000×1
	水泥	0～500×1	0～500×1	0～1000×1	0～2000×1
	掺合料		0～500×1	0～400×1	0～600×1
	水	0～300×1	0～300×1	0～700×1	0～750×1
	外加剂	0～15×1	0～15×1	0～30×1 0～10×1	0～50×1 0～15×1
	冰		0～150×1	0～400×1	0～300×1
储料仓 容积	料仓总容积/m³	132	420	800	1180
	特大石	22×1	60×1	130×1	200×1
	大石	22×1	60×1	130×1	200×1
	中石	22×1	60×1	130×1	200×1
容积/（m³/ /仓数）	小石	22×1	60×1	130×1	200×1
	粗砂		60×1	130×1	100×1
	细砂	22×1	60×1		100×1
	水泥	11×2	30×2	75×2	90×2
	掺合料		28×1	75×1	90×1
出料斗高程/mm			4000.00	4500.00	5100.00

　　HL50 - 2F1000 型混凝土拌和楼用来拌和塑性混凝土，适用于水利水电工程，也适用于施工地点比较集中的建筑工程及城市商品混凝土工厂，拌和混凝土最大骨料粒径为120mm，它的结构是大组件的方形混凝土拌和楼，混凝土拌和楼见图 3-2。

　　HL115 - 3F1500A 型混凝土拌和楼是大组件组装的方形结构，全楼采用装、卸圆柱钢管结构。结构简单，安卸方便，便于随工程转移施工。拌和楼两侧设有钢平台，放置冷风机设备。该拌和楼骨料仓设置了通冷风所必需的设施，布置有冷风进口和出口法兰，考虑了从冰楼输入片冰的设施位置。因此，拌和楼通冷风和加片冰后能满足低温混凝土的要求，混凝土拌和楼见图 3-3。

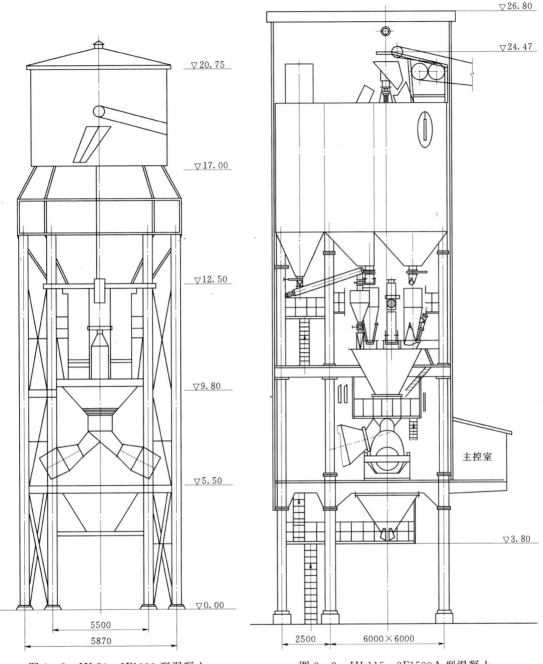

图 3-2　HL50-2F1000 型混凝土
拌和楼示意图（单位：mm）

图 3-3　HL115-3F1500A 型混凝土
拌和楼示意图（单位：mm）

　　HL240-4F3000B 型混凝土拌和楼是采用计算机全自动控制，可在骨料仓安装冷风、热风和片冰等温控措施，是我国自行设计制造的新型的温控混凝土拌和楼，适用于大、中型混凝土水电工程，混凝土拌和楼采用双线出料。因此，可以同时生产两种不同标号的混凝土，混凝土拌和楼见图 3-4。

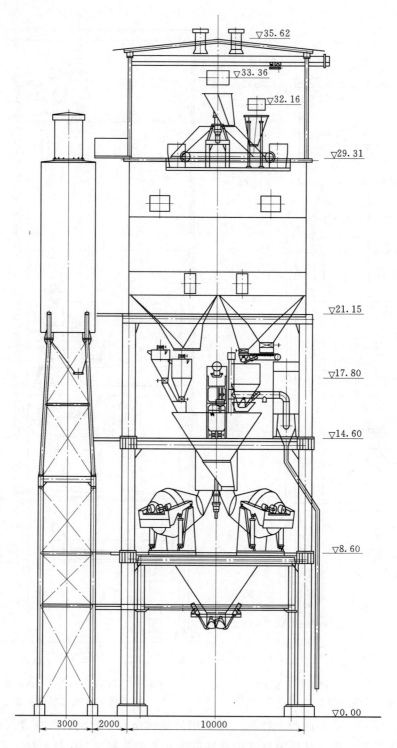

图 3 - 4　HL240 - 4F3000B 型混凝土拌和楼示意图（单位：mm）

HL360-4F4500L 型混凝土拌和楼，楼体是大杆件钢桁架结构。采用双锥倾翻自落式搅拌机，搅拌机支撑在独立的钢排架结构上，胶凝材料在副楼，混凝土生产采用计算机全自动控制，混凝土拌和楼见图 3-5。

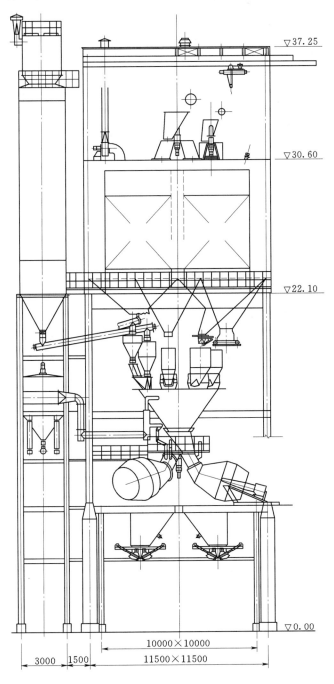

图 3-5　HL360-4F4500L 型混凝土拌和楼示意图（单位：mm）

目前在建的大、中型水电站中，由于工程的需要，越来越多采用强制式拌和楼进行混凝土的生产。其中以 HL240 - 2S3000L、HL320 - 2S4500L 和 HL360 - 2S6000L 居多。各种型号强制式拌和楼主要技术参数见表 3 - 18。

表 3 - 18　　　　　　　　　　强制式拌和楼主要技术参数表

指标名称		拌和楼型号		
		HL240 - 2S3000L	HL320 - 2S4500LB	HL360 - 2S6000L
生产能力/（m³/h）		240	340（常规混凝土）	360
粗骨料胶带输送机	带宽/mm	1000	1000	1000
	带速/（m/s）		2	2.5
额定输送量/（t/h）			≥1000	1300
细骨料胶带输送机	带宽/mm		800	650
	带速/（m/s）		2	2
额定输送量/（t/h）			≥450	350
水泥（粉煤灰）接收处理能力	t/h	100	130（95）	130（95）
	m³/min	≤50	30～40	30～40
	MPa	≤0.35	≤0.35	≤0.35
仓顶除尘器过滤面积/m²		80	80	120
骨料仓容量/m³		750	1040	1060
特大石（80～150mm）/m³		150	190	200
大石（40～80mm）/m³		150	190	200
中石（20～40mm）/m³		150	190	230
小石（5～20mm）/m³		150	190	230
砂 S_1/m³		75	140	100
砂 S_2/m³		75	140	100
粉煤灰仓容量 F_1/m³		75	100	90
粉煤灰仓容量 F_2/m³			100	90
水泥仓容量 C/m³		75	100	90
水箱容量/m³		3	3	3
小冰仓容量/m³		3	6	6
配料秤		重量式传感器电脑秤		
总台数/台		12	12	12
特大石 G_1/kg		2000	3000	3500
大石 G_2/kg		2500	4000	4000
中石 G_3/kg		2500	4000	5000
小石 G_4/kg		2500	4000	4000
砂 S_1/kg		3000	3000	4000
砂 S_2/kg		3000	3000	4000
水泥/kg		1200	2000	1500
粉煤灰/kg		400	800	1000
水/kg		700	800	750

指 标 名 称	拌和楼型号		
	HL240－2S3000L	HL320－2S4500LB	HL360－2S6000L
片冰/kg		300	300
外加剂 A_1/kg	50	50	60
外加剂 A_2/kg	30	30	30
搅拌机型式	德国 BHS 水工型双卧轴强制式	德国 BHS 水工型双卧轴强制式	日本 IHI 水工型双卧轴强制式
进料容积/m³	6	9	9.6
出料容积/m³	4	6	6
功率/kW	2×75	2×110	2×132
台数/台	2	2	2
混凝土出料斗			
单斗几何容积/m³	9	15	15
出料口尺寸/（m×m）	800×800	800×800	1000×1000
斗数/只	2	2	2
出料口净高/mm	4500	5000	5100
出料口中心距/mm	4000	4000	5000
控制方式	微机全自动控制	微机全自动控制	微机全自动控制
压缩空气			
工作压力/MPa	≥0.6	≥0.5	≥0.6
消耗量/（m³/min）	3	4	6
供水压力/MPa	0.35	0.35	0.35
电机总功率/kW	约 650（不包括上料胶带机）	800（不包括上料胶带机）	约 1170（不包括上料胶带机）

HL240－2S3000L 型混凝土拌和楼是采用微机全自动控制,周期式拌制常态混凝土及塑性或低流态 RCC 混凝土的成套设备,可配置骨料仓冷风机和加片冰装置等温控设备,是新型可生产温控混凝土的拌和楼,适用于大中型混凝土工程。拌和楼采用双线出料,可同时生产两种不同标号的混凝土,混凝土拌和楼见图 3－6。

HL320－2S4500L 型混凝土拌和楼采用微机全自动控制,周期式拌制塑性或低流态碾压混凝土的成套设备,是新型可生产温控混凝土的特大型强制式搅拌楼,配置有骨料仓冷风机和片冰装置等温控设备。常规混凝土生产能力为 320m³/h,最大骨料粒径为 150mm。搅拌楼采用双线出料。因此,可以同时生产两种不同标号的混凝土。搅拌楼的上料方式,粗骨料采用 B＝1000mm 的胶带机,细骨料采用 B＝800mm 的胶带机,混凝土拌和楼见图 3－7。

HL360－2S6000L 型混凝土搅拌楼是采用微机全自动控制,周期式拌制塑性或低流态碾压混凝土的成套设备,最大特点为用独立的搅拌机支架支承搅拌机,以避免搅拌机的振动传给主结构。主结构总重约为 500 t,最大运输单元是水泥、粉煤灰仓及其支架中的仓座平台,其尺寸为 3300mm×12200mm,最重运输单元是骨料仓之砂仓段,重量 14.4t。配置有骨料仓冷风机和加片冰装置等温控设备,是新型可生产温控混凝土的搅拌楼,

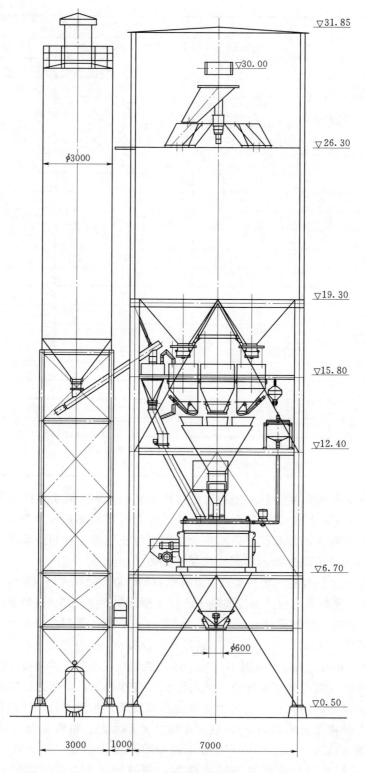

图 3 - 6　HL240 - 2S3000L 型混凝土拌和楼示意图（单位：mm）

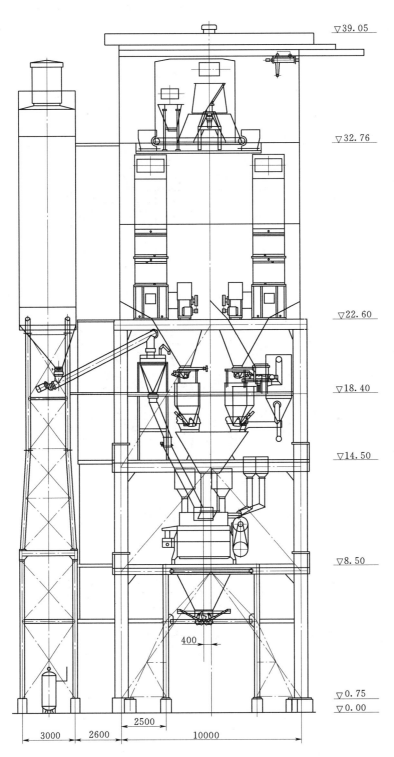

图 3 - 7　HL320 - 2S4500L 型混凝土拌和楼示意图（单位：mm）

适用于大中型混凝土工程，可以搅拌 150mm 大骨料的水工混凝土和 RCC 混凝土，混凝土拌和楼见图 3-8。

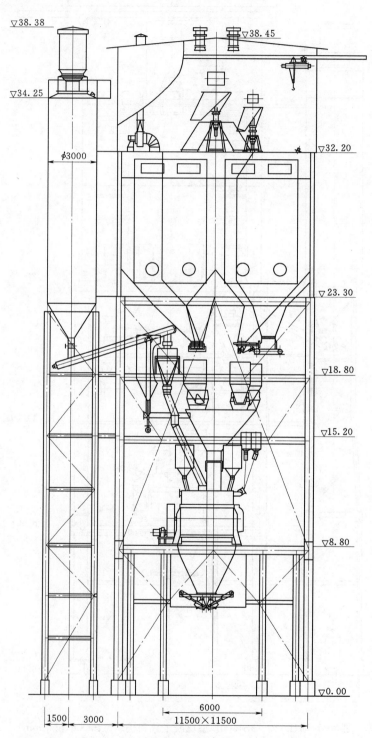

图 3-8　HL360-2S6000L 混凝土搅拌楼示意图（单位：mm）

（2）周期式拌和站的技术性能。目前，混凝土拌和站大多数是传统的周期式拌和站。多在小型或大、中型水利水电工程的前期临建工程施工中采用，作为一种临时性的设备，便于安装和拆卸。周期式混凝土拌和站有固定式、移动式和装配式三种形式。

周期式混凝土拌和站布置见图 3-9。它的建筑高度低、结构简单、投资少、安、拆快。

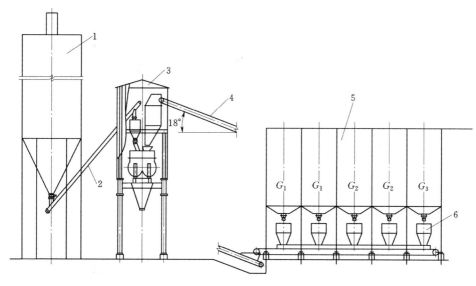

图 3-9　周期式混凝土拌和站布置示意图
1—水泥仓；2—螺旋输送机；3—搅拌站；4—带式输送机；5—骨料仓；6—称量斗

目前，我国已有多家混凝土拌和站专业制造厂，生产 10 多种型号规格产品，大多数是近几年开发的新产品，产品技术水平基本上接近世界先进水平。混凝土拌和站主要技术性能见表 3-19。

表 3-19　　　　　　　　　　混凝土拌和站主要技术性能表

型　　号		HZ50-2F1000	HZS90-IQ1500	HZ120-IQ2000	HZ150-IQ3000
生产能力/（m³/h）		50	90	120	150
拌和机	型式	双锥倾翻自落式	双卧轴强制式	双卧轴强制式	双卧轴强制式
	出料容重/L	1000	1500	2000	3000
	装机台数/台	2	1	1	1
料仓布置形式		集中钢仓	集中钢仓	集中钢仓	集中钢仓
进料方式		胶带输送机	胶带输送机	胶带输送机	胶带输送机
配料机构	骨料	电子秤	电子秤	电子秤	电子秤
	水泥	电子秤	电子秤	电子秤	电子秤
	水	电子秤	电子秤	电子秤	电子秤
	外加剂	电子秤	电子秤	电子秤	电子秤
控制方式		微机全自动	微机全自动	微机全自动	微机全自动
总功率/kW		61	72	81	130
总重量/t		30	45	63	87

20 世纪 80 年代我国研制了 HZ50 - 2F1000 型系列混凝土拌和站，均以双锥倾翻自落式混凝土搅拌机为主机。到了 90 年代我国又先后研制了以双卧轴强制式搅拌机为主机的多种规格型号的混凝土拌和站，现已在水利水电工程中使用。各种混凝土拌和站见图 3 - 10～图 3 - 14。

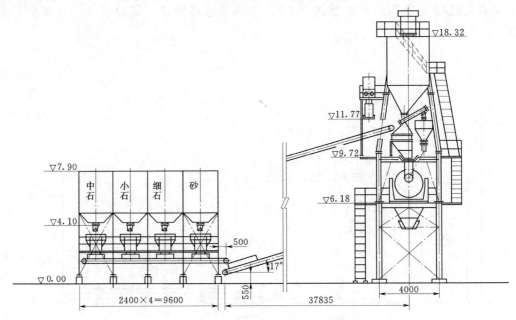

图 3 - 10　HZ50 - 2F1000 型混凝土拌和站示意图（单位：mm）

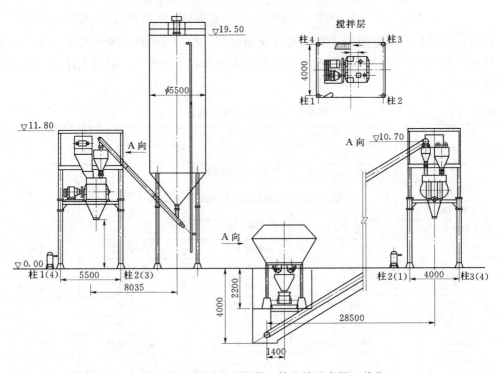

图 3 - 11　HZS90 - IQ1500G 型混凝土拌和站示意图（单位：mm）

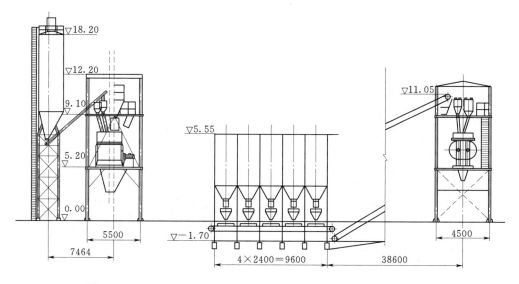

图 3-12 HZS120-IQ1500G 型混凝土拌和站示意图（单位：mm）

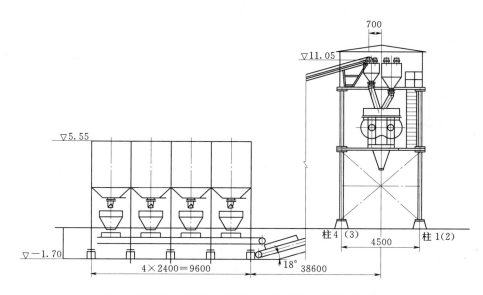

图 3-13 HZS120-IQ2000 型混凝土拌和站示意图（单位：mm）

（3）连续式拌和站的技术性能。国内强制式的连续式拌和站，首先在沙牌电站工程应用，小时生产能力为 200m³/h。国内已有厂家开发了生产能力 90m³/h、120m³/h、150m³/h、200m³/h 四挡的连续式强制式拌和站系列，配备 2～4 个砂石料斗（可按用户要求配置），100t、300t 粉料贮仓，固体物料和外加剂配置计量按减量原理计算，通过调频电机控制盘式给料机（粉料）转速或带式输送机带速调节计量值，水用涡轮流量计计量，根据《水工混凝土施工规范》（DL/T 5144—2001）计量精度：骨料±2%，粉料和液体±1%，采用强制式连续拌和站，搅拌机长度 3900mm，物料在机内逗留时间约 20s。连续强制式拌和站，主要技术参数见表 3-20。DW 系列连续强制式混凝土拌和站配置见图 3-15。

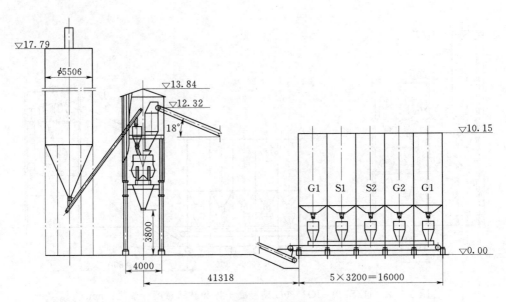

图 3-14　HZ150-IQ3000 型混凝土拌和站示意图（单位：mm）

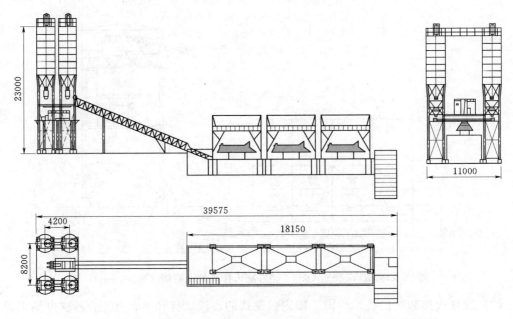

图 3-15　DW 系列连续强制式混凝土拌和站的配置示意图（单位：mm）

表 3-20　　　　　　　　连续强制式拌和站主要技术参数表

项　目	DW90	DW120	DW150	DW200	DW200s
生产能力/（m³/h）	90	120	150	200	200
单机生产能力/（m³/3min）	4.5	6.0	7.5	10	0.5～10
骨料仓/（个×m³）					4×40
粉料仓					

项　目		DW90	DW120	DW150	DW200	DW200s
计量范围	水泥/kg	0～2500	0～3500	0～4000	0～4500	0～5000
	水泥动态/(kg/3min)	80～600	120～900	150～1000	200～1200	600～3200
	粉煤灰/kg	0～500	0～1000	0～1200	0～1500	0～5000
	粉煤灰动态/(kg/3min)	30～150	50～250	60～300	70～350	600～3200
	骨料/kg	0～14000	0～16000	0～16000	0～20000	0～8000×4
	骨料动态/(kg/3min)	25～1600	350～2300	400～2700	500～3000	1500～9000
	外加剂/kg	0～120	0～160	0～160	0～160	0～160
	外加剂动态/(kg/3min)	4～25	5～40	6～45	12～75	30～160
	水/kg	40～270	50～360	60～400	70～480	120～1800
整机功率/kW		80	105	125	150	205
整机重量/t						65

3.2 骨料储运系统

3.2.1 运输方式

从砂石加工厂到混凝土生产系统储料场的骨料运输方式分：常规运输和带式输送机运输两种方式。

（1）常规运输。常规运输方式分汽车运输和有轨机车运输。汽车运输适合距砂石场较远且交通道路容易布置的情况，由于汽车运输灵活机动，为大多数工程所采用。汽车把成品骨料运进混凝土生产系统后，经地磅计量卸入受料坑，再经胶带机把骨料卸入成品料堆场。如果运输距离更远，也可以采用有轨机车运输。大渡河铜街子水电站，其成品骨料就从彭山县青龙镇通过有轨机车运到位于工地现场的受料坑。

（2）带式输送机运输。带式输送机运输主要分为：普通带式输送机运输、长距离带式输送机运输、下行带式输送机运输。带式输送机运输适合混凝土系统距砂石加工厂较近或汽车运输道路不易布置或为了减少汽车流量的场合，成品料运来后经过计量（皮带秤）卸入成品料堆；或卸入受料仓后再经胶带机卸入混凝土成品储料场。

1）普通带式输送机运输。普通带式输送机与没有严格的区分，水利水电行业一般将单条带式输送机水平投影长小于1500m的胶带机称为普通带式输送机，不小于1500m胶带机称为长距离带式输送机运输。

普通带式输送机主要由：头架、驱动装置、传动滚筒、尾架、托辊、中间架、尾部改向装置、卸载装置、清扫装置、安全保护装置等部件组成。

普通带式输送机设计步骤分为：确定带宽、带速、胶带机传动功率计算、输送带张力计算等。

A.确定带宽、带速。带式输送机的最大生产能力是由输送带上物料的最大截面积、带速和设备倾斜系统系数决定的，按式（3-2）和式（3-3）计算：

$$I_v = Svk \qquad (3-2)$$

或
$$I_m = Svk\rho \qquad (3-3)$$

式中 S——输送带上物料的最大横截面积，m^2，可按表 3-21 查取；

v——带速，m/s；

k——倾斜系数，按国际标准 ISO5048 式（16）计算，也可按表 3-22 查取；

ρ——物料松散密度，kg/m^3。

表 3-21 物料的最大截面积 S

带宽 /mm	堆积角/ (°)	槽 角/ (°)					
		20	25	30	35	40	45
500	0	0.0098	0.0120	0.0139	0.0157	0.0173	0.0186
	10	0.0142	0.0162	0.0180	0.0196	0.0210	0.0220
	20	0.0187	0.0206	0.0222	0.0236	0.0247	0.0256
	30	0.0234	0.0252	0.0266	0.0278	0.0287	0.0293
650	0	0.0184	0.0224	0.0260	0.0294	0.0322	0.0347
	10	0.0262	0.0299	0.0332	0.0362	0.0386	0.0407
	20	0.0342	0.0377	0.0406	0.0433	0.0453	0.0469
	30	0.0422	0.0459	0.0484	0.0507	0.0523	0.0534
800	0	0.0279	0.0344	0.0402	0.0454	0.0500	0.0540
	10	0.0405	0.0466	0.0518	0.0564	0.0603	0.0636
	20	0.0535	0.0591	0.0638	0.0678	0.0710	0.0736
	30	0.0671	0.0722	0.0763	0.0798	0.0822	0.0840
1000	0	0.0478	0.0582	0.0677	0.0793	0.0838	0.0898
	10	0.0674	0.0771	0.0857	0.0933	0.0998	0.1050
	20	0.0876	0.0966	0.1040	0.1110	0.1160	0.1200
	30	0.1090	0.1170	0.1240	0.1290	0.1340	0.1360
1200	0	0.0700	0.0853	0.0992	0.1120	0.1230	0.1320
	10	0.0988	0.1130	0.1260	0.1370	0.1460	0.1540
	20	0.1290	0.1420	0.1530	0.1630	0.1710	0.1760
	30	0.1600	0.1720	0.1820	0.1900	0.1960	0.2000
1400	0	0.0980	0.1200	0.1390	0.1570	0.1710	0.1840
	10	0.1380	0.1580	0.1750	0.1910	0.2040	0.2140
	20	0.1790	0.1970	0.2130	0.2200	0.2370	0.2450
	30	0.2210	0.2380	0.2530	0.2640	0.2720	0.2770

表 3-22 倾斜系数 k 选用表

倾角/ (°)	2	4	6	8	10	12	14	16	18	20
k	1.00	0.99	0.98	0.97	0.95	0.93	0.91	0.89	0.85	0.81

带速选择原则：输送量大、输送带较宽时，应选择较高的带速；较长的水平输送机，应选择较高的带速；输送机倾角越大，输送距离越短，则带速应越低；物料易滚动、粒度大、磨琢性强的，或容易扬尘的以及环境卫生条件要求较高的，宜选用较低带速；采用犁式卸料器时，带速不宜超过 2.0m/s；采用卸料车时，带速一般不宜超过 2.5m/s；当输送细碎物料或小块料时，允许带速为 3.15m/s；有计量秤时，带速应按自动计量秤的要求决定。

带速与带宽、输送能力、物料性质、块度和输送机的线路倾角有关。当输送机向上运输时，倾角大，带速应低；下运时，带速更应低；水平运输时，可选择高带速。带速的确定还应考虑输送机卸料装置类型，当采用犁式卸料车时，带速不宜超过 2m/s。

B. 胶带机传动功率计算。传动功率先计算出圆周驱动力 F_U，再根据式（3-8）计算胶带机传动功率 P_A。

传动滚筒上所需圆周驱动力 F_U 为输送机所有阻力之和，按式（3-4）和式（3-5）计算：

$$F_U = F_H + F_N + F_{S_1} + F_{S_2} + F_{S_t} \tag{3-4}$$

或

$$F_U = fLg[q_{RO} + q_{RU} + (2q_B + q_G)\cos\delta] \tag{3-5}$$

其中

$$F_{S_t} = q_G Hg$$

式中　F_H——主要阻力，N；

　　　F_N——附加阻力，N；

　　　F_{S_1}——特种主要阻力，N；

　　　F_{S_2}——特种附加阻力，N；

　　　F_{S_t}——倾斜阻力，N；

　　　q_G——每料输送物料的质量，kg/m；

　　　H——输送机卸料段和装料段间的高差，m；

　　　g——重力加速度，m/s²。

对机长大于 80m 的带式输送机，附加阻力 F_N 明显的小于主要阻力，可引入系数 C，来考虑阻力，它取决于输送机的长度，按式（3-6）计算：

$$F_U = CfLg[q_{RO} + q_{RU} + (2q_B + q_G)] + qGHg + F_{S_1} + F_{S_2} \tag{3-6}$$

式中　C——系数，按国际标准 ISO5048 式（6）计算或按表 3-23 进行查取；

　　　f——模拟摩擦系数，根据工作条件及制造、安装水平选取，可按表 3-24 查取。

表 2-23　　　　　　　　系　数　　C

L/m	40	63	80	100	150	200	300	400	500
C	2.4	2.0	1.92	1.78	1.58	1.45	1.31	1.25	1.20
L/m	600	700	800	900	1000	1500	2000	2500	5000
C	1.17	1.14	1.12	1.10	1.09	1.06	1.05	1.04	1.03

当倾角大于 18°时输送机载荷 q_B、q_G 必须乘以 $\cos\delta$；对于机长小于 80m 时，仍按式（3-5）计算。

表 3 - 24　　　　　　　　　　　　　**模拟摩擦系数 _f_（推荐值）**

安装情况	工 作 条 件	f
水平、向上倾斜及向下倾斜是电动工况	工作环境良好，制造和安装良好，带速低，物料内摩擦系数小	0.020
	按标准设计，制造和调整好，物料内摩擦系数中等	0.022
	多尘，低温，过载，高带速，安装不良，托辊质量差，物料内摩擦大	0.023～0.03
向下倾斜	设计，制造正常，处于发电工况时	0.012～0.016

$$q_G = \frac{I_m}{v} = \frac{Q}{3.6v} \tag{3-7}$$

式中　　I_m——输送能力，kg/s；

　　　　v——带速，m/s。

　　　传动功率计算 P_A

$$P_A = F_U v \tag{3-8}$$

式中　　P_A——传动滚筒轴所需功率，kW；

　　　　F_U——圆周驱动力，kN；

　　　　v——带速，m/s。

　　　带式输送机所需正功率　　　　　$P_M = \dfrac{P_A}{\eta_1}$ $\tag{3-9}$

　　　反馈功率　　　　　　　　　　　$P_M = P_A \eta_2$ $\tag{3-10}$

式中　　$\eta_1 = 0.78\sim0.95$；$\eta_2 = 0.95\sim1.0$。

　　C. 输送带张力计算。输送带张力在整个长度上是变化的，影响因素很多，为保证输送机的正常运行，输送带的张力必须满足两个条件：输送带的张力在任何负载情况下，作用到全部滚筒上的圆周力是通过摩擦传递到输送带上，而输送带与滚筒间应保证不打滑；作用到输送带上的张力应足够大，使输送带在两组承载托辊间保证垂度小于一定值。

　　圆周驱动力 F_U 通过摩擦传递到输送带上（见图 3 - 16），为保证输送带工作时不打滑，需在回程带上保持最小张力 F_{2min} 按式（3 - 11）计算：

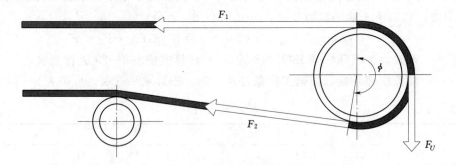

图 3 - 16　作用于输送带的张力示意图

$$F_{2min} \geqslant F_{Umax} \frac{1}{e^{\mu\phi} - 1} \tag{3-11}$$

式中　　F_{Umax}——满载输送机启动或制动时出现的最大圆周驱动力；

μ——传动滚筒与输送带之间的摩擦系数见表3-25;

ϕ——传动滚筒的围包角,一般取2.8~4.2(160°~240°)弧度;

$e^{\mu\phi}$——尤拉系数见表3-26。

表3-25 传动滚筒与输送带之间的摩擦系数 μ

运行条件＼滚筒覆盖面	光滑裸露的钢滚筒	带人字形沟槽的橡胶覆盖面	带人字形沟槽的聚氨酯覆盖面	带人字形沟槽的陶瓷覆盖面
干态运行	0.35~0.4	0.40~0.45	0.35~0.40	0.40~0.45
清洁潮湿(有水)运行	0.10	0.35	0.35	0.35~0.40
污浊的湿态(泥浆、黏土)运行	0.05~0.1	0.25~0.30	0.20	0.35

表3-26 尤 拉 系 数 $e^{\mu\phi}$

围包角/(°)	摩擦系数 μ									
	0.05	0.10	0.15	0.20	0.25	0.30	0.35	0.40	0.45	0.50
170	1.16	1.35	1.56	1.81	2.10	2.44	2.82	3.28	3.80	4.41
175	1.17	1.36	1.58	1.84	2.15	2.50	2.91	3.39	3.95	4.60
180	1.17	1.37	1.60	1.88	2.20	2.56	3.00	3.51	4.12	4.82
185	1.18	1.38	1.62	1.91	2.24	2.63	3.10	3.64	4.27	5.02
190	1.18	1.39	1.64	1.94	2.29	2.70	3.18	3.75	4.44	5.25
195	1.19	1.41	1.67	1.97	2.34	2.78	3.29	3.90	4.62	5.48
200	1.19	1.42	1.69	2.01	2.40	2.85	3.40	4.04	4.82	5.73
205	1.20	1.43	1.71	2.05	2.45	2.92	3.50	4.18	5.00	5.98
210	1.20	1.44	1.73	2.08	2.50	3.00	3.60	4.32	5.20	6.23
215	1.21	1.46	1.76	2.12	2.55	3.08	3.72	4.48	5.41	6.53
220	1.21	1.47	1.78	2.16	2.60	3.17	3.83	4.65	5.64	6.82
225	1.22	1.48	1.80	2.19	2.67	3.25	3.95	4.81	5.85	7.12
230	1.22	1.49	1.83	2.23	2.73	3.32	4.07	4.97	6.09	7.43
235	1.23	1.51	1.85	2.27	2.79	3.42	4.20	5.16	6.33	7.77
240	1.23	1.52	1.87	2.32	2.85	3.51	4.34	5.35	6.60	8.13

输送带最大张力通常发生在启制动工况下,采用软启制动装置,可以有效缓解动态张力的作用。动态张力可以通过动态分析比较准确地计算,也可以用稳态最大张力乘以起动系数 K_a 来粗略估算。采用软起制动装置时,起动系数 K_a 可取1.1~1.3。

2)长距离带式输送机运输。长距离带式输送机属于钢绳芯带式输送机,又分为直线带式输送机和曲线带式输送机(曲线胶带机),曲线胶带机可以水平转弯,其转弯半径最小允许一般为500m,设计中转弯半径常取不小于1000m。

长距离带式输送机设计工作主要有:确定带宽、带速;计算传动功率(先初步计算,后动态计算);主要零部件的设计选型。

初步设计主要包括各种运行阻力,驱动功率和沿线各点张力的计算,并以此计算结果为依据进行总体方案布置和部件选型；最后用计算机动态分析计算进行校核。

带式输送机的动态分析是将输送带按黏弹性体的力学性质，综合计入驱动装置的起制动特性、各运动体的质量分布、线路各区段的坡度变化、各种运动阻力、输送带的初始张力、输送带的挠度变化、拉紧装置的形式和位置及张紧力等因素的作用，建立输送机动力学数学模型，求得输送机在起动和制动过程中，输送带上的不同点随时间的推移所发生的速度、加速度和张力的变化。预报按传统的静态设计方法设计的输送机可能出现的动态危险和不安全之处，对初步设计提出改进和调整措施，确定优化的设计和控制参数。

利用动态分析，可以找出大型带式输送机在起动和制动过程中可能出现的动态危险，如输送带的动态峰值张力、可能出现的危险工况下输送带的低张力、拉紧重锤的位移超出设计行程等。对于这些危险情况，应该采取技术改进措施进行调整，如调整或改换驱动装置及其起制动特性、在适当的位置加装制动装置、改变拉紧装置的形式或位置等。通过这些改进措施，使输送机得以优化。

长距离带式输送机的启动与制动力矩很大，只有选用具备可控软启动、停机功能的驱动设备，才能保证输送机安全平稳的启动与停机。性能相对优异的可控软启动设备主要有：CST可控驱动装置、变频高速装置等。

CST可控驱动装置，从结构形式上看，CST是1台输出级带有液黏离合器的定轴加行星齿轮传动的减速器，液黏离合器连接在行星传动的内齿圈上，使CST具有差动调节输出力矩和输出转速的功能。CST可控驱动装置是长距离、大运量、线路复杂的带式输送机的理想驱动装置，具有设定启动、制动速度曲线自动跟踪控制功能、过载保护功能、多机平衡功能和低速验带功能。启动系数可以控制在1.05～1.10，启动加速度可以控制在$0～0.05m/s^2$，控制精度为2%。CST可控起制动装置的不利之处在于增加了液压系统的维护工作。对于倾斜带式输送机，必须设置较大的低速轴制动器和逆止器。

交流电机变频调速，具有调速范围宽、精度高等特点，易于实现启动、制动速度曲线的自动跟踪，能够提供理想的可控起制动性能。其启动系数可以控制在1.05～1.10，启动加速度可以控制在$0～0.05m/s^2$，适用于长距离、线路复杂的带式输送机，可以控制输送机按设定的"S"形速度曲线启动和制动，以满足整机动态稳定性及可靠性的要求。变频调速驱动装置还可以提供低速验带速度。由于变频调速需解决电气方面的一系列问题，造价较高，使应用受到一定程度的限制。

水电行业在龙滩水电站首次采用长距离胶带机运输系统，该长距离胶带机承担向高程308.00m和高程360.00m两个拌和系统供料的任务。该胶带机长约4000m，沿线穿越3个隧洞，运输能力$Q=3000t/h$，带速$V=4m/s$，带宽$B=1200mm$，运输总量约1400万t。

长距离带式输送机于2004年在龙滩水电站首次运行成功后，先后在瀑布沟、向家坝、锦屏一级、锦屏二级、龙开口、黄登等大型水电站建设并投入运行，其节能降耗效果显著，经济效益和社会效益十分明显。

长距离带式输送机输送不同级配的成品骨料，中间需考虑一定的切换时间，根据龙滩等工程经验，切换不均衡系数可取1.2～1.5（所需输送能力×不均衡系数=设计输送能力）。不均衡系数与卸料端的堆场容积大小有关，堆场容积小则切换相对频繁。

向家坝水电站长距离带式输送机输送线用于输送半成品料，设计输送能力3000t/h，总输送量 3200 万 t，总长 31.1km，头尾总高差 458.0m（尾高、头低），沿线跨越高山深沟（隧洞段长 29.3km）。输送线采用 5 条带式输送机前后衔接、直线布置，单机最长 8.3km、功率 $4 \times 900kW$。输送线采用 CST 可控启动、制动驱动装置，由于充分利用了自然地形形成的物料重力势能，满载运行工况下，驱动实际高峰负荷仅 3910kW，折算单位能耗仅 $0.06kW \cdot h/(t \cdot km)$。

锦屏二级水电站东端和龙开口水电站采用了长距离曲线胶带机运输成品骨料。锦屏二级水电站东端项目曲线返程带料带式输送系统起于东引 2 号施工支洞与 1 号引水隧洞交点，终点是模萨沟弃渣场，主要承担东端引水隧洞和排水洞的开挖料至模萨沟弃渣场运输，以及将东端砂石加工系统成品骨料返送至高线混凝土系统骨料仓的任务。该带式输送机全长约 6000m，平面最小转弯半径是 1200m，系统运输强度 4600t/h（单线运输能力为 2800t/h），带速 $V = 4m/s$，带宽 $B = 1200mm$，其返程带料运输强度约 400t/h，返程运输成品骨料约 500 万～650 万 t。

3）下行带式输送机运输。混凝土生产系统由于需紧靠混凝土浇筑作业面布置，造成混凝土生产系统常布置在高山峡谷中，场地狭窄，空间有限。运输成品骨料的带式输送机常用到一些特殊的带式输送机，如下行带式输送机。

下行带式输送机向下允许倾角一般不宜超过 12°。较大倾角的下行带式输送机满载运行时，若下滑惯性力大于摩擦阻力，为防止飞车，需配置驱动功率足够大的电动机（此时电动机为发电工况，满载运行时电动机起制动作用）和制动器（一般选用盘式制动器，停机时制动器起制动作用）。

向家坝水电站马延坡成品料场向高程 310.00m 混凝土生产系统供应成品骨料就采用了下行带式输送机。该带式输送机线输送能力 $Q = 2000t/h$，带宽 $B = 1200mm$，带速 $V = 2.5m/s$，整条输送线共由 6 条下行带式输送机组成，其中最大倾角为 $-12°$，运行较为成功。

3.2.2 受料方式

混凝土生产系统在接受砂石加工厂运来的成品料，通常需设置受料设施。受料仓（坑）通常有地下式、半地下式两种。

成品料的受料仓，一般是平顶不设格筛。有时为了人身安全，缓和物料对料仓的冲击，也可设置孔格较大的水平格筛。受料仓可以是每次接受一辆自卸车物料的单仓，也可以设置成一长列的槽坑，接受若干辆自卸车、半列车、整列车或车辆边走边卸的物料，受料仓的设计应考虑：

（1）机车受料仓的长轴线应与铁路线相平行，仓边至准轨轨道的距离一般约为 0.8m。

（2）受料仓的容量，机车运输时一般应能容纳一列机车来料；汽车运输时，应有 3～5 辆车的容量；用 30t 以上自卸车运输，或运距在数百米以内时，可减为 2～3 辆车的容量。如果两侧同时卸料，则容量加倍。

（3）受料仓下一般设带式输送机出料，带式输送机的输送能力对混合料不应少于受料强度的 1.1 倍；对分级成品料应不少于 1.25 倍，换料频繁时，须适当增加输送能力。

（4）受料仓的总长度按受料强度确定。列车长度与受料仓之比宜为整数。

（5）成品料受料仓，每组料仓的长度应等于一节车厢的长度，两组料仓之间应设隔墙。

（6）受料仓结构必须坚固耐用，仓壁要用钢筋混凝土或钢衬护。

（7）仓下带式输送机廊道应有良好的排水设施，地坪纵坡不小于5‰；侧坡倾向人行道，以利清污排水。

3.2.3 堆料方式

混凝土生产系统成品骨料场堆料方式主要有汽车（列车）直接堆料或带式输送机堆料。

直接用自卸汽车（或列车）从栈桥或路堤边坡上堆料，可以卸、堆结合，不需受料设备。但堆料高度不宜太高，否则骨料容易分离。

带式输送机栈桥堆料常用水平栈桥堆料。为减少骨料的二次破碎分离，成品料的堆高一般限制在12~15m。粒径不小于40mm骨料净自由落差大于3m时需在卸料点设缓降装置。

水平栈桥堆料：常用可逆带式输送机或卸料小车堆料，料堆成长条形，容量较大。

3.2.4 储料场设计

为保证混凝土连续生产，混凝土生产系统成品储料场储备活容量一般为3~7d。当砂石加工系统和混凝土生产系统共用一个储料场时，料场的活容量一般为5~7d的生产量；当砂石加工系统和混凝土生产系统分设成品骨料储料场时，混凝土生产系统的成品料场活容量一般为3~5d的用料量，并考虑冬、夏施工的特殊需要。混凝土生产系统场地条件困难时可适当减少，特别困难条件下成品料场活容量不应小于4h的用料量。

储料场布置形式主要有开敞式堆料场、骨料罐、竖井式仓罐。堆料场占地面积大，容量大，结构工程量相对较少，活容积占总容量比例较低，常用于地势开阔、场地开挖难度较小的地方；骨料罐和竖井式仓罐占地面积小，结构工程量大，总容量较小，活容积占总容量的比例高，常用于地势陡峭、场地开挖难度大的地方，多用于大坝混凝土生产系统。如龙滩水电站和阿海水电站大坝混凝土生产采用钢筋混凝土骨料罐；溪洛渡大坝混凝土系统采用地下竖井式仓罐。采用料罐储料对稳定、降低骨料温度和含水量都有很大好处，混凝土生产系统储料场布置具体形式主要根据混凝土系统场地实际情况选择。

混凝土生产系统储料场设计时应考虑以下情况：成品粗细骨料活容量不小于规范要求，且各种粒径比例应满足混凝土浇筑的级配要求；成品细骨料一般要求设防雨设施，如果混凝土系统生产预冷混凝土时，粗细骨料都需设防雨、防晒措施；成品骨料储存场地，应具备良好的集排水设施；不同粒径的骨料必须分别堆存，为避免各级骨料混杂，需设置可靠的隔墙，隔墙高度有0.8m的超高；粒径大于40mm的粗骨料堆存，当自由落差大于3m时，应设置缓降设备；成品骨料应有足够的储量和堆高，保证高峰时段的调节作用和避免气温影响。

3.3 胶凝材料储运系统

3.3.1 系统的组成

在混凝土拌和系统中，都设有胶凝材料储存库（即水泥库、煤灰库），有的工程因运输工具或其他原因不能直接运进现场，而设置了中转胶凝材料库。现场胶凝材料库或中转胶凝材料库一般均由卸载站、储罐及厂内输送设施组成。大、中型水利水电工程一般都使用散装胶凝材料，前期工程和小型工程较多使用袋装胶凝材料，有的工程因水泥厂不具备条件而供应袋装水泥，使用袋装胶凝材料时都设有拆包间。散装胶凝材料库储运流程见图3-17，袋装和散装胶凝材料库储运流程见图3-18。

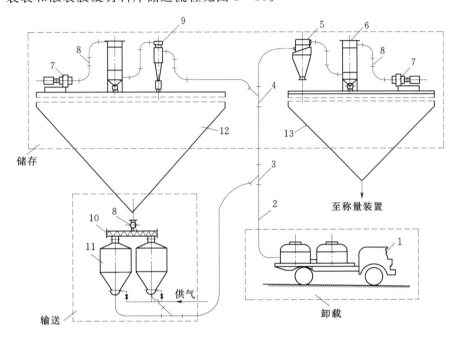

图3-17　散装胶凝材料库储运流程示意图

1—散装胶凝材料专用汽车；2—输送管道；3、4—两路阀；5、9—旋风分离器；
6—袋式吸尘器；7—离心式风机；8—叶轮给料器；10—可逆式螺旋输送机；
11—仓式泵；12—散装胶凝材料罐；13—拌和楼储仓

3.3.2　系统的规模

现场水泥储运设施规模，一般由混凝土浇筑高峰月强度的日平均需要量确定，按式（3-12）计算：

$$H=[Qq/M]n \qquad (3-12)$$

式中　H——现场水泥仓库容量，t；

Q——混凝土高峰时段月均浇筑强度，m³/月；

q——混凝土中水泥的平均用量，t/m³，当缺乏资料时可取0.2～0.25t/m³，加掺合料时可取0.18～0.20t/m³；

M——月工作天数，一般取25d；

n——水泥的必要储备天数，d，视运输条件和可靠程度决定，一般情况下，工地储备量按下值选用：采用公路运输时按4～6d；铁路运输时7～10d；水路运输时按5～15d。

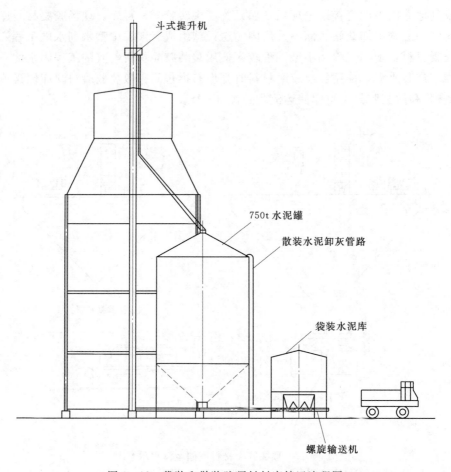

斗式提升机

750t 水泥罐

散装水泥卸灰管路

袋装水泥库

螺旋输送机

图 3-18　袋装和散装胶凝材料库储运流程图

设有中转水泥库时，应适当分配中转库和工地库的库容。在设置储罐时，还应考虑水泥品种、倒罐因素及供应厂家的数量等因素。国内部分工程水泥库容量见表 3-27。

表 3-27　　　　　　　　　　国内部分工程水泥库容量表

| 序号 | 工程名称 | 混凝土 | | | 水泥用量 | | 水泥库容量/t | 储存天数/d |
		工程量/万 m³	月高峰强度/m³	小时最大强度/m³	t/h	t/d		
1	葛洲坝	991	200000				23600	6
2	岩滩	340	85000	331	40	790	10500	10
3	乌江渡	245	55400	225		800	8000	10
4	二滩	415	165000	468	65	1320	17600	15
5	三峡98.70m系统	609	130000	400	80	1120	10500	10
6	龙滩	736	350000	1230			9000	4

序号	工程名称	混凝土			水泥用量		水泥库容量 /t	储存天数 /d
		工程量 /万 m³	月高峰强度 /m³	小时最大强度 /m³	t/h	t/d		
7	阿海	410	250000	720	115.2	2304	9000	4
8	亭子口左岸	410	160000	540	75.6	896	9000	10
9	亭子口右岸	410	130000	385	53.9	728	6000	7~8
10	观音岩	150	134105	256	43.2	864	6000	7

3.3.3 胶凝材料的储存设施

大中型水利水电工程以散装水泥为主，袋装为辅，散装水泥卸车后装入储罐备用，袋装水泥经拆运后直接使用或装入储罐。

（1）袋装水泥库。袋装水泥多用于工程前期或小型工程，它的储量应根据各个时段的不同要求予以确定，袋装水泥库的面积按式（3-13）计算：

$$S = W/(QK) \tag{3-13}$$

式中　S——袋装水泥库的面积，m²；

　　　W——袋装水泥的储存量，t；

　　　Q——储存袋装水泥量，t/m²；当堆垛高度为 1.5~1.8m 时，可取 1.5~2.0t/m²；

　　　K——仓库面积利用系数，一般可取 0.6~0.7。

当水泥库内设置拆包间时，仓库面积还应考虑拆包和除尘设备的要求。

（2）散装水泥库。散装水泥库多用圆形金属储罐，它的优点是密封性好，便于拆装和重复使用。水利水电工程常用水泥储罐主要技术数据见表 3-28，工地水泥库的布置见图 3-19。

表 3-28　　　　水利水电工程常用水泥储罐主要技术数据表

容重 /t	直径 D/m	罐体重 /t	尺寸/mm								简图
			D_1	D_2	H	H_1	H_2	H_3	H_4	θ	
1500	10	42.52	2500	500	26700	20100	13000	5600	1500	50°10′	
1000	10	38.84	2100	500	21503	19503	11024	6958	1505	~55°	
	8	47.9		500	21000	17200	14000	3200		50°19′	
800	8	26			18100					50°10′	
600	8	35.5			17750		8860	3200	4000	50°10′	
500	6.5	27.2		500	17100		10200	4200	4000		
300	6		6000	300	12900	11200	7200	4000	0	~55°	
125	3.4	8.33	3400	276×276 (2个)	14053		9650	2190		0	

注　水泥罐立柱为钢结构的，罐体重包括立柱和环梁部分。如表中容重 1000t 储罐，直径 10m 罐的立柱为钢筋混凝土结构，直径为 8m 罐的立柱和环梁为钢结构。10m 直径两种储罐，水泥罐结构分为：立柱、环梁和罐体三部分。立柱和环梁称下部，下部结构形式有：钢结构、混凝土结构罐体只有钢结构。

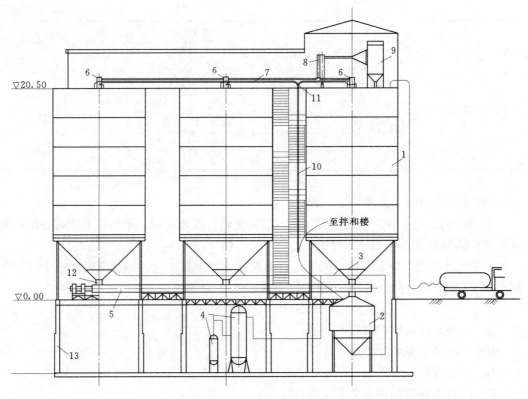

图 3-19　工地水泥库布置图

1—储罐；2—双仓泵；3—充气破拱装置；4—供气系统；5—螺旋输送机；6—座式分离机；7、11—两路阀；
8—旋风分离器；9—袋式收尘器；10—输送管道；12—叶轮给料机；13—六角形混凝土基座

1）罐顶进料装置。当使用散装水泥，采用气力输送入罐时，一般是将输送管道插入罐内，把罐体作为容积式分离器，这种办法比较简单易行。它的缺点是在储罐装满时，容易将沉降在罐内的水泥重新吹起，增加收尘器的负荷，加大水泥的损耗。近年来也有工程在罐顶安装旋风分离器，混合气体经分离后水泥落入罐内而气体排出，并经袋式除尘器过滤后排入大气中。

2）水泥罐的卸料装置。工地水泥库的卸料装置，多用插板门，反弧门给料器，蝶形门给料器和轮形喂料器。为保证水泥卸料流畅，一般情况下，都在罐锥部设置充气破拱装置结构见图 3-20。

中转水泥库因有装车要求，一般都设有库底卸料器或库侧卸料器，其规格见表 3-29，其结构见图 3-21。

表 3-29　　　　　　　　　　　库底和库侧卸料器规格表

规格	橡皮垫圈直径/mm			
	库底卸料器			库侧卸料器
	30～60	60～110	150	60～110
卸口直径/mm	60	100	150	100
生产能力/（t/h）	5～20	20～50	80～100	20～50

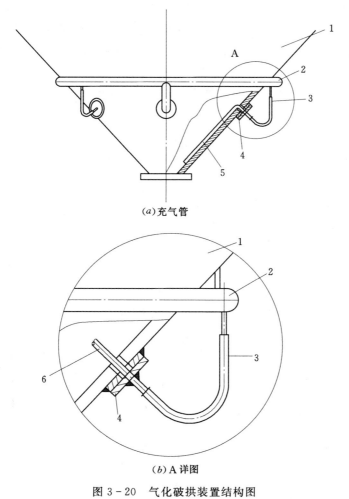

(a)充气管

(b)A 详图

图 3-20　气化破拱装置结构图

1—水泥储罐；2—φ40 环形管；3—胶管；4—连接法兰；5—充气管；6—气针

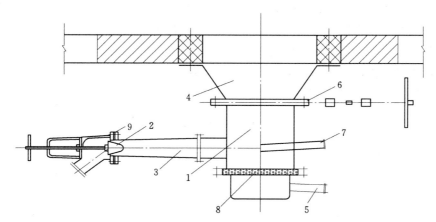

图 3-21　气化式库底卸料器结构图

1—受料室；2—圆锥形阀门；3—连接管；4—锥形漏斗；5—压缩空气管；6—闸门；
7—辅助空气喷管；8—多孔板；9—橡皮垫圈

3）料位检测装置。水泥罐的料位检测装置有电阻式、电容式、旋阻式、音叉式、压力式、重锤式等多种形式。在三峡水利枢纽工程中使用的较为成功的是 STD 总线料位测量系统，由机械式传感器和控制仪表构成，由重锤式料位探测器测量，微机进行控制管理，具有维护工作量小，运行可靠，检测精度高。可实现远程控制和局部网络管理，也可以只用重锤式料位探测器单罐操作。ZCHJ 重锤式料位探测计主要性能见表 3-30。

表 3-30 　　　　　　　　　　　ZCHJ 重锤式料位探测计主要性能表

传　感　器		控 制 显 示 仪	
项目	指标	项目	指标
测量范围/m	0～20	电源电压	220VAC±10% 50Hz±1Hz
测量精度/%	±1	功耗	静止时：15W；运行时：55W
分辨率/cm	±3	量程选择/m	0～20.5
功率/W	40	数字显示/m	0～20.5
探测速度/（m/s）	0.15	电流输出/mA	4～20
		电流输出信号精度/%	±1
重锤/kg	1.2	设定时间/min	15～150
		与传感器最大距离/km	0.5
		计算机接口/个	3
环境温度/℃	−30～60	外形尺寸（长×宽×高）/（m×m×m）	88×159×503
重量/kg	30	重量/kg	5

3.3.4　胶凝材料的机械输送

水泥厂内输送形式有机械输送和气力输送两种类型，机械输送常用的设备有螺旋输送机和斗式提升机，气力输送常用的设备为仓式泵。螺旋风动泵，因动力消耗大，螺旋头磨损快；空气斜槽因受地形限制现已较少使用。

（1）螺旋运输机选型。螺旋输送机的选型可按该机的性能表查取，也可计算求得，计算选型主要计算它的直径，按式（3-14）计算：

$$D = K[Q/(\Psi \gamma C)]^{1/2.5} \qquad (3-14)$$

式中　K——物料综合特性系数，$K=0.0565$；

　　　Q——要求输送量，t/h；

　　　Ψ——料槽充满系数，对水泥、粉煤灰取 0.25～0.35；

　　　C——倾斜布置影响系数，当螺旋输送机上扬倾角小于 20°，C 值为 0.855；

　　　γ——被输送物质的堆积密度，可取 1.25t/m³。

常用的 GX 系列螺旋输送机主要技术性能见表 3-31，其配置见图 3-22。

表 3-31		GX 系列螺旋输送机主要技术性能表						
螺旋直径/mm		150	200	250	300	400	500	600
螺旋螺距/mm	S 制法	120	160	200	240	320	400	480
	D 制法	150	200	250	300	400	500	600
螺旋转速/(r/min)		20、30、35、45、60、75、90、120、150、190						
最大输送量/(t/h)	粉煤灰	2.0	4.0	8.0	10.0	25.0	40.0	60.0
	水泥	4.1(90)	7.9(75)	15.6(75)	21.2(60)	51(60)	84.8(60)	134.2(45)
输送物料		粉状、粒状和小块状的物料,如:煤粉、面粉、粮食、水泥、砂、小块煤及石子等。不宜输送易变质的、黏性大的易结块的物料						
工作环境温度/℃		-20~50						
输送物料的温度/℃		<200						
输送机长度范围/m		3~70						
输送机允许最大倾角/(°)		≤20						

注 1. 表中括号内之数值为螺旋转速,单位 r/min。

2. 向上倾角度为 5°、10°、15°、20°时的输送量分别乘以 0.9、0.8、0.7、0.65。

3. 4.1(90)指 90 转每分钟运行时可输送 4.1t/h。

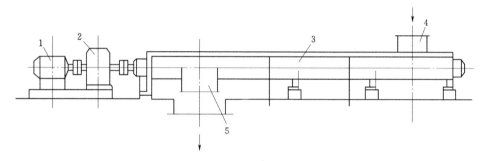

图 3-22　螺旋输送机配置图

1—电动机;2—减速器;3—螺旋节;4—进料口;5—出料口

(2)斗式提升机。斗式提升机用来垂直提升水泥和粉煤灰等物料。斗式提升机有 D 型、PL 型和 HL 型等类型。斗式提升机的提升高度受牵引构件拉力的限制,一般不超过 30 m。如有更高的提升要求时,可采用高效斗式提升机。在水利水电工程中,较多的采用 D 形斗式提升机,它的选型可参照该机的主要技术性能进行选取。

若要校核所选机型的生产能力时,按式(3-15)计算:

$$Q=(3.6i\gamma\Psi V)/a \tag{3-15}$$

式中　Q——斗式提升机的生产能力,t/h;

i——斗容积,m³;

γ——提升物料堆积高度,t/m³;

V——料斗运行速度,m/s;

Ψ——充填系数,对于粉状物体取 0.75~0.95;

a——料斗间距离,m。

常用斗式提升机主要技术性能见表 3-32,斗式提升机结构见图 3-23。

表 3 – 32　常用斗式提升机主要性能表

型　号	D160		D250		D350		D450		PL250		PL350		PL450		HL300		HL400	
制法	S	Q	S	Q	S	Q	S	Q	$\Psi=0.75$	$\Psi=1$	$\Psi=0.85$	$\Psi=1$	$\Psi=0.75$	$\Psi=1$	S	Q	S	Q
输送量/(m³/h)	8.0	3.1	21.6	12	42	25	69.5	48	22.3	30	50	59	85	100	28	16	47.2	30
料斗 容量 l	1.1	0.65	3.2	2.6	7.8	7	15	15	3.3		10.2		22.4		5.2	4.4	10.5	10
料斗 斗距/mm	300		400		500		640		200		250		320		500		500	
料斗 斗宽/mm	160		250		350		450		250		350		450		300		400	
运行速度/(m/s)	1.0		1.25		1.25		1.25		0.5		0.4		0.4		1.25		1.25	
链（带）斗重量/(kg/m)	4.72	3.8	10.2	9.4	13.9	12.1	21.3		36		64		92.5		24.8	24	29.2	28
传动轮转速/(r/min)	47.5		47.5		47.5		37.5		18.7		15.5		11.8		37.5		37.5	
输送物料最大块度/mm	25		35		45		55		55		80		110		40		50	

注　Ψ为充满系数。D形提升机输送量在S制法时按$\Psi=0.6$; Q制法时$\Psi=0.4$计算。HL型提升机输送量S制法时按$\Psi=0.6$; Q制法时$\Psi=0.4$计算。

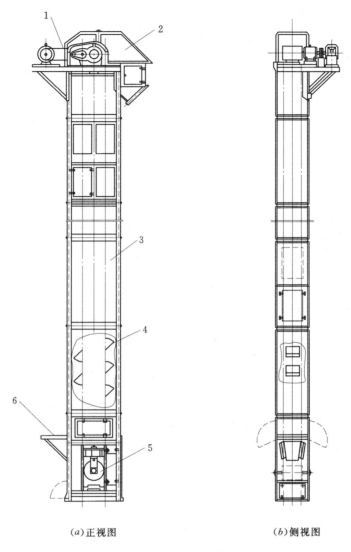

(a)正视图   (b)侧视图

图 3 - 23 斗式提升机结构图

1—传动装置；2—机头；3—箱体；4—料斗；5—拉紧装置；6—进料

3.3.5 胶凝材料的气力输送

胶凝材料的气力输送具有布置简单、灵活、维修工作量小、设备重量轻、土建工程量较少等优点，已被大中型水利水电工程广泛应用。

主要设备有螺旋风动泵（又称昆尼翁泵）和仓泵，螺旋风动泵的优点是可以连续输送，并能布置场地狭窄的场所，因而在早期的水泥厂应用较多。但这种输送设备维护量大，动力消耗大，水利水电工程已很少使用。

在工程中应用较多的是仓式泵。目前所使用的仓式泵，按输送机理的不同可分为喷射式仓式泵（喷射泵）和气化仓式泵（气化泵）。据使用经验表明，气化泵优于喷射泵。气化泵是通过内外压力差来输送物料的，输送距离可达 2000m，经济输送距离在 500m 之内，输送能力可达 200t/h。

（1）气化泵气力输送系统组成。气化泵气力输送属于正压输送，它是利用充气后将仓泵内的水泥气化，并造成泵内压力，在内外压力差的作用下，气化呈悬浮状态的水泥混合体，沿着输送管道，经旋风分离器分离后，送入拌和楼料仓，含尘气体经袋式除尘器过滤后排入大气中，其输送系统见图 3-24。

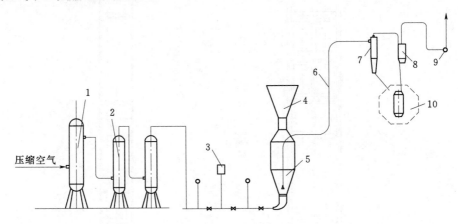

图 3-24　水泥高中压气力输送系统示意图

1—储罐；2—油水分离器；3—减压阀；4—水泥储罐；5—气化泵；6—输送管；7—旋风分离器；
8—袋式收尘器；9—离心式风机；10—拌和楼储仓

（2）气力输送计算。气力输送计算主要根据输送量计算出所需风量风压及输送管径。在进行计算前，应根据现场布置实际情况画出计算简图，并将弯头、阀门、管件、水平段、倾斜段、垂直段等展示在简图上，以便进行折算长度计算。

1）折算长度按式（3-16）计算：

$$L_z = \sum L_p + K_1 \sum L_s + K_2 \sum L_c + f_p n_1 + f_c n_2 + f_f n_3 + f_q n_4 \qquad (3-16)$$

式中　L_z——输送管道折算长度，m；

$\sum L_p$——水平输送管道长度总和，m；

$\sum L_s$——输送管道倾斜段长度总和，m；

$\sum L_c$——输送管道垂直段长度总和，m；

K_1——倾斜管段折算系数，取 1.1～1.5；

K_2——垂直管段折算系数，取 1.3～2.0；

f_p——平面弯头当量值见表 3-32；

f_c——垂直弯头当量值见表 3-31；

n_1——平面弯头数量，个；

n_2——垂直弯头数量，个；

n_3——两路阀门数量，个；

n_4——旋风分离器数量，个；

f_f——旋风分离器当量值，一般取 $f_f = 100$m；

f_q——两路阀门的当量值见表 3-33。

表 3 - 33			平面弯头、两路阀门当量值				
弯管型式	5p（平面弯管，当 $R/d>3$ 时）			5c（垂直弯管，当 $R/d>5$ 时）			两路阀门
	90°	60°	30°	90°	60°	30°	
当量值/m	5	4	2.5	8	6.5	4	20

2）混合比。混合比亦称输送浓度，是气力输送的重要参数，在确定混合比时，除了考虑物料的物理特性外，还必须考虑所选用的输送设备型式以及输送距离，当输送水泥时，混合比可按图 3-25 曲线选用。

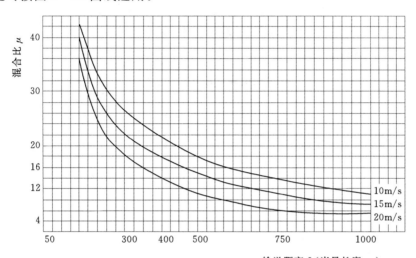

图 3-25 水泥输送距离与混合比关系曲线图

3）气流速度。合理选择输送气流速度是很重要的，最适宜的气流速度是既保证物料在管道内被送尽，又尽可能降低其动力消耗，在设计中按式（3-17）计算：

$$V = K_L \sqrt{\gamma} \qquad (3-17)$$

式中　V——输送气流速度，m/s；

　　K_L——物料粒度系数，其值见表 3-34；

　　γ——输送物料密度，t/m³。

表 3 - 34	物 料 粒 度 系 数 值		
物料类型	粒度大小/mm	K_L	
松散粉状物料	0～1	10～16	
均质粒状	1～10	16～20	
细块状	10～20	20～22	
中块状	40～80	22～25	

4）供气量。气力输送供气量，按式（3-18）计算：

$$Q = \frac{1000G}{60\mu\gamma_d}\eta \tag{3-18}$$

$$\gamma_d = 1.293(\beta/1.033)[273/(273+t)] \tag{3-19}$$

式中　Q——输送物料所需的供气量，m^3/min；

　　　G——设计输送物料能力，t/h；

　　　μ——选取的系统混合比，kg/kg；

　　　η——补偿系数，一般取 $1.1\sim1.2$；

　　　γ_d——当地空气密度，kg/m^3，其值随当地气温气压变化有关；

　　　β——当地大气压力与海拔高度有关见表 3-35；

　　　t——当地气温，℃。

表 3-35　　　　　　　　　与海拔高度有关的压力值

海拔/m	0.00	200.00	400.00	600.00	800.00	1000.00	2000.00
β/MPa	0.10333	0.10088	0.09843	0.09615	0.09384	0.09113	0.0813

5）输送管径确定。输送管径按式（3-20）计算：

$$d = \sqrt{\frac{4Q}{60\pi V}} \tag{3-20}$$

式中　d——输送管道直径，m；

　　　Q——输送系统所需空气量，m；

　　　V——输送管道内气流速度，m。

6）输送系统的压力损失。在计算输送系统的压力损失时，应从输送装置（气化泵）开始，到接收装置（旋风分离器）为止。压力损失主要从五个方面考虑，输送装置的压力损失 ΔP_1；物料起动加速的压力损失 ΔP_2；空气与管道磨损产生的阻力损失 ΔP_3；物料垂直提升压力损失 ΔP_4；旋风分离器阻力损失 ΔP_5。因此，输送系统的总压力损失为：

$$H = \Delta P_1 + \Delta P_2 + \Delta P_3 + \Delta P_4 + \Delta P_5 \tag{3-21}$$

式中　H——气力输送系统总压力损失，MPa；

　　　ΔP_1——输送装置压力损失，MPa，当选用气化泵作为输送装置时，其值可在 $0.12\sim$ $0.18MPa$ 范围选取；

　　　ΔP_2——物料起动加速的压力损失，MPa，按式（3-22）计算：

$$\Delta P_2 = (C+\mu)(\gamma_d V^2)/(2g) \times 10^{-5} \tag{3-22}$$

式中　C——由出料口放置情况决定的系数，一般取 $C=6$；当输送设备选用仓泵时，ΔP_2 也可在 $0.015\sim0.025MPa$ 范围选取。

　　　ΔP_3 为管道摩擦阻力损失，MPa，其值按式（3-23）计算：

$$\Delta P_3 = \alpha_s h_q L_z \tag{3-23}$$

式中　α_s——压损比，其值为 $16\sim18$；

h_q——摩阻系数，其值为 0.0000418MPa/m；

L_z——输送管道计算长度，m。

ΔP_4 为垂直提升的压力损失 MPa，其值按式（3-24）计算：

$$\Delta P_4 = (1+\mu)\gamma_c h \times 10^{-5} \tag{3-24}$$

式中　γ_c——垂直提升段空气的平均密度，可在 1.6～2.0kg/m³ 范围选取；

　　　h——垂直提升高度，m。

ΔP_5 为输送管道出口处压力损失，MPa，若混合料直接入库时，压力损失可在 0.0003～0.0005MPa 范围选取；若采用旋风分离器分离后入库时，压力损失可在 0.008～0.01MPa 范围选取。

输送系统的压力计算完成后，还应考虑一些富余量，再进行空气压缩机的选型。因此，系统的工作压力应为：

$$P = KH \tag{3-25}$$

式中　P——输送系统工作压力，MPa；

　　　K——输送系统的余度系统，取 1.1～1.2；

　　　H——输送系统计算总压力，MPa。

各种气力输送长度需要的供风工作压力参考值见表 3-36，供参考。

表 3-36　　　　各种气力输送长度需要的供风工作压力参考值

输送距离/m	<100	100～200	200～300	300～700	700～800
工作压力参考值/（kgf/cm²）	2.5	3.0	3.5	4.0	4.5

仓式泵没有转动部件，结构坚固、故障率低、维护量小、输送能力大、输送距离远、布置灵活方便，且泵内输送结束后残余量少。它既可以单泵独用，也可双泵并用。30t 单仓泵外形见图 3-26，仓式泵（气化泵）的技术性能见表 3-37。

表 3-37　　　　　　　仓式泵（气化泵）的技术性能表

型号规格	单仓容积/m³	输送能力/（t/h）	输送压力/（kgf/cm²）	耗风量/（m³/min）	输送距离/m			输送管径/mm	重量/kg
					折算距离	水平	垂直		
CD6.0B	6	38～16	4～6		<2000			125	3728
CD8.0B	8	90～22	4～6		<2000			150	6320
CD14B	14	156～31	4～6		<2000			219	10059
LSCB4.0	4.0	38	5	17～20	≤800			108	1880
LSCB6.0	6.0	50	5	25～30	≤800			133	3624
LSCB8.0	8.0	70	5	33～39	≤800			159	6622
35t 仓泵	36	72	3～3.5	50	187	83		219	
70t 仓泵	67	120	3	70	225	49		219	12500
双仓泵 φ1400mm×4000mm		25	5	28				108	8300
双仓泵 φ2800mm×4000mm	18.5	80	4	20	233	104	32	159	13600

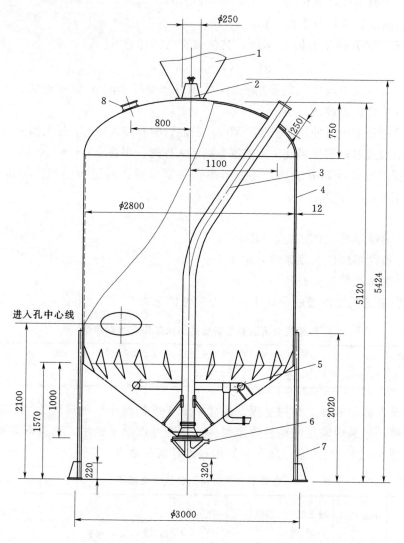

图 3-26 30t 单仓泵外形图（单位：mm）
1—受料斗；2—锥形阀；3—输料管（6英寸）；4—泵体；5—气化管；6—气化室；
7—支腿；8—排气管

（3）分离和除尘设施。气力输送系统的末端，一般都设有接收装置。常用的接收设备是能够将气体和固体分离的旋风分离器。在混凝土生产系统中，散装水泥库一般都用金属储罐，其装载量不超过罐容的 80%。因其容积仍有富余，所以大多工程都没有使用旋风分离器，而把水泥罐的部分容积作为容积式分离器使用，只在罐顶部安装上袋式除尘器用以净化含尘气体。若是在拌和楼水泥仓，就应使用旋风分离器作为接收设备。气体和固体分离后水泥沉降于仓中，而排出含尘气体经袋式除尘器净化后排出大气。旋风分离器原理见图 3-27。

旋风分离器结构比较简单，多数工程都是现场自制，当入器口风速为 12～16m/s 时，

其筒体直径 d_2 按式（3-26）计算：

$$d_2 = 0.468 \sqrt{\frac{10Q_w}{\mu u \gamma_c}} \quad (3-26)$$

式中　d_2——旋风分离器筒体直径，m；

　　　Q_w——气力输送系统生产率，
　　　　　　kg/min；

　　　μ——气力输送系统混合比，
　　　　　　kg/kg；

　　　u——分离器进口处空气的密
　　　　　　度，m/s；

　　　γ_c——分离器进口处空气的密
　　　　　　度，kg/m³。

　　影响旋风分离器分离效果和压力损
失的最大因素是空气的侵入。因此，在
制作时要求不能有假焊、漏焊等漏气情
况出现。

　　旋风分离器也有产品出售，且种类
繁多，选用时应根据进口风速、分离能
力、风阻等因素综合考虑。

　　除尘装置一般多用袋式除尘器，袋
式除尘器又有机械振动清灰和脉冲气体
反吹清灰等方式，对它的选用主要考虑
过滤面积，对于脉冲除尘器过滤面积确
定按式（3-27）计算：

$$F = F_1 + F_2 = (Q_1 + Q_2)/u + F_2$$
$$(3-27)$$

式中　F_1——滤袋工作部分的过滤面
　　　　　　积，m²；

　　　F_2——滤袋清灰部分的过滤面
　　　　　　积，m²；

　　　Q_1——要求处理的含尘气体量，m³/min；

　　　Q_2——收尘管道漏风量，可按 0.3～0.5Q_1 估算，m³/min；

　　　u——过滤风速，对脉冲式，取 $u=3$～4m/min。

若使用机械振动袋式除尘器，按式（3-28）计算：

$$F = Q/q \qquad\qquad\qquad (3-28)$$

式中　Q——需要处理的含尘气体，m³/h；

　　　q——单位面积处理负荷，m³/(m²·h)。

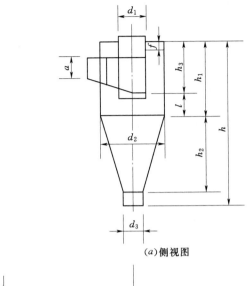

(a)侧视图

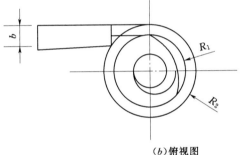

(b)俯视图

图 3-27　旋风分离器原理图

d_1—排气内筒直径，$d_1 = 0.4d_2$，m；d_3—排灰出口直
径，$d_3 = 0.25d_2$，m；a—入口管高度，$a = 0.3d_2$，m；
b—入口管宽度，$b = 0.2d_2$，m；h_1—分离器筒高，
$h_1 = (0.75\sim1.00)d_2$，m；h_2—分离器圆锥筒高，
$h_2 = (1.2\sim1.5)d_2$，m；h—分离器全高，$h = (2.0\sim
2.5)d_2$，m；$h_3$—排灰内筒全高，$h_3 = 0.7d_2$，m；
f—入口管定位面，$f = (0.05\sim0.10)d_2$，m；
l—入口管至排气内筒距离，$l = 0.1d_2$，m

影响 q 值的因素很多，输送水泥采用 $q=9.72\sim59.4\mathrm{m}^3/(\mathrm{m}^2\cdot\mathrm{h})$。脉冲袋式除尘器主要技术性能见表 3-38。

表 3-38　　　　　　　　　　脉冲袋式除尘器主要技术性能表

性能数据	QMC-24B	QMC-36B 或 DMC-36B	QMC-48B 或 DMC-48B	QMC-60B 或 DMC-60B
过滤面积/m²	18	27	36	46
滤袋数目/个	24	36	48	60
滤袋直径×长度 /（mm×mm）	$\phi120\times2000$			
设备阻力/mm 水柱	100~120			
除尘效率/%	99			
含尘浓度/（g/m³）	3~5			
过滤风速/（m/min）	3~4			
处理风量/（m³/h）	3240~4320	4950~6480	6480~8630	8100~10800
脉冲阀个数/个	4	6	8	10
脉冲时间/s	0.1			
脉冲周期/s	30~60			
喷吹压力/（kgf/cm²）	6~7			
喷吹空气耗量 /（m³/周期）	4.4	6.6	8.8	11
外形尺寸 （长×宽×高） /（mm×mm×mm）	1000×1400 ×3609	1400×1400 ×3609	1800×1400 ×3646	2200×1400 ×3646
设备重量/kg	540	850	1230	1410

3.4　掺合料和外加剂储运系统

3.4.1　掺合料

为改善混凝土和易性，减少水泥用量，水工混凝土配合比常采用掺加掺合料。最常用的是粉煤灰、硅灰，也有的地区因为缺少粉煤灰，改用双掺料（水淬铁矿渣与石灰岩经过研磨后以 1:1 的比例掺和）的形式（如景洪水电站、糯扎渡水电站）。

掺合料的掺入方法，基本采用干掺法进行混凝土生产。一般拌和楼均设计有胶凝材料料仓和自动称量装置，视工程需要决定是否增加相应物料料仓及自动称量装置。

掺合料的输送方式同水泥一样有机械输送和气力输送，所使用的设备也完全是一样的，设备选型与布置可参照水泥储运方法进行。只是根据特种混凝土任务量的大小选择是否选择拌和楼人工投料方式。需要注意的是，在布置输送管路时掺合料管路应单独上楼，避免和水泥管路共用，以免发生串灰现象。同时，在卸灰接头选用时注意和水泥卸灰接头做成一正一反，避免误卸灰，造成质量事故。

现在工程使用新材料较多，如机纺纤维、聚丙烯纤维。对于这些材料，可以根据配合比纤维用量，要求材料供应商使用可降解材料定量包装，采取人工投放的方式添加。钢纤维采用水溶型的，多为人工投料方式。如果钢纤维混凝土量大，也可使用连续供料装置。

3.4.2 外加剂

混凝土使用的外加剂种类很多，有引气剂、减水剂、缓凝剂、速凝剂和早强剂等，具体使用可根据施工需要和混凝土质量、性能要求，选用适宜的外加剂。

常用的外加剂从状态上可分为粉剂和水剂，对于粉剂配制时成一定浓度的外加剂溶液，视配合比外加剂用量和每盘用量情况，结合外加剂最大称量值，选择合适的浓度。一般配制为 10%～20% 的浓度，不宜配制过高的外加剂浓度，避免因衡量误差过大，影响混凝土质量。

对于水剂，虽可单独称量，但因用量小，衡量误差大，一般也要求配制成一定浓度的外加剂使用。

水工外加剂常用的减水剂分萘系和聚羧酸类，这两类外加剂目前电站使用较多，需注意的是，这两种外加剂不相容，切不可混用。

外加剂上楼管路宜采用 PVC 管，避免管路被外加剂腐蚀。每种外加剂单独配管，楼上外加剂贮存池应定期检查，避免腐蚀后串通。拌和楼上外加剂秤不宜少于 3 个，应具备同时生产不同外加剂混凝土的需求。

外加剂的溶解是常采用气体搅拌进行。在外加剂溶解池底部，安装有多孔管，当需要搅拌时，通入 0.15～0.25MPa 的压缩空气。在压缩空气的作用下，水和粉状体在池内不断翻腾、混合、溶解，即形成一定浓度的外加剂溶液。外加剂溶液应经常搅拌保持均匀，应定时取样检查。

外加剂池可采用混凝土结构。在确定外加剂池时，可按混凝土高峰月强度外加剂用量确定，可采用 1d 的用量。一般分为配液池、储液池，视工程外加剂使用品种情况，分别安排数个外加剂池，轮换使用。引气剂因用量较少，它的溶池按减水剂一半考虑即可，引气剂用两个池。每班对外加剂必须检测合格后方可使用。某工程混凝土生产系统配置一座 HL240-4F3000 拌和楼和两座 HL360-2S6000 拌和楼，减水剂和引气剂的掺量分别按胶凝材料用量的 0.8% 和 0.007% 进行估算，外加剂车间设计配置浓度为减水剂 20%、引气剂 0.5%，设计减水剂使用池 190m³，引气剂使用池 62.5m³，可满足该工程设计小时强度 720m³ 生产时 1d 的用量。其外加剂管网见图 3-28，外加剂车间平面布置见图 3-29。

对于配合比外加剂掺量必须经试验人员试拌后确定。同时，要注意水泥与外加剂适应性问题，发现不相适应，应要求外加剂厂家调整配方，以满足要求。

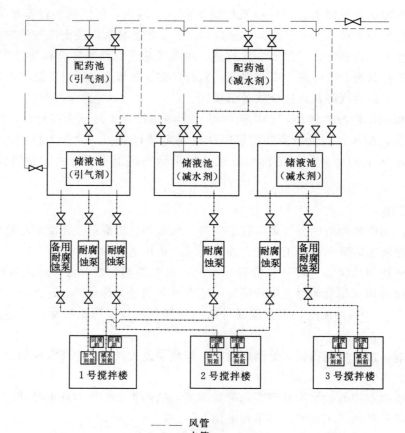

图 3-28　外加剂管网示意图

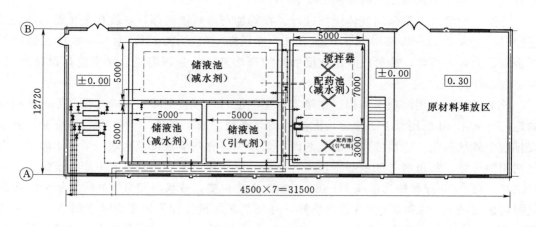

图 3-29　外加剂车间平面布置图（单位：mm）

3.5 空压站

现在的工程建设中，压缩气体越来越多地被利用。在混凝土生产系统中，压缩空气可以用来送胶凝材料、作为开启设备弧门动力、检修工具的动力等。

在混凝土系统中，需要配置压缩空气供应系统即空压站。空压站要求供气稳定，气体干燥、调节方便灵活等，一般都设有专用空压站作为系统风源，空压站的规模是通过系统压缩空气需要量的计算来确定空压站的工作容量。

3.5.1 空压站的风量配置

压缩空气站的容量设计计算应包括工作容量和备用容量两部分。固定式压缩空气站的工作容量应按全系统的压缩空气高峰负荷乘以风动机具同时工作系数确定。按用风设备数量计算压缩空气需要量，计算式（3-29）：

$$Q = K_1 K_2 K_3 \sum nq K_4 \tag{3-29}$$

式中　Q——压缩空气需要量，m^3/min；

　　　K_1——未计入的小量用风修正系数，取 1.1～1.2；

　　　K_2——管网漏风修正系数，取 1.1～1.3；

　　　K_3——高程修正系数，见图 3-30；

　　　K_4——用风设备利用系数，拌和楼取 1.0；卸水泥取 0.8；送水泥取 0.6；

　　　n——每班内相同设备工作数量，台；

　　　q——单台设备耗风量，见表 3-39，m^3/min。

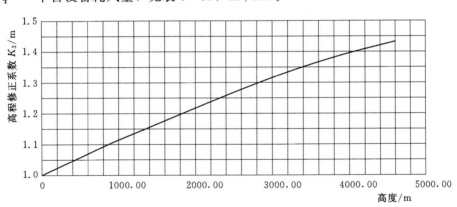

图 3-30　高程修正系数曲线图

表 3-39　　　　　　　　　　　　单 台 设 备 耗 风 量 表

序号	设备名称	型号规格	耗风量 / （m³/min）	使用风压 / （kg/cm²）	备　注
1	气卸散装水泥车	U_{xy}，60t	20	3.5	
2	气卸散装水泥汽车	QS_8，8t	6	1.5～2.0	
3	气卸散装水泥集装箱	2000mm×2000mm×6000mm	25	3.0～3.5	可装载20t

序号	设备名称	型号规格	耗风量 /（m³/min）	使用风压 /（kg/cm²）	备注
4	气力输送仓式泵	CD8.0	20	8	
5	气力输送仓式泵	CB4.0-2000	30—40	8	
6	风动螺旋泵/mm	φ200	30	3～6	
7	风动螺旋泵/mm	φ250	60	3～6	
8	混凝土拌和楼/m³	2×1	3	7	
9	混凝土拌和楼/m³	3×1.5	4	7	
10	混凝土拌和楼/m³	4×3	10	7	
11	混凝土拌和楼/m³	4×4.5	5	7	搅拌机液压倾翻
12	混凝土拌和楼/m³	2×3	5	7	搅拌机液压倾翻
13	混凝土拌和楼/m³	2×4.5	4	7	搅拌机液压倾翻
14	混凝土拌和楼/m³	2×6	4	7	搅拌机液压倾翻

3.5.2 空压机的选型

空气压缩机按工作原理可分为容积型和速度型两大类，容积型空气压缩机又可以按结构形式不同分为往复式（包括活塞式和膜式）及回转式（包括螺杆式和滑片式），速度型主要是离心式。在水电站混凝土生产系统中由于运行时间长，一般选择固定活塞式空压机，但有些小系统运行周期短的，也可选用螺杆式空压机。

（1）固定活塞式空压机。在混凝土生产系统中，采用较多的固定活塞式空压机，常用排气压力为 3.5～8MPa，单机排气量在 6～100m³/min 之间。在选择空压机时，应根据使用工况分别选择，以减少能量消耗。如在气力卸散装水泥车和气力输送水泥上拌和楼，且折算距离不超过 250m 时，可以选择排气压力为 0.35～0.4MPa 的空压机；若为拌和楼等的用风机械设备提供动力风源时，则应选择 0.7～0.8MPa 的空压机。常用固定活塞式空压机技术参数见表 3-40。

表 3-40　　　　常用固定活塞式空压机技术参数表

型　式	L形两级二列 复动水冷式	L形两级二列 复动水冷式	L形两级二列 复动水冷式
型号	3L-10/8 型	LW-22/7 型（LW-20/8）	LW-42/7 型（LW-40/8）
排气量/（m³/min）	10	22（20）	42（40）
进气压力/MPa	常压	常压	常压
排气压力 /MPa　一级	0.18～0.22	0.18～0.22	0.18～0.22
排气压力 /MPa　二级	0.7（0.8）	0.7（0.8）	0.7（0.8）
电动机功率/kW	65	132（220V/380V）	250（10kV/6.3kV）
曲轴转速/（r/min）	480	460	600
外形尺寸（长×宽×高） /（mm×mm×mm）	1877×885×1781	2540×1080×2310	2960×1510×2335
净重/kg	约1700	约3000	约4600

（2）螺杆式空压机。螺杆式空压机采用先进技术制造的原装进口双螺杆五、六对齿主机，及国际先进的零部件，具有结构紧凑、安装方便、操作简便、高精度、高效率、低噪声、低功率、低含油量，节能耐用，低成本维护、运行费用低，性能可靠，寿命长的特点，适用于需要排气量 2～20/min 排气压力 0.2～1.3MPa 的工厂、矿山、纺织、石油化工，道路建筑，水利施工及其他使用压缩空气的设备和风动工具。技术参数见表 3-41。

表 3-41　　　　　　　　　　螺杆式空压机技术参数表

参数	单位/型号	电 固 系 列					
排气量/排气压力	MPa	0.3/0.8	3.6/0.7	5/0.7	10.3/0.7	10.2/0.8	12.5/0.7
		3.5/0.7	4.5/0.8	6.7/0.8	12.3/0.8	11.8/13	19.5/0.7
		4.6/0.7	5.9/0.8	6/10			
		3/10	4/10	5/10			
压缩级数		单级					
吸气压力	MPa	常压					
冷却方式		风冷					
环境温度	℃	0～40					
驱动方式		皮带传动			直联		
噪声	dB（A）	≤70	≤72	≤80	≤85		
排气接管尺寸		G1	G1	DN50	DN80		
配套电机	型号	Y180 M-2		Y225 M-2	Y250 M-4	DWY 200L-2 (IP23)	IY 250-4 (IP23)	IY 280-4 (IP23)	Y280 M-2 (IP23)
	功率 kW	22	30	37	45	55	75	90	110	132

（3）移动式螺杆空压机。移动螺杆空压机采用大转子，低转速保证其使用寿命长，主机采用整体式机壳，轴承座与压缩腔一体加工，确保同轴度、平行度和垂直度，确保了各运动的合理间隙。螺杆压缩机噪声低，结构简单合理，成熟可靠，故障率低，易于装配和维护。主要技术参数见表 3-42。

表 3-42　　　　　　　　　　移动式螺杆空压机主要技术参数表

型号	容积流量 /[MPa/(m³·min)]	形式	功率 /kW	燃料箱 容量/L	柴油机	外型尺寸 L×W×H /（m×m×m）	重量/kg
JM-45W	6.8/0.7	水冷 4 冲程 直接喷射式	45	70	东风 康明斯	2470×1455×1330	1100
JM-75W	11/0.7	水冷 4 冲程 直接喷射式	75	165	东风 康明斯	3060×1975×1720	1900
JM-115W	18.5/0.7	水冷 6 冲程 直接喷射式	118	270	东风 康明斯	3650×1685×2070	2850
JM-150W	23.0/0.7	水冷 6 冲程 直接喷射式	152	380	东风 康明斯	4200×1750×2700	3450

3.5.3 空压机辅机选型

水利水电工程混凝土生产系统用压缩空气应保证风动机具高效率工作压力，其值应在0.5~0.8MPa范围内。压缩空气中不应含有大量油水，对于气力运输水泥、灌浆洗缝及混凝土面冲毛等的用气，更应严格控制油、水含量，采取专门的油水分离措施，故必须选用相应的附属设备，如油水分离器、空气干燥装置等根据使用环境选择使用。下面就主要使用的几种空压机辅机简单做一介绍。

（1）空气干燥剂。在水电工程中一般采用无热再生干燥器，它是根据变压吸附原理，采用逆流无热再生的方法，对压缩空气进行干燥除湿的一种干燥设备，工作原理见图3-31。经过处理后的湿空气由阀1进入A塔，干燥后通过阀6由出口排出干空气，同时另一部分干空气（12%以下）通过阀8进入B塔，对B塔干燥剂再生，最后经阀4由5排出，此过程为半周期。

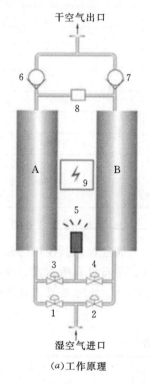

（a）工作原理

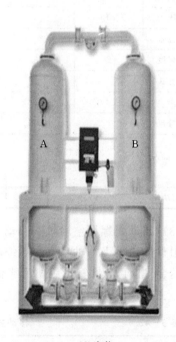

（b）实物

图3-31 空气干燥器工作原理和实物图

1—A塔进气阀；2—B塔进气阀；3—A塔进气阀；4—B塔进气阀；5—排气消声器；
6—A塔出气止回阀；7—B塔出气止回阀；8—再生气量调节阀；9—程序控制器

空气干燥器主要技术参数：

处理气量：0.3~200Nm³/min；

成品气露点：-50~-40℃；

工作压力：0.4~6.0MPa；

进气温度：≤45℃；

进气含油量：≤0.1mg/m³；

压力损失：≤0.02MPa；

再生耗气率：≤12%；

进气压力：≥0.3MPa；

电源电耗：AC220V、60W；

工作环境：室内。

（2）油水分离器。油水分离器是由外壳、旋风分离器、滤芯、排污部件等组成。当含有大量油和水固体杂质的压缩空气进入分离器后，沿其内壁旋流而下，所产生的离心作用，使油水从气流中析出并沿壁向下流到油水分离器底部，然后再由滤芯进行精过滤。因滤芯采用的是粗、细、超细三种纤维滤材学折叠而成，具有很高的过滤效率（可达99.9%）并且阻力小，气体通过滤芯时，由于滤芯的阻挡，惯性碰撞以及分子间的范德华力、静电吸引力和真空吸力而被牢牢的黏附在滤材纤维上，并逐渐增大变成液滴，在重力作用下滴入分离器底部，由排污阀排出。油水分离器的选型是根据它的压缩气体处理能力选择，可以每台空压机选择一套油水分离器，也可以是多台选择1台油水分离器。

3.5.4 空压机系统工艺和布置

在混凝土生产系统中布置空压站时，应尽可能与主要用风设备及供电、供水管网的距离近，并应避开有毒、粉尘等对设备有损害的场所。空压站应通风、采光良好。空压站由设备间和辅助间组成，设备主要布置空压机，辅助间应考虑值班室（控制室）、配电间以及检修室等。空压站还应考虑安装时的起重要求。

（1）压缩空气站一般应由机器间和辅助间组成。辅助间应根据压缩空气站规模、机修体制、动力供应条件和操作管理等需要确定。对于台数少、单机容量小的压缩空气站，宜只设值班室，兼作贮藏工具和备用品室，而把配电和控制设备放在机器间内空压机的一侧。规模较大的压气站，必要时宜设配电室、检修间和值班室等辅助间。

（2）根据水源、水量、气温、地形等条件，通过技术经济比较，确定压缩空气站空气压缩机的冷却供水方式。容量大的压缩空气站通过开式有冷却或无冷却循环供水；中小型压缩空气站当具有建立高位水池的地形时，可采用自流供水，冷却水耗量应根据空气压缩机技术说明书提供的数据确定，水质应满足要求。

（3）压缩空气站的布置应根据下列原则，经技术经济比较后确定。

1）尽量靠近用户负荷中心，站址至用户的距离宜在 0.5km 以内，最远不应超过2.0km。供气管网的压力降低值最大不应超过压缩空气站供给压力的 10%～15%。

2）接近供电供水管网，并有利于排水。

3）站址应设在爆破警戒线外，如必须设在危险区内时，对人员和设备应采取可靠的防护措施。

4）站址宜选在空气洁净、通风良好、交通方便，利于设备搬运之处。

5）站址应选择在地基或边坡稳定的位置。

（4）压缩空气站布置应注意自然通风和采光。机器间周围不宜有其他建筑物。站内空气压缩机一般为单排布置，通道宽度应根据设备操作、拆装和运输的需要确定，其净距不应小于表 3－43 的规定。

表 3-43　　　　　　　　压缩空气站机器间通道净距表

空气压缩机排气量/（m³/min）		<10	10～40	>40	备　　注
机器间主要通道/m	单排布置		1.5	2.0	（1）本表适用于活塞式空气压缩机，螺杆式空气压缩机按产品情况确定；
	双排布置		1.5	2.0	（2）如必须在空气压缩机组与墙之间的通道上，拆装空压机的活塞杆与十字头连接的螺母零部件时，表中 1.5 的数值应适当加大；
空气压缩机组之间或空气压缩机组与辅助设备之间的通道/m		1.0	1.5	2.0	（3）设备布置时，除保证检修时能抽出气缸中的活塞部件、冷却器中的芯子和电动机的转子或定子外，并宜有不小于 0.5m 的余量。如表中所列或按注 2 加大后仍不能满足此余量要求时，则应加大
空气压缩机组与墙之间的通道/m		0.8	1.2	1.5	

（5）压缩空气站机房内可只考虑中小修，宜采用临时性起重设施。若需设置专门的检修场地时，应不大于 1 台最大空压机组占地和运行所需面积。

（6）站房屋架下弦高度一般不宜低于 4m，装设 L 形单机排气量为 10～100m³/min 空气压缩机的压缩空气站站房高度可按照表 3-44 取值。

表 3-44　　　　　　　　压缩空气站站房高度表

空压机	型号	3L-10/8	4L-20/8	5L-40/8	6L-60/8	7L-100/8
	排气量/（m³/min）	10	20	40	60	80
临时起重设施（环链手拉葫芦）/t		2	2	3	3 或 5	3 或 5
站房屋架下弦高度/m		4.0	4.5	4.5	5.0	6.0

（7）空压机的附属设备如储气罐、后冷却器，冷却塔等应布置在室外，储气罐中心与站墙中心距离见表 3-45。

表 3-45　　　　　　　　空压机储气罐中心与站墙中心距离表

空气压缩机气量/（m³/min）	10	20	40	60	100
配置的储气罐容量/m³	1	2	4	8.5	12.7
储气罐直径/m	0.8	1.0	1.212	1.50	1.80
储罐高度/m	2.0	2.95	3.85	5.34	5.62
储气罐与站墙最小净距/m	1.0	1.475	1.925	2.67	2.81
储气罐中心与站墙中心距离的设计参考值/m	2.0	2.6	3.0	3.5	3.8

在空压机的布置中，一般情况下是以每台空压机和各自附属设备组成一个工作单元，这样布置管路简单、维护方便、不易误操作等优点，空压机车间基本工艺流程见图 3-32，溪洛渡水电站中心场混凝土生产系统空压站布置见图 3-33。

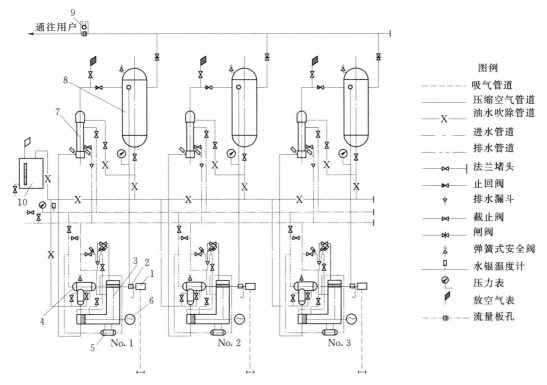

图 3-32 空压机车间基本工艺流程图

1—空气过滤器；2—压力调节器及减荷阀；3—空气压缩机；4—中间冷却器；5—油冷却器；6—电动机；

7—后冷却器；8—储气罐；9—流量表；10—废油收集器

3.5.5 压缩空气管道设计

（1）压缩空气管道应满足系统对压缩空气流量、压力及品质的要求。并应考虑近期发展的需要。

（2）厂区压缩空气管道的敷设方式，应根据气象、水文、地质、地形等条件和施工、运行、维修方便等综合因素确定。

（3）输送饱和压缩空气的管道，应设置能排放管道系统内积存油水的装置。设有坡度的管道，其坡度不宜小于 0.002。

（4）压缩空气管道材料选用，应符合下列规定：

1）无干燥净化要求的压缩空气管道，可采用碳钢管。

2）压力露点不高于 10℃，高于 −20℃ 或含尘粒径不大于 40μm，大于 5μm 的干操和净化压缩空气管道，可采用经钝化处理或热镀锌的碳钢管。

3）压力露点不高于 −20℃ 高于 −40℃ 或含尘粒径不大于 5μm，不小于 1μm 的干燥和净化压缩空气管道，宜采用不锈钢管或铜管。

4）压力露点低于 −40℃ 或含尘粒径小于 1μm 的干燥和净化压缩空气管道，应采用不锈钢管或铜管。

5）干燥和净化压缩空气管道的内壁、阀门和附件，在安装前应进行清洗、脱脂或钝化等处理。

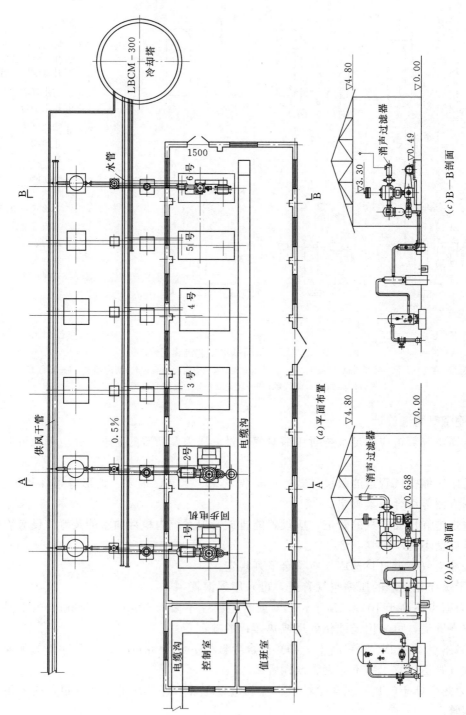

(a)平面布置

(b)A—A剖面

(c)B—B剖面

图 3-33 溪洛渡中心场混凝土生产系统空压站布置图

6）压缩空气管道在用气建筑物入口处，应设置切断阀门、压力表和流量计。对输送饱和压缩空气的管道，应设置油水分离器。

3.5.6 工程实例

（1）三峡水利枢纽工程高程98.70m空压站微机控制。三峡水利枢纽工程高程98.70m混凝土生产系统空压站，设计布置有8台空压机（42m³/min和22m³/min各4台），站内配置了SF—1000型微机控制系统，系统由传感变送器、动力柜、信号调理箱、计算机等部分组成。它能对站内空压机排气压力、润滑油压力、冷却水压力、排气流量、冷却水温度、电机电压、电流等进行检测；参数超限时自动保护停机功能；空压机的远距离启停控制，并能根据排气压力大小，自动安排各空压机的投入运行状态（即满负荷运行、卸荷运行或停机），从而实现对空压站的自动控制。微机控制系统还具备多种显示功能，包括工艺流程、排气流量、压力曲线图等。该系统还能够记录24h内空压机各种参数报警情况，以及24h内空压机启、停情况和定期检测情况。该系统能打印出总报表（可设定为定时打印），用风量统计表，运行时间统计表，流量及压力曲线图，报警记录，巡回检测记录等。系统还能对各种数据输入或修改。使用微机控制系统后，提高了供气质量，保证了供气稳定，减少了设备故障，改善了劳动条件，并给机械设备管理及维护保养提供了翔实的资料。

（2）龙滩水电站高程308.50m混凝土生产系统空压站。龙滩水电站高程308.50m混凝土生产系统空压机站布置在高程308.00m平台，距需压缩气体供应设备约600m，供应气力输送水泥、粉煤灰及拌和楼所需压缩空气，混凝土生产系统总用风量180m³/min，配备6L-40/8型空压机4台，4L-20/8型空压机2台；龙滩水电站高程308.50m混凝土生产系统空压站平面和立面布置分别见图3-34和图3-35。

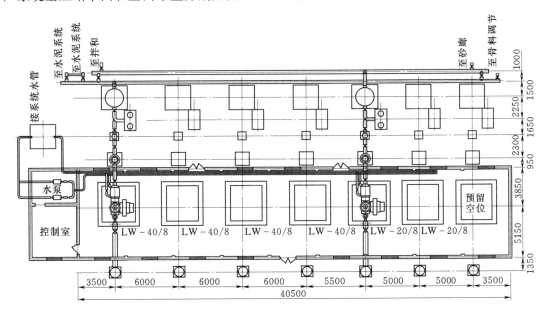

图3-34　龙滩水电站高程308.50m混凝土生产系统空压站平面布置图（单位：mm）

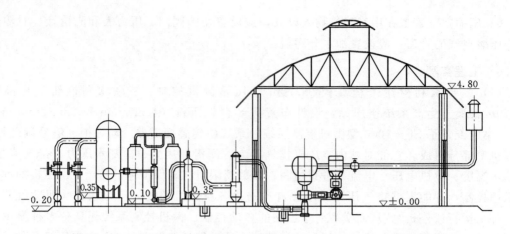

图 3 - 35　龙滩水电站高程 308.50m 混凝土生产系统空压站立面布置图

4 制冷系统及制热系统设计

4.1 制冷系统工艺

目前，控制混凝土最高温升的措施之一是降低混凝土的出机口温度以限制混凝土入仓温度。混凝土生产的冷却措施有很多，其主要措施有：骨料场喷雾降温；砂堆场设遮阳棚；骨料的水冷、风冷；低温水拌和；以冰代替水拌和等。国外还有用液氮冷却水泥，或直接喷入搅拌机生产预冷混凝土等。我国大中型水利水电工程较多采用骨料水冷、风冷，以冰代替水和低温水拌和混凝土等措施。近年来，骨料水冷已较少使用，风冷骨料则较普遍。

4.1.1 骨料水冷

骨料水冷多采用在保温廊道内胶带输送机上进行，在带宽较宽的胶带机上人为分为卸料段、喷淋段和脱水段，根据降温要求不同，喷淋段应能保证骨料有 5～20min 的冷却时间，从而获得较好的降温效果。廊道内水冷骨料胶带机的带宽多为 1200mm、1400mm 以及 1600mm，带速在 0.217～0.5m/s 之间，喷淋使用水温一般在 2～5℃，每吨骨料用水量为 1.0～1.5t。有的工程在选用骨料喷淋降温措施时，采用带宽 $B=$1400mm 胶带机，带速 $V=0.33$m/s，喷淋冷水水温为 2～4℃，冷水量为每吨骨料 1.25t，输送量在 250～300t/h 时，可使骨料在 10m 胶带机长度上降温 1.0～1.2℃。如葛洲坝、东江、东风、五强溪、水口、二滩、小浪底等水利工程，采用对骨料喷淋措施，都取得了较好的降温效果。

4.1.2 骨料两次风冷

三峡水利枢纽工程的预冷混凝土生产采用的是两次风冷工艺。在以往工程采用的三冷措施中，对骨料进行了水冷和风冷，两次风冷和三冷措施的区别，主要在对骨料冷却处理采用了两次风冷措施而不再使用水冷，一次在地面预冷料仓；一次在拌和楼料仓进行。由于地面预冷料仓中的骨料是在较高的常温下降温，温差较大，降温效果明显，地面降温对减轻楼顶料仓降温有利，当骨料进仓温度为 28.7℃，连续风冷，在进仓风温为 −5～0℃情况下，骨料温度可降至 4～8℃，在楼顶料仓通入 −10～−5℃冷风，骨料可降至 0℃，甚至零下。通过多年的生产实践，采用"两次风冷"对骨料的降温效果是明显的。在预冷措施上，除了对骨料两次风冷外，每立方米混凝土还要加 50kg 片冰，剩余的用水量再补充少量 5℃冷水，即可生产出机口低于 7℃的预冷混凝土。使用这种工艺，粗骨料经过两次风冷后，表面干燥，为充分加冰创造了条件。生产实践中，实际出机口温度低于规定的

7℃。这种两次风冷工艺有以下特点：土建工程量较小，施工周期短，出机口温度7℃、14℃、20℃所采用的预冷措施可根据气温任意组合，因而工艺调整容易；风冷骨料工艺简单，操作、维护方便。因而在三峡水利枢纽二期工程的混凝土预冷系统中得到推广应用，其使用情况见表4-1。

表4-1　三峡水利枢纽工程几个混凝土生产系统二次风冷措施及制冷厂容量表

坝名	施工期/年	承担混凝土工程量/万 m³	夏季最大浇筑强度/(m³/h)	出机口温度/℃	最高月均气温/℃	主要冷却措施	制冷厂标准容量/kW	单位制冷容量/kW	
								按浇筑强度计	按每立方米混凝土降温1℃计
三峡船闸 98.70m 系统	1996—2003	609	347	≤7	28.7	两次风冷骨料、加片冰、补充冷水拌和	12793	36.9	1.70
三峡泄洪坝段79.00m 系统	1997—2002	590	500	≤7	28.7	两次风冷骨料、加片冰、补充冷水拌和	23260	46.52	2.14
三峡厂坝段90.00m 系统	1997—2002	220	430	≤7	28.7	两次风冷骨料、加片冰、补充冷水拌和	17445	40.57	1.87
三峡厂房82.00m 系统	1997—2002	136	180	≤7	28.7	两次风冷骨料、加片冰、补充冷水拌和	7560	42.00	1.94
三峡厂坝120.00m 系统	1997—2002	230	360	≤7	28.7	两次风冷骨料、加片冰、补充冷水拌和	15991	44.42	2.04

采用这种新工艺，应注意：禁止空仓、避免浅仓运行；尽可能将碎石冲洗干净（其水压应不小于0.25MPa），保证脱水良好；严格按工艺要求做好隔热保温工作等。

粗骨料两次风冷是骨料预冷的新工艺，它的关键在于保证骨料的冷却时间。要有足够的冷却时间，就要保证骨料储仓经常处于饱满状态，因为混凝土生产粗骨料的用量是不一样的，这就提出了要随时向储料仓补料的问题。另外，要提高冷风机的传热效率，应力求避免冷风机翅片的粉尘污染，以免影响制冷效果。但是，粗骨料在厂内运输中，经过反复倒运、跌落及骨料间的摩擦会产生石粉，这就要求在粗骨料进入储料仓前，能够将石粉清除掉，二次筛分是粗骨料风冷的重要工艺措施。

二次筛分是骨料"连续供料，连续风冷"的重要措施，它通过一阶筛给料时的喷水清洗，把清除骨料表面石粉的工序融入其中，采用了混合（需几种料混合几种）上料，分级进仓，确保骨料在仓中有足够冷却时间；骨料表面石粉得到了较充分的清洗，提高了风冷效果，减少冲霜（污）次数。一阶筛将骨料分为两种料即G1、G2和G3、G4，筛下石渣弃除。筛面一半用于冲洗石粉,一半用于脱水;二阶筛除了进行分级外,再次对粗骨料进行脱水,因而脱水效果较明显。两次筛分设备筛除了骨料中的石屑,也有利于改善骨料质量。

二次筛分的设备按式(4-1)进行计算选型:

$$Q = qFk\eta \qquad (4-1)$$

式中　Q——筛分机处理能力,t/h;

　　　q——单位面积处理量,见表4-2,t/(m²·h);

　　　k——开孔率,以小数计见表4-2;

　　　η——筛分机层面系数,第一层 $\eta=0.9$,第二层 $\eta=0.85$,第三层 $\eta=0.8$;

　　　F——筛分机筛网面积,m²。

表4-2　　　　　　　　　　　　　q、k 值

骨料粒径/mm	5	20	40	80	120	150	备注
处理量 q/[t/(m²·h)]	23	45	65	80	110	130	
开孔率 k/%	20	35	40	45	50	50	聚氨酯、橡胶筛网
	51/ϕ2.0	69/ϕ4.0	76/ϕ6.0	79/ϕ6.0	83/ϕ10.0	85/ϕ12.0	钢筋(丝)编制网

注　本表适用筛面倾角为15°布置。

4.2　混凝土出机口的温度计算

4.2.1　混凝土出机口温度计算公式

混凝土的出机口温度,可根据热平衡原理按式(4-2)计算:

$$T_0 = \frac{\sum T_i G_i C_i - 80\eta G_c + Q}{\sum G_i C_i} \qquad (4-2)$$

式中　T_0——混凝土的出机口温度,℃;

　　　T_i——组成混凝土第 i 类材料的平均进料温度,℃;

　　　G_i——混凝土中第 i 类材料的重量,kg/m³;

　　　C_i——第 i 种材料的比热,kcal/(kg·℃);

　　　G_c——混凝土的加水量,kg/m³;

　　　η——片冰的冷量利用率,以小数计;

　　　Q——混凝土拌和时产生的机械热,kcal/m³;若进料温度按入楼前的温度计算时,还应计算运输及二次筛分中增加的机械热;

80——片冰的融化潜热，kcal/kg。

　　计算自然条件下的出机口温度，成品堆场表面湿润、堆高保持在 6m 以上、地弄取料时，按当地月平均气温取值；在堆场顶加盖遮阳棚或喷水、相对温度较低时，可较当地月平均气温低 1~2℃。冷却计算时，取水泥温度 30~60℃，水泥出厂时间短，当地气温高时取大值，反之取较小值；加热计算时，可取 0~5℃。

4.2.2　相关参数的选择与计算

　　（1）各种岩石及混凝土组成材料的热学特性见表 4-3。

表 4-3　　　　　　　　　　各种岩石及混凝土组成材料的热学特性表

材料名称	比热/[kcal/(kg·℃)]		导热系数 /[kcal/(mh·℃)]	容量 ρ /(t/m³)	导温系数 α /(m²/h)
	范围	典型值			
水泥	0.12~0.22	0.22	0.253		
水		1.00	0.50		
冰	0.49~0.50	0.50	1.62~2.39	0.915（块冰） 0.4~0.45（片冰）	0.0042
砂（干）	0.16~0.22	0.20	0.28	1.45	0.001
湿砂（含水 40%）		0.22	0.60	1.50	0.0029
碎石（湿）		0.21	0.92	1.50~1.60	0.0035
砾石（湿）		0.21	1.10	1.60	
石英岩	0.165~0.173		4.00		
石灰岩	0.224~0.23		2.75		
白云岩	0.23~0.24		2.85		
花岗岩	0.219~0.226		2.20		
玄武岩	0.226~0.231		1.79		
粗面岩	0.225~0.233		1.79		

　　（2）片冰冷量的利用系数。干燥过冷或低于 -3℃ 的片冰 η 可取 1.0，对于接近 0℃ 潮湿的片冰 η 取 0.8~0.9。加热计算时间，可取 1.0。

　　（3）机械热的估算。拌和时产生的机械热及二次筛分等增加的机械热，按式（4-3）计算：

$$Q = 10Nt/V + \Delta Q \qquad (4-3)$$

式中　Q——混凝土拌和时产生的机械热，kcal/m³；

　　　N——搅拌机的电动机功率，kW；

　　　t——拌和时间，min；

　　　V——搅拌机容量，按有效出料容积计，m³；

　　　ΔQ——运输和二次筛分增加的机械热，一般取 200~400kcal。

4.3　混凝土材料的冷却

4.3.1　冷却方式

（1）堆料场骨料初冷，包括堆料表面喷水、料堆内部通冷风以及设置遮阳棚，保持一定的储料量和料层厚度等措施，以稳定、降低骨料的初始温度。

（2）以冷冻水拌和。

（3）以冰代水加冰拌和。

（4）风冷粗骨料，有一次风冷和二次风冷两种方法。一次风冷：仅在调节料仓或拌和楼料仓内风冷；二次风冷：先在地面预冷料仓内一次风冷，接着在拌和楼料仓内二次风冷。

（5）水冷粗骨料。有浸泡冷法、罐内循环水冷法和喷淋水冷却等方法。

（6）真空汽化法冷却粗、细骨料。

（7）在热交换器内冷却水泥和砂子。

（8）在气力输送系统中用液氮冷却水泥，用液氮直接冷却水或正在拌和中的混凝土。

4.3.2　各种材料冷却值对混凝土降温效果的影响

以某配合比的混凝土为例，各种材料冷却1℃对混凝土的降温效果见表4-4。

表4-4　　　　　　　　　各种材料冷却1℃对混凝土的降温效果表

材　料	混凝土用量 /（kg/m³）	比热 /[kJ/(kg・℃)]	各种材料冷却1℃ 所需的冷量 /kJ	混凝土 可降低的温度 /℃
石子	1650	0.837	1381.71	0.55
砂	550	0.837	460.57	0.19
水	120	4.187	502.44	0.20
水泥	180	0.837	150.73	0.06
合计 （新拌混凝土）	2500	0.998	2495.45	1.00

注　1. 表中数据未计骨料的含水量。

　　2. 混凝土加冰10kg/m³代水约可降低混凝土温度1.0～1.6℃。

由表4-4可见，冷却粗骨料产生的效果最显著；在搅拌机中加冰代水，也可得到较明显的降温效果。从技术和经济效果综合考虑，一般以冷却拌和水、加冰拌和、冷却骨料作为混凝土材料的主要冷却措施。只在降温幅度要求很高时，才需要冷却砂和水泥。

4.3.3　各种冷却方式与混凝土的降温幅度

在夏季不同的气温条件下，对于有不同出机口温度要求的混凝土，建议采取的材料冷却组合方式及降温幅度见表4-5。

表 4-5　　　　　　　　　夏季作业混凝土材料冷却组合方式及降温幅度表

最高月平均气温/℃	要求混凝土出机口温度/℃	材料冷却方式					混凝土降温幅度/℃
		堆场初冷	冷水拌和	加片冰	风冷粗骨料	水冷粗骨料	
<23	>20	√	√				3~4
	14~20	√	√	√			8~9
	10~14	√	√	√	√①		14~15
23~27	22~24	√	√		√①		3~4
	17~22	√	√	√	√		8~9
	12~17	√	√	√			15~16
	<10	√	√	√		√	19~21
27~30	>23	√	√				4~5
	17~23	√	√	√			9~10
	12~17	√	√	√	√①		16~18
	<10	√	√	√	√	√	19~23

注　表中有√者为应采用的冷却方式。
①　在混凝土生产能力高时宜采用水冷为主，冷风保温的组合方式。

4.3.4　骨料和水泥的冷却

骨料冷却的方法：利用堆料场进行初冷、风冷、水冷机真空汽化冷却等。在选定冷却方法时，应根据对混凝土的降温要求结合当地条件进行技术经济比较。

（1）堆料场骨料冷却。由于混凝土工厂骨料堆料场有相当大的储量，距拌和楼又近，国内外许多工程常在堆料场采取一些建议的措施，进行骨料的初步冷却，可获得明显的降温效果和经济效益。堆料场冷却常采用以下几种方法：

1）适当增大堆料高度（一般为6~8m，视工地实际情况确定），延长堆存时间（料堆活容积能满足混凝土连续生产5d以上），在低温时间（例如晚间）上料，适当延长换料的间隔时间以及在骨料堆料场上搭遮阳棚等措施。

2）在堆料场表面少量喷水，经常保持表面湿润。喷雾也有一定效果，但喷雾主要从大气吸热，虽可降低堆料场上的空气温度，但由于增大了大气湿度，不利于骨料表面水的蒸发。

3）料堆内部通风冷却。对于粒径40mm以上的粗骨料，若当地昼夜温差较大，相对湿度较低，可考虑在夜间鼓入低温自然空气，费用低且效果明显。

4）料堆内埋管道冷却水冷却。对于砂和5~20mm小石，由于对空气的穿透阻力大，又不易脱水，一般都避免直接进行水冷和风冷。但因堆场堆存的时间较长，在潮湿状态下，砂和小石的导热系数较干料高，如冷却要求不高，可在堆场内用循环水进行冷却。

（2）水冷骨料。水冷骨料一般有浸泡法、循环水冷却法和带式输送机喷淋法。目前，国内广泛采用的是喷淋法，欧洲则较多采用循环水冷却法，浸泡法和循环水冷却法都在进入拌和楼前的专门料罐中进行。

（3）风冷骨料。风冷骨料通常在拌和楼的储仓内进行，其含水量在冷却过程中略有下降，拌和楼停产时亦能为料仓降低料温。风冷骨料可将骨料温度降低到零下，与加冰冷却相结合是最常用的冷却措施。5～20mm 一级细石不宜用负温冷风风冷，如已经过水冷，在拌和楼储仓一般只用冷风保持其原始进料温度。为克服细石风阻，可采用较小风量和较高风压的风机。

（4）砂和水泥的冷却。砂和水泥的颗粒细小，风的穿透性能差，冷却比较困难，所花的代价较高。此外水泥还有吸湿变质问题，因此只是在采用其他冷却方法还不能达到降温要求时才考虑水泥的冷却降温。

1）砂的冷却。砂冷却的最有效方法是真空法。真空法冷却速度很快，但要求料层薄弱，控制不好易冻结，宜用于燃料低廉、水源方便的场所，如能与冬季加热设施结合更为有利。另外是用斗式提升机装载砂子在冷风室反复循环冷却。砂还可在具有夹套的螺旋机内冷却，但风速受到限制，冷却能力有限。此外砂在冷却廊道内的带式输送机上冷却，每隔一定距离用耙子翻动，也有一定效果。

2）水泥的冷却。水泥亦可与砂一样在具有夹套的螺旋机内冷却。近来国外有用液氮来冷却水泥的。

4.3.5 骨料的风冷计算

目前拌和楼料仓或地面预冷料仓，一般都是连续进料或接近连续进料。料仓分为三个区域，即进料层、冷却层和用料层。进料层不但是新料来源区，同时还起到压盖作用，防止常温空气的过量补充；冷却层是粗骨料进行冷却降温的区域；冷却后的骨料进入用料层，供拌和楼混凝土生产。在设计中为简化计算，一般考虑一小时用料量来确定冷却层的高度，在这个区域内安装配风装置，使料仓和冷风机组成冷风循环，4×3m³ 拌和楼地面预冷料仓布置见图 4-1。

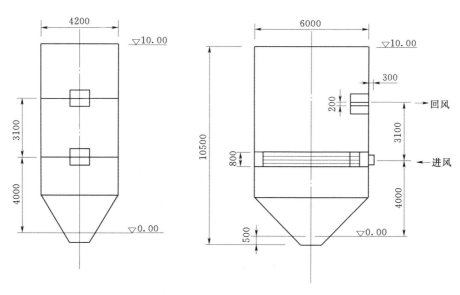

图 4-1　4×3m³ 拌和楼地面预冷料仓布置图（单位：mm）

（1）根据需料量 G 和风冷骨料降温幅度 ΔT 确定各仓供冷量 Q_F，供风量 W 和必要的风速 V，以及系统阻力 P 的计算按式（4-4）～式（4-7）计算：

$$Q_F = 1.5GC_g\Delta T \times 1000 \tag{4-4}$$

$$W = Q/[\gamma_a(i_0 - i_1)] \tag{4-5}$$

$$P = \Delta P_1 + \Delta P_2 + \Delta P_3 \tag{4-6}$$

$$V = W/3600F \tag{4-7}$$

式中　Q_F——供冷量，kcal/h；

　　　W——供风量，m^3/h；

　　　V——风速，按料仓空仓计（m/s），可按图4-2曲线查取；

　　　G——需风冷的骨料量，t/h；

　　　C_g——骨料的比热，kcal/(kg·℃)；

　　　ΔT——骨料降温幅度，℃；

　　　γ_a——冷却介质（风）的容重，kg/m^3；

　　i_1、i_0——分别有料仓进、出风的热焓，可见图4-3、图4-4焓湿图查取，kcal/kg；

　　　F——料仓冷却层料流的计算断面，一般取全断面的 $70\% \sim 80\%$，m^2；

　　　P——冷风系统的阻力，mm 水柱；

　　ΔP_1——管道系统的沿程（包括弯管、阀门）阻力，mm 水柱；

　　ΔP_2——冷风穿透料层的阻力，按料层厚度由试验取得或查曲线确定；

　　ΔP_3——空气冷却器阻力，由供货厂家提供，mm 水柱。

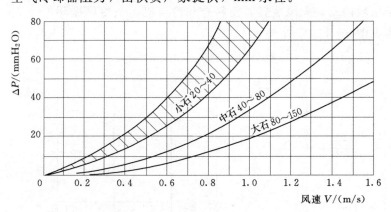

图4-2　风冷骨料每米料层阻力与风速的关系曲线图（单位：mm）

地面预冷料仓的仓容，可按拌和楼预冷混凝土生产能力来考虑，按每方混凝土一方粗骨料来决定单仓容积。如 $4 \times 3m^3$ 拌和楼预冷混凝土生产能力为 $180m^3/h$，那么四种粗骨料仓容为 $180 \times 4m^3$。

（2）风冷骨料的设备选型。空气冷却器和风机（轴流式、离心式等）组成冷风机，通过它向料仓供给所需要的冷风。目前我国冷却器生产厂家很多，可根据需要选型，国产空气冷却器型号规格见表4-6。

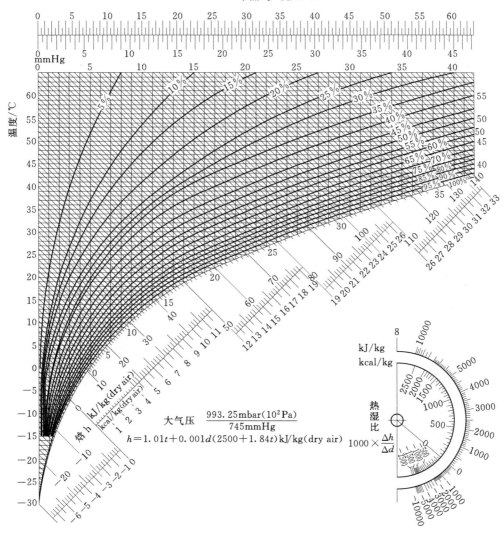

图 4 - 3 湿空气的焓湿图

在空气冷却器选型时，主要按其冷却面积考虑，按式（4-8）计算：

$$F = Q_0 / K \Delta T_a \qquad (4-8)$$

$$Q_0 = Q / k_i$$

式中　F——冷却面积，m^2；

　　Q_0——标准工况制冷量，kcal/h；

　　Q——使用工况制冷量，kcal/h；

　　k_i——制冷量换算系数见表 4-7；

　　K——传热系数，由厂家提供或在 15～30 范围内选用，kcal/($m^2 \cdot h \cdot c$)；

　　ΔT_a——对数平均温差，一般取 12～14℃。

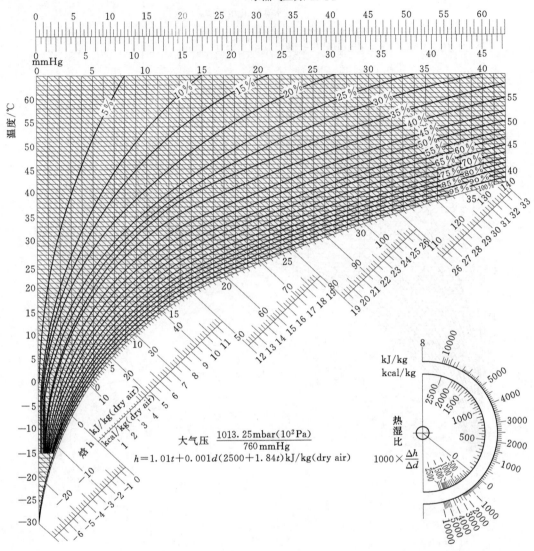

图 4-4　湿空气的焓湿图

表 4-6　　　　　　　　　　　　　　国产空气冷却器的型号规格表

指标名称	单位	型号									
		KL-760	KL-950	KL-1140	KL-2600	LF-530	LF-600	GKL-1400	GKL-1600	GKL-2250	GKL-2600
冷却面积	m²	760	950	1140	2600	530	600	1400	1600	2250	2600
配置容量	万 kcal/h	9.12~10.64	11.4~13.3	13.6~15.96	35	17	19	31	35	50	60
制冷剂		氨	氨	氨	氨	氨	氨	氨	氨	氨	氨

指标名称	单位	型 号									
		KL-760	KL-950	KL-1140	KL-2600	LF-530	LF-600	GKL-1400	GKL-1600	GKL-2250	GKL-2600
充剂量	kg	250	315	375	830	175	200	450	510	730	850
冲霜用水量	t/h	28	35	42	95	19	22	50	55	80	95
最大工作压力	kgf/cm²	16	16	16	16	16	16	16	16	16	16
传热系数 K	kcal/(h·m²·℃)	10.3~13	10.3~13	10.3~13	10.3~13	15.5~17.2	15.5~17.2	24~26	24~26	24~26	24~26
重量	kg	6500	7800	9100	18500	5200	5030	6000	6000	9700	11200

表 4-7 　　　　　　　　立式和 V 形氨压缩机制冷量换算系数 K_i

蒸发温度/℃	冷凝温度/℃				
	20	25	30	35	40
-30	0.442	0.338	0.352	0.331	
-25	0.630	0.563	0.505	0.453	0.406
-23	0.725	0.640	0.610	0.528	0.475
-22	0.787	0.703	0.635	0.575	0.516
-20	0.865	0.777	0.720	0.650	0.580
-18	0.970	0.890	0.813	0.750	0.672
-15		1.07	1.00	0.940	0.870
-13		1.19	1.12	1.05	0.970
-12		1.26	1.18	1.11	1.03
-10		1.38	1.30	1.22	1.13
-8		1.53	1.44	1.36	1.26
-6		1.68	1.59	1.49	1.39
-5		1.76	1.66	1.56	1.46
-4		1.85	1.75	1.64	1.54
-3		1.94	1.84	1.73	1.61
-2		2.04	1.92	1.81	1.69
-1		2.13	2.01	1.90	1.76
0		2.22	2.10	1.98	1.84
5		2.78	2.63	2.48	2.33
10		3.45	3.26	3.08	2.90

　　风机是标准产品，它的选型主要依据风量和风压，可以通过查阅有关厂家的产品样本

选用即可。一般情况下地面预冷选用离心风机，拌和楼选用轴流风机或离心风机，这主要是从布置方面来考虑。若使用骨料石英含量较高时，尤其轴流风机的叶轮要选耐磨性能好的材料来做叶片，在订货时可向厂家提出，以免造成因风机损坏而影响混凝土正常生产。

4.3.6　加冰拌和

加冰拌和在我国有一个从碎冰、片冰到冰库的发展过程。早期用碎冰，但是大块冰的制备效率低、破碎损耗大、粒度不好控制，而且碎冰很难储存、运输，一般还要延长拌和时间。因此，20世纪80年代以后采用片冰。

（1）片冰的热学性质。20世纪80年代初期，我国片冰机试制成功以后均采用片冰。片冰厚度一般为1.5～2.5mm，呈不规则片状。每吨片冰大约有1700m²的表面积。因此，掺在混凝土中极易融化。只要保持片冰干燥过冬，就能进行储存和运输处理。国产片冰机有5t、15t、20t、30t等，其中以15t、30t片冰机最为常用，大多为转筒外结冰式或内结冰式。由于氨液强制循环，可用较低的蒸发温度，制冷效率较高。东风和二滩水利工程引进国外片冰机，前者为内筒结冰，后者为外筒结冰，葛洲坝、铜街子、水口、三峡等水利工程也采用外筒结冰式片冰机。

常压下纯水密实的冰，密度为917kg/m³，融点为0℃，融解热通常取335kJ/kg。冰温−50～0℃时，导热系数为2.326W/(m²·K)；冰温在−20～0℃时，平均比热为2.093kJ/(kg·K)。片冰机的物理性能见表4−8。

表4−8　　　　　　　　　　片 冰 的 物 理 性 能 表

项目	条件	单位	最大值	最小值	平均值
冰厚	各种工况	mm	2.10	0.4	1.2～1.6
冰温	各种工况	℃	−14.6	−6	−12～−8
融解热	各种工况	cal/g	89.1	65	80
密度	原状冰	kg/m³	453	345	413
	运输后		449	442	445
	储存后		471	461	466
摩擦系数	与钢板		0.17	0.12	0.14
	与胶版		0.29	0.17	0.21
滑动角	与钢板	(°)	14.5	10.0	12.5
	与胶版		15.0	10.0	11.6
堆积角	各种工况	(°)	15.3	10.3	12.2

（2）片冰所需冷量的计算。拌制混凝土时所需冰量是根据预冷混凝土生产量和每方混凝土加冰量确定的，每方混凝土的加冰多少又是根据混凝土出机口温度确定的，一般情况混凝土加片冰10kg/m³可使混凝土出机口温度降低1.0～1.6℃。确定了用冰量后，即可进行冷量计算，按式（4−9）计算：

$$Q_b = G_m / \{n[C_w(t_Z - 0) + C_i + C_b(0 - t_c)]K\eta\} \qquad (4-9)$$

式中　Q_b——制片冰时所需冷量，kcal/h；

G_m——用冰量，kg/d；

n——每日工作时间，h；

C_w——水的比热，kcal/(kg·℃)；

t_Z——水的初温，℃；

C_i——冰的融热，一般取 80kcal/kg；

C_b——冰的比热，kcal/(kg·℃)；

t_c——冰的终温，℃；

K——冷损系数，取 1.20～1.25；

η——补偿系数，取 1.1～1.2。

关于制冰时的冷量计算，也可根据用冰量选用片冰机，然后根据片冰机的配置要求配置制冷量。目前，我国片冰机生产技术日渐成熟，其使用故障率也较低，为减少作业环节，根据需要选用较大型号，部分片冰机技术性能见表 4-9。

表 4-9　　　　　　　　　　　部分片冰机技术性能表

片冰机型号	国产片冰机			北 极 星			冰 川		
	PBL-2×75	PBL-15	PBL-2×110	SLP-20	M60	M40	M2×15	M4×15	M6×15
片冰产量/(t/h)	15	15	30	20	24	16	13.5	24	36
片冰温度/℃	−8～−5	−8	−11～−8	−15～−8	−15	−15	−18	−18	−18
片冰厚度/mm	1～2	<3	1.5～2.0	～2	<2	<2	<2	<2	<2
蒸发温度/℃	−22～−18	−24	−19～−18	−24～−22	−25～−20	−25～−20	−24	−24	−24
淋水温度/℃	5～15	4～6	15	5	15.5	15.5	16	16	16
蒸发筒制冰表面积/m²	6.13	5.85	12.10	6.35	6.45	4.3	3.23	6.45	9.69
制冰面	外面	双面	外面	双面	内面	内面	内面	内面	内面
切冰方式	蒸发筒旋转滚刀切冰	排刀旋转切冰	蒸发筒旋转滚刀切冰	排刀旋转切冰	排刀旋转切冰	排刀旋转切冰	排刀旋转切冰	排刀旋转切冰	排刀旋转切冰
制冷剂	NH_3	NH_3	NH_3	NH_3	NH_3	NH_3	NH_3	NH_3	NH_3
配备氨机容量/(10Mcal/h)	10	12	22	12			7	12.4	18.5
自重/t	4	3.2	7.8	4.5	3.682		3.2	3.9	4.6

（3）加冰拌和的降温效果。影响降温效果的主要因素是加冰率和冰面的过冷干燥程度，其他如冰温、冰粒形状大小也有一定影响。加冰率 F 按式（4-10）计算：

$$F=G_i/G_w \tag{4-10}$$

式中　G_i——混凝土中的加冰量，kg/m^3；

　　　G_w——混凝土总用水量，kg/m^3。

为了提高混凝土的降温效果，确保拌和的均匀性，在考虑砂石料含水和外加剂用水外，能够加进冰的应充分加入，几个水利水电工程片冰加入量实际资料见表4-10。

表4-10　　　　　　　　　　几个水利水电工程片冰加入量实际资料表

工程名称	混凝土级配	总加水量 /（kg/m³）	骨料含水量 /（kg/m³）	纯加水量 /（kg/m³）	加冰量 /（kg/m³）	加冰率 /%
二滩	四	85	42	10	34	40
三峡 高程98.70m系统	三	95	36	10	50	52
龙滩高程308.50m系统	四	92	39	13	36	41
阿海	三	90	41	14	35	39
亭子口左岸混凝土系统	三	83	36	32	15	18

加入片冰后，因片冰厚只有1.5~2.5mm，一般不会影响拌和时间，但掺有引气剂的混凝土，在使用强制式搅拌机时，因含气量的增加会影响拌和时间，故应适当延长拌和时间。通常拌和时间应通过试验测定。加片冰拌和混凝土设计参数见表4-11。

表4-11　　　　　　　　　　加片冰拌和混凝土设计参数表

形　状	冷量利用率/%	拌和时间/min		加冰10kg时平均降温值 /℃
		自落式	强制式	
厚度小于2mm片冰（潮湿）	80~90	2~2.5	1~1.5	1.0~1.4
厚度小于2mm片冰（干燥过冷）	100	2~2.5	1~1.5	1.2~1.6

（4）冰的储存。冰库是储存片冰调节片冰机生产的重要设施。冰库在设计上尽量靠近拌和楼，片冰机安设在冰库上面，其容量以应能储存片冰机日产总量的1/3为宜。若采用聚苯乙烯作为保温层时，其厚度不应小于120mm。在布置上有架空布置，安装高度与拌和楼储冰仓相适应，这样就可以用螺旋机或胶带机向拌和楼供应片冰；也有的把冰库布置在地面，向拌和楼供应片冰采用气力输送。架空布置的冰库常利用下面空间来布置主机和其他设备，组成一座制冷楼。几个水电工程制冷楼的技术经济指标见表4-12，常用BK型冰库及技术参数见图4-5。

表 4-12　　　　　　　　　　几个水电工程制冷楼的技术经济指标表

项　目 工程名称	三峡高程 98.70m	龙滩高程 308.50m	阿海	亭子口左岸
配拌和楼型号	4×3；2×4.5	2×6（两座）	2×6（两座）；4×3（一座）	2×6；2×4.5
低温混凝土生产能力/（m³/h）	430	440	720	500
制冷设备装机容量/（kcal/h）	700×10⁴	1399×10⁴	1500×10⁴	1430×10⁴
最大产冰量/（t/h）	12.5	10	18	10
片冰机/（t/d）	30×10	240	400	30×8
冷风产量/（m³/h）	50×10⁴	64×10⁴	87×10⁴	42.5～64×10⁴
冷风温度/℃	—10	—13	—13	—15
空气冷却器冷却面积/m²	15600	14600	19700	23200
最大用水量/（m³/h）	1540	370	500	750～900
电动机总功率/kW	4165	9000	8800	12600
建筑面积/m²		3250	4200	28000
楼体尺寸/m		27×16	50×5	
设备总量/t	349	425	430	325
楼体结构重量/t	385	350	220	820

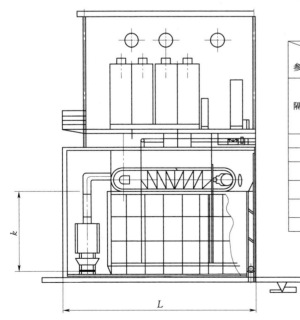

主要尺寸参数和技术参数表

参数 型号		BK51-355	BK100-63	BK150-80
隔热结构	外围长度 L/mm	9304	11500	13500
	外围宽度 l/mm	6210	6200	6200
	出冰围高/mm	6511	5200	5200
	机末围高/mm	4381	5000	5000
容冰量/t		35.5	63	84
排水能力/(t/h)		10	15	25
冰库设计温度/℃		—15.3		
制冷剂		R717		
制冷剂蒸发温度/℃		—71～22		
电动机总功率/kW		20.03	33.37	44.7

图 4-5　常用 BK 型冰库示意图

（5）片冰输送。对于片冰的输送，各个工程结合现场实际情况采用不同的输送方式。也像输送其他材料一样，有机械输送和气力输送两种类型。机械输送用得最多的是螺旋输送机和胶带输送机。螺旋输送机在输送冰时，是靠螺旋推进，因而和片冰之间产生摩擦，会使片冰形状损坏，温度升高，它主要用在冰库和距拌和楼较近的场合，一般认为其长度不应超过15m。

胶带机用来输送片冰，是较好的设备，它有不易损坏片冰形状，输送量大，不和片冰产生机械摩擦等优点。但对胶带机应做好密闭、保温，以隔绝外界气温对片冰的影响。一般认为胶带输送机带速以1.6～2m/s为宜，输送距离不应超过50m。

气力输送片冰有布置不受地形限制、可以简化冰楼结构、加快施工进度等优点，但气力输送方式也有使冰温升高的缺点，所以气力输送片冰时要求风温不得超过10～12℃，输送管道应使用硬质塑料管，铝管或不锈钢管。管道应做保温处理。某工程的气力输送片冰见图4-6；几种气力输送片冰的主要技术参数见表4-13；各种类型输送片冰的温升情况见表4-14。

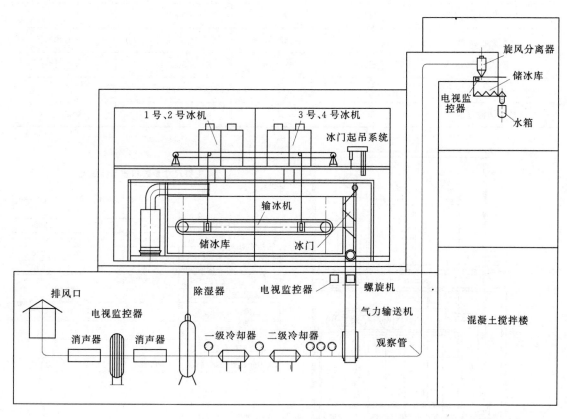

图4-6 某工程的气力输送片冰示意图

表 4-13 　　　　　　　　　　　几种气力输送片冰的主要技术参数表

项目 ＼ 输送量 / (t/h)		10	12～16	10～12	10
输送距离 /m	水平	30	40～50	33	40
	垂直	20	20～25	11	25
输送管径/mm		100	150	118	200
风速/ (m/s)		36	25	25	20～25
风温/℃		8～12	≤10	≤10	≤10
压缩空气冷却次数		1	2	2	2
配套风机		罗茨鼓风机 40HP	罗茨鼓风机 L52LD	罗茨鼓风机 R362	罗茨鼓风机

表 4-14 　　　　　　　　　　　各种类型输送片冰的温升情况表

输送形式	输 送 条 件	片冰入机温度 /℃	出机温度 /℃	单位损失量 / (℃/m)
螺旋输送机 输送片冰	螺旋直径 500mm，转速 45r/min，机长 12.5m 保温廊道内温度 10℃	−7	−4	0.24
胶带机输送 片冰	带宽 B＝500mm，带速 V＝1.6m/s，机长 L＝55m，保温廊道内部温度 14℃，外界温度 31℃	−7.5	−5.9	0.29
气动输送片冰	管径 4″，材质：铸铝，折算距离 66mm（其中水平段、垂直段各 20m），风速 v＝36m/s，风温 8～12℃	−7	−5	0.03

4.3.7 冷却水

为制冰和补充冷冻水拌和，需要预先将常温水制成低温水。以往常用的办法是用螺旋管蒸发器置入水池中，根据降温需求，可以设一级水池和二级水池，工程量大，操作不便。目前，新建工程多使用冷水机组，它取消了冷水池，只要将常温水接至机组上，它可一次完成冷冻水生产，用单板机进行控制可以直观的了解水温、制水量及运行情况，操作起来非常方便。常用螺杆冷水机组主要技术性能见表 4-15。

表 4-15 　　　　　　　　　　　常用螺杆冷水机组主要技术性能表

型号	LSLGF100	LSLGF200	LSLGF300	LSLGF500	LSLGF1000	LSLGF2000
名义工况 制冷量/〔 (kW/ 万 kcal/h)〕	115/10	216/18.5	324/27.8	490/42	945/81	1890/162
制冷剂 /加入量/kg	R22/45	R22/80	R22/90	R22/250	R22/430	R22/1200

型号	LSLGF100	LSLGF200	LSLGF300	LSLGF500	LSLGF1000	LSLGF2000
润滑油/加入量/kg	N32/40	N32 或 N46/75	N32 或 N46/80	N32 或 N46/140	N32 或 N46/180	N32 或 N46/1000
外形尺寸（长×宽×高）/(mm×mm×mm)	2293×1186 ×1490	3340×1400 ×1600	3812×1462 ×1880	3610×1660 ×2220	4320×1900 ×2373	5750×2800 ×3155
机组重量/kg	1570	3200	3280	4950	7700	19283
运行重量/kg	1700	3700	3720	6100	9100	2300
压缩机型号/主电机功率/kW−V	LG10CF/30 −380	BLG12.5CF/55 −380	LG12.5CF/85 −380	LG16CF/125 −380	LG20CF/250 −380	LG20CF/500 −6000

	型号	K6.0	K72	K22.3	K22.3	K50	K118
冷凝器	冷凝面积/m²	6	72	22.3	26	50	118
	冷却水量/（m³/h）	30	60	90	150	300	500
	进出水管径/mm	Dg65	Dg70	Dg100	Dg125	Dg150	Dg200
	水程阻力/MPa	0.09	0.06	0.07	0.06	0.06	0.06
蒸发器	蒸发面积/m²	10	30	29.5	26	48	118
	冷水量/（m³/h）	25	45	60	100	200	400
	进出水管径/mm	Dg80	Dg100	Dg100	Dg125	Dg150	Dg200
	水程阻力/MPa	0.02	0.09	0.00	0.04	0.04	0.05

制冷水时的冷量消耗，按式（4−11）计算：

$$Q_w = C_w G \Delta T K \tag{4−11}$$

式中　Q_w——制冷冻水的耗冷，kcal/h；

　　　C_w——水的比热，kcal/(kg·℃)；

　　　G——冷冻水用量，kg/h；

　　　ΔT——降温幅度，℃；

　　　K——冷损系数，一般按 1.2～1.25 选用。

4.4 制冷厂

大中型水利水电工程施工用的制冷厂，一般规模较大，主机采用以氨为制冷剂的螺杆式压缩机。

4.4.1 制冷厂规模

制冷厂的制冷容量主要根据各生产环节冷负荷、耗冷量及其运行工况确定，制冰、制水和制冷风应折算成标准工况，按式（4-12）计算：

$$Q_o = K(Q_F/K_i + Q_b/K_i + Q_w/K_i) \qquad (4-12)$$

式中　Q_o——制冷厂标准工况制冷容量，kcal/h；

　　　Q_F——风冷骨料的冷负荷，若采用两次风冷工艺，应为两次之和，kcal/h；

　　　Q_b——制冰时的冷负荷，kcal/h；

　　　Q_w——制冷水时的冷负荷，kcal/h；

　　　K_i——制冷工况换算系数见表4-7；

　　　K——系统冷耗补偿系数，可取1.06～1.15。

4.4.2 制冷设备的选择

（1）制冷工况的确定。蒸发温度和冷凝温度是制冷压缩机的主要参数，通常决定其制冷工况。

蒸发温度按式（4-13）计算：

$$T_e = T_f - \Delta T \qquad (4-13)$$

式中　T_e——蒸发温度，℃；

　　　T_f——被冷却物或冷却介质的终温，℃；

　　　ΔT——被冷却物或冷却介质与蒸发温度的差值；当采用管壳式，螺旋管式或立式蒸发器制冷水时 $\Delta T = 4 \sim 5$℃；采用直接蒸发表面式空气冷却器制冷风时 $\Delta T = 8 \sim 15$℃；制片冰时 $\Delta T = 10$℃；使用盐水制冰时 $\Delta T = 6 \sim 7$℃。

冷凝温度按式（4-14）计算：

$$T_c = (T_{wi} + T_{wc})/2 + \Delta T_1 \qquad (4-14)$$

式中　T_c——冷凝温度，℃；

　　　T_{wi}——冷凝器冷却水的进水温度，一般不大于31℃；

　　　T_{wc}——冷凝器冷却水的出水温度，一般不大于35℃；

　　　ΔT_1——进、出水温差，取5～7℃（冷凝器进出水温差，立式冷凝器2～4℃，卧式4～8℃，淋激式2～3℃。在通常情况下冷却水进水温度较高时，温差取低值；进水温度较低时，温差取高值）。

（2）制冷压缩机的选择。制冷机的总装机容量应满足制冷厂总制冷容量的需要，一般应根据生产厂家提供的产品样本中的技术数据进行选择。在选择螺杆压缩机时，应适当选用较大型号规格，以减少台数。并应尽可能地选择相同系列的压缩机，以便于维修和管理，螺杆压缩机主要技术性能见表4-16。

表 4 - 16   螺杆压缩机主要技术性能表

型 号		JZKA12.5C	JZKA16	JZKA20C	JZKA25	JZKA31.5
空调工况制冷量/（kW/万 kcal/h）		267.5/(23)	633.8/(54.5)	1279.5/(110)	2647/(227.0)	5296/(455)
标准工况制冷量/（kW/万 kcal/h）		137.5 (11.8)	288.4 (24.8)	580.2 (49.9)	1259 (108.3)	2470 (212.4)
低温工况制冷量/（kW/万 kcal/h）		50/(4.3)	95.3/(8.2)	186/(16)	440/(38)	849/(73)
电机功率	空调工况	65	125	275	630	1250
	标准工况	55	100	220	450	900
	低温工况	55	100	220	450	900
机组重量/kg		2140	2925	4480	11500	16000
首次加油/kg		150	200	250	700	1400
油冷却器	进水管径/mm	Dg32	Dg38	Dg50	Dg80	Dg100
	进水温度/℃	≤32	≤32	≤32	≤32	≤32
	耗水量/（m³/h）	5～12	10～15	15～25	80～80	100～200
油泵	排量/（L/min）	53	120	120	300	300×2
	电机功率/kW	2.2	3	3	5.5	5.5×2
外形尺寸（长×宽×高）/（mm×mm×mm）		2550×936×1930	3050×946×2135	3235×1350×2113	5550×2820×2305	7000×2045×2843

制冷量换算计算。标准工况制冷量是指氨蒸发温度 $T_e = -15℃$，冷凝温度 $T_c = 30℃$ 时的制冷量，设计工况下制冷量为：

$$Q = K_i Q_o \tag{4-15}$$

式中　Q——设计工况下的制冷量，kcal/h；

　　　Q_o——标准工况下的制冷量，kcal/h；

　　　K_i——制冷量换算系数，见表 4-7。

（3）冷凝器的选择计算。冷凝器是制冷系统中的主要设备之一，它的作用是将压缩机排出的高温高压制冷剂蒸汽冷凝成为高压饱和液体。水电工程的制冷系统中，冷凝器中的冷却介质一般用水。在冷却水质较差、水温较高和水量充足地区可采用立式冷凝器。水质较好且水温较低地区宜采用卧式冷凝器，在水源不足或夏季室外空气湿球温度较低地区可采用蒸发式冷凝器。冷却水目前多用冷却塔循环使用，一般只需补充约 15% 的循环损失量。

1）冷凝器热负荷。

$$Q_c = Q_j \Phi \tag{4-16}$$

式中　Q_c——冷凝器热负荷，kcal/h；

　　　Q_j——计算冷负荷，kcal/h；

　　　Φ——冷凝器负荷系数，随制冷工况变化而改变，可按图 4-7 查取。

2）冷凝器传热面积计算。

$$F = Q_c/q = Q_c/(K \Delta T_a) \tag{4-17}$$

$$\Delta T_a = (T_o - T_i)/2.3\lg[(T_c - T_i)/(T_c - T_o)] \tag{4-18}$$

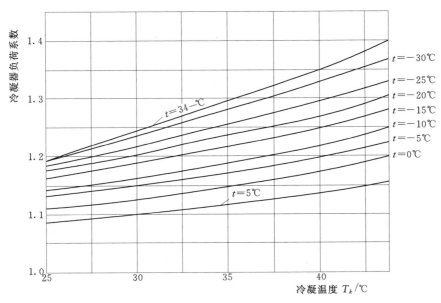

图 4 - 7 冷凝器的负荷系数曲线图

式中 F——冷凝器传热面积，m^2；

$\quad\quad q$——冷凝器单位热负荷，$kcal/(m^2 \cdot h)$；

$\quad\quad K$——冷凝器传热系数，$kcal/(m^2 \cdot h \cdot ℃)$；

$\quad\Delta T_a$——制冷剂和冷却水的对数平均温差；

$\quad\quad T_c$——冷凝温度，℃；

$\quad\quad T_i$——冷却水进入冷凝器的温度，℃；

$\quad\quad T_o$——冷却水流出冷凝器的温度，℃。

部分冷凝器的 K、ΔT_a、q 值见表 4 - 17，部分冷凝器的技术参数见表 4 - 18。

表 4 - 17   部分冷凝器的 K、ΔT_a、q 值

冷凝器形式	传热系数 K / [kcal/(m² · h · C)]	单位热负荷 q / [kcal/(m² · h)]	推荐 q 值 / [kcal/(m² · h)]	应用范围 /℃
卧式	600～800	3500～4500	4000	$\Delta T_a = 4～6$
立式	600～700	3500～4000	3800	$\Delta T_a = 4～6$
淋激式	600～900	3500～5000	4000	$\Delta T_a = 4～6$
蒸发式	500～650	1200～1600	1400	$\Delta T_a = 2～3$

表 4 - 18   部分冷凝器的技术参数表

型号	换热面积	外 形 尺 寸/mm			重量/kg	冷凝器形式
		长	宽	高		
DWN - 25	25	3523	750	1102	1425	卧式
DWN - 32	32	4523	750	1102	1725	卧式
DWN - 50	50	4523	850	1452	2515	卧式
DWN - 65	65	5523	850	1272	3020	卧式

型号	换热面积	外形尺寸/mm			重量/kg	冷凝器形式
		长	宽	高		
DWN－90	90	4673	1050	1437	4195	卧式
DWN－110	110	5673	1050	1437	5025	卧式
DWN－150	150	4710	1350	1788	7155	卧式
DWN－180	180	5710	1350	1788	8600	卧式
DWN－200	200	6210	1350	1788	9290	卧式
DWN－250	250	5719	1550	2103	11600	卧式
DWN－300	300	6719	1550	2103	13510	卧式
DWN－360	360	6125	1750	2533	16045	卧式
DWN－420	420	6925	1750	2533	18230	卧式

3）冷凝器所需的冷却水量计算。

$$G_w = Q_c / [1000(T_0 - T_i)C_w] \qquad (4-19)$$

式中　G_w——冷凝器所需冷却水量，t/h；

　　　Q_c——冷凝器热负荷，kcal/h；

　　　T_i——冷却水进入冷凝器的温度，℃；

　　　T_0——冷却水流出冷凝器的温度，℃；

　　　C_w——冷却水的比热，kcal/(kg·℃)。

（4）冷却塔。制冷系统中的压缩机、冷凝器和过冷器等设备排出的冷却水，一般通过冷却设施冷却后循环使用，目前水电工程广泛采用的是玻璃钢、机动通风逆流式冷却塔，国内部分冷却塔的技术数据见表4－19；冷却塔选用曲线见图4－8。

表4－19　　　　　　　　国内部分冷却塔的技术数据表

塔型号	单位	标准型BL－100	高温型BL－100（Ⅰ）	低噪型BLS－100	标准型BL－200	高温型BL－200（Ⅱ）	无底型BL－200（Ⅲ）	低噪型BLS－200	标准型BL－300	高温型BL－300（Ⅱ）	无底型BL－300（Ⅲ）	标准型BL－500	高温型BL－500（Ⅱ）	无底型BL－500（Ⅲ）	QLTP－800D	QLTP－1000D
处理水量	m³/h	100	100	100	200	200	200	200	300	300	300	500	500	500	624	780
总高度	mm	3520	4020	3520	4740	5040	3640	4740	5510	5510	4310	6390	6390	4870	5295	5695
淋水直径	mm	3000	3000	3000	4200	4200	4200	4200	5200	5200	5200	6800	6800	6800	7600	7600
填料高度	mm	1000	1500	1000	1250	1500	1250	1250	1250	1500	1500	1250	1500	1500		
风机风量	m³/h	62000	75000	62000	14000	150000	140000	140000	220000	240000	240000	320000	380000	380000		
电机功率	kW	4	4	3.7	7.5	7.5	7.5	7.5	13	13	13	18.5	18.5	18.5	22	22
布水器转速	r/min	10～15	10～15	10～15	8～12	8～12	8～12	8～12	7～10	7～10	7～10	5～7	5～7	5～7		
进塔水压	kgf/cm²	0.32	0.37	0.32	0.38	0.4	0.33	0.38	0.42	0.45	0.4	0.5	0.5	0.45	0.5	0.5
制品重量	kg	1200	1400	1300	2500	2700	2000	2500	3500	3800	3000	6000	6500	5500	5740	6500
湿塔重量	kg	2200	2400	2300	4500	4700	3000	4500	5500	5800	4000	9000	9500	6500	1204	12800
水平离塔一倍噪音	dB（A）	67.5	67.5	60.5	70	70	70	61	74	74	74	75	74	74	70	70

塔型号	单位	标准型 BL -100	高温型 BL -100（Ⅰ）	低噪型 BLS -100	标准型 BL -200	高温型 BL -200（Ⅱ）	无底型 BL -200（Ⅲ）	低噪型 BLS -200	标准型 BL -300	高温型 BL -300（Ⅱ）	无底型 BL -300（Ⅲ）	标准型 BL -500	高温型 BL -500（Ⅱ）	无底型 BL -500（Ⅲ）	QLTP -800D	QLTP -1000D
设计参数 进水温度 t_1	℃	37	40	37	37	40	37	37	37	40	40	37	40	40	37	37
出水温度 t_2	℃	32	32	32	32	32	32	32	32	32	32	32	32	32	32	32
湿球温度 τ	℃	28	28	28	28	28	28	28	28	28	28	28	28	28	27	27
温差 Δt	℃	5	8	5	5	8	5	5	5	8	8	5	8	8	5	5
冷幅差 $t_2-\tau$	℃	4	4	4	4	4	4	4	4	4	4	4	4	4	5	5

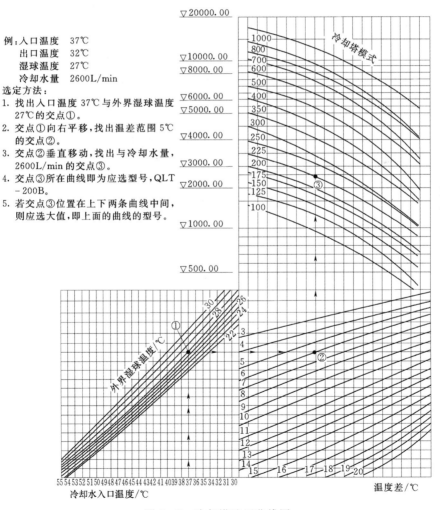

例：入口温度　37℃
　　出口温度　32℃
　　湿球温度　27℃
　　冷却水量　2600L/min
选定方法：
1. 找出入口温度 37℃ 与外界湿球温度 27℃ 的交点①。
2. 交点①向右平移，找出温差范围 5℃ 的交点②。
3. 交点②垂直移动，找出与冷却水量，2600L/min 的交点③。
4. 交点③所在曲线即为应选型号，QLT -200B。
5. 若交点③位置在上下两条曲线中间，则应选大值，即上面的曲线的型号。

图 4-8　冷却塔选用曲线图

1）设计条件。湿球温度 $T=28℃$，进塔水温 $t_1=37℃$，进、出水温差 $\Delta t=5℃$，水量 $Q=250\text{m}^3/\text{h}$。

2）计算举例。由 $T=28℃$，$t_1=37℃$ 得交点 1；由 1 引水平线与 $\Delta t=5℃$ 得交点 2；再由 2 引竖线与 $Q=250\text{m}^3/\text{h}$ 得交点 3，选 BL-300 型，反之可求 Δt。

（5）蒸发器的选择计算。蒸发器是制冷系统的主要热交换设备，它利用制冷剂经节流阀后，在较低温度下蒸发、吸收被冷却介质（为水和空气等）热量，使被冷却介质温度降低，它的选择计算主要是确定蒸发器的传热面积。

蒸发器的传热面积按式（4-20）计算：

$$F=Q_e/q=Q_e/(K\Delta T_a) \tag{4-20}$$

式中　F——蒸发器的传热面积，m^2；

Q_e——蒸发器的热负荷，kcal/h；

K——蒸发器的传热系数，$\text{kcal}/(\text{m}^2\cdot\text{h}\cdot℃)$，它与蒸发器结构型式、介质运动速度等多种因素有关，制冷机螺旋管式和列管式蒸发器 $K=450\sim500\text{kcal}/(\text{m}^2\cdot\text{h}\cdot℃)$；制冷风当风速为 $3\sim8\text{m/s}$ 时，K 值约为 $15\sim30\text{kcal}/(\text{m}^2\cdot\text{h}\cdot℃)$，也可按产品提供参数选用；

q——蒸发器的单位热负荷，$\text{kcal}/(\text{m}^2\cdot\text{h})$，直立式为 $2000\sim2500\text{kcal}/(\text{m}^2\cdot\text{h})$，螺旋管式为 $2500\sim3000\text{kcal}/(\text{m}^2\cdot\text{h})$；

ΔT_a——蒸发温度与蒸发器外载冷剂温度对数平均温差，一般用于水蒸发器 $5\sim6℃$；空气冷却器取 $12\sim14℃$。

拌和系统的蒸发器主要有附壁式蒸发器及落地式蒸发器两种，部分附壁式蒸发器的主要技术参数见表 4-20，落地式蒸发器的主要技术参数见表 4-21。

表 4-20　　　　　　　部分附壁式蒸发器的主要技术参数表

项　目	型　号						
	LSL2000	LSL1800	LS1600	LS1400	LS1200	LS1000	LS850
蒸发面积/m^2	2000	1800	1600	1400	1200	1000	850
基管外径/mm	$\phi32$	$\phi32$	$\phi32$	$\phi32$	$\phi32$	$\phi32$	$\phi32$
片距/mm	18, 12.5, 8						
充氨量/m^3	1.25	1.12	1	0.89	0.77	0.65	0.54
充霜水量/（t/h）	70	63	56	49	42	35	35
最小充霜压力/MPa	0.1	0.1	0.1	0.1	0.1	0.1	0.1
迎风面积/m^2	7.2	7.2	6.0	6.0	6.0	6.0	6.0
过风面积/m^2	1.7	1.7	1.4	1.4	1.4	1.4	1.4
最大工作压力/MPa	1.6	1.6	1.6	1.6	1.6	1.6	1.6
重量/t	11	10.5	10	9.3	8.4	7.5	6

项 目	型 号							
	LSL3000	LSL2600	LS2000	LS1800	LS1600	LS1400	LS1200	LS1000
蒸发面积/m²	3000	2600	2000	1800	1600	1400	1200	1000
基管外径/mm	ϕ32	ϕ32	ϕ32	ϕ32	ϕ32	ϕ32	ϕ32	ϕ32
片距/mm	18，12.5，8							
充氨量/m³	1.85	1.6	1.25	1.12	1	0.89	0.77	0.65
充霜水量/（t/h）	105	91	70	63	56	49	42	35
最小充霜压力/MPa	0.1	0.1	0.1	0.1	0.1	0.1	0.1	0.1
迎风面积/m²	7.2	7.2	6	6	6	6	6	6
过风面积/m²	2.1	2.1	1.7	1.7	1.4	1.4	1.4	1.4
最大工作压力/MPa	1.6	1.6	1.6	1.6	1.6	1.6	1.6	1.6
重量/t	17	14.8	11	10.5	10	9.3	8.4	7.5

（6）辅助设备的选择计算。

1）油分离器。油分离器可根据简身和排气管直径选择计算，一般要求制冷剂蒸汽在分离器内的流速不超过 0.8～1.0m/s，在排气管内不超过 10～25m/s，按式（4‐21）计算：

$$D=\sqrt{\frac{4\lambda V_p}{3600\times3.14W}} \tag{4‐21}$$

式中 D——油分离器筒身或排气管直径，m；

      λ——压缩机的输气系数；

      W——相应的气流速度，m/s；

      V_p——压缩机的理论输汽量，m³/h；可查螺杆压缩机的技术参数。油分离器现多已配套于压缩机内。

2）高压储液器。高压储液器容积按式（4‐22）计算：

$$V=(1/3\sim1/2)GV_c/\beta \tag{4‐22}$$

$$G=Q/q_o \tag{4‐23}$$

式中 V——储液器容积，m³；

      V_c——冷凝温度下液体制冷剂的比容，m³/kg；可查“制冷工程设计手册”氨的热力性质表；

      G——制冷剂循环总量，m³/h；

      Q——压缩机在设计工况下的制冷量，m³/h；

      β——液体充满系数，考虑液体受热膨胀，一般取 0.7～0.8。

3）低压循环储液器。低压循环储液器用于氨泵系统中，保证充分供应低压氨液，同时起到液体分离器和排液的作用。其容积 V 按式（4‐24）计算：

$$V=[(1/6\sim1/4)V_1+(0.2\sim0.3)V_2+V_3+0.6V_4]/0.7 \tag{4‐24}$$

式中 V——储液器容积，m³；

V_1——氨泵流量，m^3/h；

V_2——回汽管容积，m^3；

V_3——供液管容积，m^3；

V_4——同时冲霜的蒸发管组的最大溶剂，m^3。

如果循环储液器兼作氨液分离器时，气体通过桶体有效断面的流速应不大于0.5～0.8m/s。

4）集油器、空气分离器和紧急泄氨器。在配套设计中对它们的选择一般不进行计算，而是根据经验选定或按厂家配套选型。单级螺杆制冷压缩机设备配套见表4-22。

表4-22　　　　　　　　　　单级螺杆制冷压缩机设备配套表

型号 配套设备 工况	JZKA12.5C		JZKA16		JZKA20C		JZKA25		JZKA31.5	
	空调	标准	空调	标准	空调	标准	空调	标准	空调	标准
冷凝器 立式	LN-75	LN-75	LN-200	LN-100	LN-370	LN-200	LN-370B×2	LN-200×2	LN-450B×2	LN-370B×2
冷凝器 卧式	DWN-65	DWN-50	DWN-180	DWN-90	DWN-360	DWN-180	DWN-360×2	DWN-180×2	DWN-420×3	DWN-360×2
蒸发器 立式	LZL-120	LZZ-60	LZL-240	LZL-120	LZL-240×2	LZL-240	LZL-320×3	LZL-240×2	LZL-320×6	LZL-320×3
蒸发器 卧式	DWZ-110	DWZ-65	DWZ-250	DWZ-150	DWZ-250×2	DWZ-250	DWZ-360×3	DWZ-250×2	DWZ-360×6	DWZ-360×3
储氨器	ZA-1.0	ZA-0.5	ZA-2.0	ZA-1.0	ZA-5.0	ZA-2.0	ZA-5.0×2	ZA-5.0	ZA-5.0×4	ZA-5.0×2
集油器	JY-200	JY-150	JY-300	JY-200	JY-500	JY-300	JY-500	JY-300	JY-500	JY-500
空气分离器	KF-32	KF-32	KF-32	KF-32	KF-32	KF-32	KF-50	KF-50	KF-50	KF-50
氨液分离器	AF-80	AF-65	AF-100		AF-150		AF-200		AF-300	

5）氨泵。氨泵按类型分有齿轮泵和离心泵。目前水利水电工程较多地使用完全无泄漏的屏蔽式氨泵（属离心式），氨泵一般按系统氨液循环量3～6倍来考虑；齿轮泵进液口应有1～1.5m的静液柱，离心泵进液口当蒸发温度$T_z=-15℃$时，静压高度$H=1.5～2m$；当$T_z=-28℃$时，$H=2.0～2.5m$；当$T_z=-33℃$时，$H=2.5～3.0m$的静液柱。氨泵的输出压力应能克服氨泵至蒸发器间输液管道上的全部阻力，包括管道、阀门及弯头等局部阻力；氨泵中心至蒸发器的液柱；蒸发器前还应维持$1kg/cm^2$压力以调节各蒸发器的流量。立式屏蔽氨泵的型号规格见表4-23。

表4-23　　　　　　　　　　立式屏蔽氨泵的型号规格表

型号	流量/（m^3/h）	扬程/m	允许气蚀余量/m	转速/（r/min）	效率/%	电动机/kW	
						轴功率	配用电动机功率
32P₁40A-212	2.8	32	3.5	2800	19	1.27	3
32P₁40-212	3.1	40	3	2800	19	1.77	3
40P₁40A-212	5.65	32	3	2800	29	1.61	3

型号	流量 /m³/h	扬程 /m	允许气蚀余量/m	转速 / (r/min)	效率 /%	电动机/kW	
						轴功率	配用电动机功率
40P₁40 - 212	6.25	40	3	2800	29	2.33	3
50P - 40 - 212	12.5	40	3.5	2800			4
50P - 40A - 212	11.2	32	3	2800			4
50P - 60 - 222	12.5	60	3	2800			7.5
50P - 90 - 312	12	90	3	2800			11
65P - 60 - 222	25	60	3	2800			7.5
40P - 40×2 - 222	6.25	80	3	2800			5.5

4.4.3 制冷厂管道设计

（1）管道布置应考虑操作和检修方便，经济合理，阻力小，排列整齐。

（2）氨压机吸入管道应有不小于0.3%的逆向坡度，即向蒸发器倾斜。

（3）氨压机的排气管道应有不小于1%的顺向坡度，即向油分离器和冷凝器倾斜。

（4）管路布置时，供液管不应有局部凸起，吸气管不应有局部凹陷，低温管道应考虑留有保温位置。

（5）压缩机工作造成管道振动，应设一定数量的固定支撑和吊架，管路支架、吊架允许最大间距见表4-24。

表 4 - 24   管路支架、吊架允许最大间距表

外径×壁厚 / (mm×mm)	无保温的管路支、吊架间距 /m	有保温的管路支、吊架间距 /m
10×2	1	0.6
14×2	1.5	1
18×2	2	1.5
22×2	2	1.5
32×3.5	3	2
38×3.5	3.5	2.5
45×3.5	4	2.5
57×3.5	5	3
73×3.5	5	3.5
89×4	6	4
108×4	6	4
133×4	7	4

外径×壁厚 /(mm×mm)	无保温的管路支、吊架间距 /m	有保温的管路支、吊架间距 /m
159×4.5	7.5	5
219×6	9	6
273×7	10	6.5
325×8	10	8
377×10	10	10

（6）低温管道中的金属吊、支架，应根据隔热厚度设置木垫。吸、排气管道在同一支、吊架上安装时，吸入管应设在排气管下面，两管之间净距不小于200～250mm。

（7）各管道弯头的弯曲半径应不小于4倍管道外径，如因安装位置限制最少不小于2.5倍。

（8）管道安装应考虑排气的热膨胀，一般均利用管道弯曲部分自然补偿，不设伸缩器。

（9）通过易燃墙壁和楼板的排气管（从压缩机到冷凝器）应用防火材料进行隔热。

（10）从液体主管接出支管时应从底部接出，从气体主管接出时应从主管上面或侧面排出。

（11）管道布置在地沟内时，沟底应有不小于1%的排水坡度，并设地漏以利于排水，并设便于检修的活动盖板。

（12）管道连接和附件。

1）除阀门之类的附件允许采用法兰和丝扣连接外，其余管道的连接应采用焊接，壁厚不小于3mm的采用电焊，小于3mm的采用气焊。

2）法兰用垫片，采用浸渍甘油和冷冻油的石棉橡胶板，丝扣应连接并涂以铅油或密封胶。

3）阀门的装设应便于操作，禁止向下装设。

4）节流阀及截止阀等必须按介质的流向装设。

5）氨液过滤器应安装在氨浮球阀、节流阀和电磁阀前的输送管上，其作用是过滤氨液中的固体杂质。

6）氨气过滤器安装在氨压机吸气管道上，用于过滤氨气中的铁锈和杂物，以保证氨压机的正常工作。

7）安装安全阀的管道直径不应小于安全阀的公称直径。当几个安全阀共用一根安全管时，安全管的截面积应不小于各安全阀分支管截面积的总和。

（13）管径选择。氨系统的管道一律选用无缝钢管，管道通径 D_g 按式（4-25）计算：

$$D_g = \sqrt{\frac{4GV}{3600 \times 3.14 \times W}} \qquad (4-25)$$

式中 D_g——管径，m；

G——在管道内流动介质的流量，kg/h；

V——介质的比容，m^3/kg；

W——介质在管道中流动的速度见表 4-25，m/s。

表 4-25　　　　　　　　氨在管道中流动速度及允许压力降表

管 路 名 称		流 速 / (m/s)	允许压力降 / (kgf/cm²)
吸入管	$T_e = -30 \sim 10℃$	10~20	0.05~0.2
	$T_e < -30℃$		<0.05
排气管		12~25	0.14~0.28
冷凝器至储液器的液体管		0.5~1.0	
储液器至调节器的液体管		0.5~1.25	不允许有气体

注　T_e 为蒸发温度。

表中较大的流速适用于通径较大的管道，通径大于 100mm 时，可取大于表中所列流速（一般可加大 25%~30%），吸入端的管道应选用较小的流速，对于远离饱和状态的液体应选择较大的流速。

4.4.4　热保温措施

为了减少冷量损失，制冷设备（如冰库、料仓、冷风机、预冷料仓等）和相应管道均应设隔热层。隔热材料应因地制宜、选用价格便宜、性能优良、便于施工和拆除的轻质材料。所有隔热层应能防潮隔气，以免在使用中因受潮而丧失隔热性能。露天设备保温的防潮隔气层外还应做保护层，涂刷保护色，以免破损和热辐射（或吸热）损失，此外，隔热层还应注意防止出现"冷桥"。

（1）隔热保温设计。

1）传热系数 K 可按式（4-26）计算：

$$K = Q/\Delta t \tag{4-26}$$

式中　K——围护结构的传热系数；

Q——单位表面积耗冷量，一般为 10~12kcal/(m²·h·c)；

Δt——室内外温差，℃。

2）隔热层厚度。制冷设施的围护结构的总热阻为各构造层（包括隔热层）的热阻与围护结构两侧表面换热阻的总和，隔热层的厚度按式（4-27）计算：

$$\delta = \lambda / K \tag{4-27}$$

式中　δ——隔热层厚度，m；

λ——隔热材料的导热系数见表 4-26；

K——低温室围护结构的传热系数，kcal/(m²·h·c)。

表 4-26　　　　　　　　　　　　　　常用低温设施隔热材料特性表

材料名称	容量 / (kg/m^3)	导热系数 / $[kcal/(m \cdot h \cdot ℃)]$	抗压强度 / (kgf/m^2)	吸湿率 /%	吸水率 /%
软木	150~200	0.05		<8	<50
聚苯乙烯泡沫塑料	30	0.038	1.5		0.08
聚氨酯硬质泡沫塑料	45~65	0.022	2.5		0.2
PVC 橡塑海绵	80~120	0.037~0.0381			<4
岩棉	50~250	0.03			
沥青玻璃棉	75	0.035			2
超细玻璃棉（板）	40~60	0.028~0.03		0.15~0.32	0.2
矿渣棉	100~130	0.035~0.04			
干稻壳	150	0.08		19.2	
泡沫混凝土	360~500	0.085~0.16		48	
加气混凝土	400~600	0.08~0.14			
木材（杉木、松木）	550	0.15（垂直纹）0.30（顺纹）			
铝箔（波形纸板）	235	0.054		48h 吸湿率 3%	
水泥珍珠岩	300~400	0.056~0.07	5~7		

3）制冷系统管道保温。制冷系统中的管道和设备的隔热层厚度一般可参考表 4-27 和表 4-28 选用，并以外表不结露为条件进行验算，按式（4-28）计算：

$$T_0 = t_0 - (t_0 - t_1)R_0/R \tag{4-28}$$

式中　T_0——低温管道围护结构外表温度，℃，应高于露点；

　　t_0、t_1——室内（管外）室外（管外）空气温度，℃；

　　R——围护结构总热阻，$kcal/(m^2 \cdot h \cdot ℃)$；

　　R_0——围护结构外表面换热阻，$kcal/(m^2 \cdot h \cdot ℃)$。

表 4-27　　　　　　　　　　　　　　低温管道隔热层厚度表　　　　　　　　　　单位：mm

管道外径 /mm	$t_2=30℃$								$t_2=15℃$							
	$t_1=-10℃$		$t_1=-15℃$		$t_1=-33℃$		$t_1=-40℃$		$t_1=-10℃$		$t_1=-15℃$		$t_1=-33℃$		$t_1=-40℃$	
	$\lambda=0.04$	$\lambda=0.06$	$\lambda=0.04$	$\lambda=0.06$	$\lambda=0.04$	$\lambda=0.06$	$\lambda=0.04$	$\lambda=0.06$	$\lambda=0.04$	$\lambda=0.06$	$\lambda=0.04$	$\lambda=0.06$	$\lambda=0.04$	$\lambda=0.06$	$\lambda=0.04$	$\lambda=0.06$
22	50	70	55	75	75	100	80	105	30	45	35	50	50	65	55	75
32	55	75	60	80	80	105	85	115	35	45	40	55	55	75	60	85
38	60	80	65	85	85	110	90	120	35	45	40	55	60	80	65	85
57	65	85	70	95	90	120	100	135	35	50	45	60	65	85	70	95

管道外径/mm	$t_2=30℃$								$t_2=15℃$							
	$t_1=-10℃$		$t_1=-15℃$		$t_1=-33℃$		$t_1=-40℃$		$t_1=-10℃$		$t_1=-15℃$		$t_1=-33℃$		$t_1=-40℃$	
	$\lambda=0.04$	$\lambda=0.06$	$\lambda=0.04$	$\lambda=0.06$	$\lambda=0.04$	$\lambda=0.06$	$\lambda=0.04$	$\lambda=0.06$	$\lambda=0.04$	$\lambda=0.06$	$\lambda=0.04$	$\lambda=0.06$	$\lambda=0.04$	$\lambda=0.06$	$\lambda=0.04$	$\lambda=0.06$
76	65	90	75	100	95	130	105	140	40	55	45	60	65	90	75	100
89	70	95	75	105	100	135	110	145	40	55	45	65	70	95	75	105
108	70	100	80	110	105	140	110	155	40	55	50	65	70	100	80	110
133	75	100	80	115	110	145	115	155	45	55	50	70	75	100	85	115
159	75	105	85	120	110	155	120	165	45	60	50	70	75	105	85	120
219	80	110	90	125	120	165	130	180	45	65	55	75	80	110	90	125

注 1. 本表系按外表面放热系数 $\beta=6kcal/(m·h·℃)$，相对湿度85%计算。

2. t_1 为内侧制冷剂温度，℃；t_2 为外侧温度，℃。

3. λ 为隔热材料的导热系数，$kcal/(m·h·℃)$。

表 4-28　　　　　　　　　　低温设备隔热层厚度表　　　　　　　　单位：mm

筒形设备直径/m	$t_2=30℃$								$t_2=15℃$							
	$t_1=-10℃$		$t_1=-15℃$		$t_1=-33℃$		$t_1=-40℃$		$t_1=-10℃$		$t_1=-15℃$		$t_1=-33℃$		$t_1=-40℃$	
	$\lambda=0.04$	$\lambda=0.06$	$\lambda=0.04$	$\lambda=0.06$	$\lambda=0.04$	$\lambda=0.06$	$\lambda=0.04$	$\lambda=0.06$	$\lambda=0.04$	$\lambda=0.06$	$\lambda=0.04$	$\lambda=0.06$	$\lambda=0.04$	$\lambda=0.06$	$\lambda=0.04$	$\lambda=0.06$
0.50	90	125	100	140	135	190	150	205	50	70	60	85	90	125	100	145
0.75	95	135	105	150	140	200	155	220	50	70	60	85	95	135	105	150
1.00	95	135	105	155	140	210	160	230	50	75	60	90	100	140	110	155
1.20	100	140	110	155	150	210	165	235	55	80	60	90	100	140	110	160

注 符号意义与表 4-27 相同。

4) 对隔热材料的要求。根据施工经验，露天设施或设备和承受冲击的设施（如料仓等）一般不应选择岩棉和玻璃丝棉，应选用聚苯乙烯或聚氨酯制品及橡塑海绵，岩棉或玻璃丝绵一般用于室内固定设备及管道等。

对隔热材料的要求：①热系数小、吸湿性小、防潮性能好；②有适当的抗压强度、无味无毒、不易燃；③不易腐烂发霉、抗腐蚀性能强、经久耐用不易变质；④价格低廉、资源丰富、施工简单、有适宜的外形尺寸。

5) 隔热结构。隔热结构一般有下列几个层次：①防腐层。防止管道、设备表面受隔热材料的腐蚀，一般需刷防腐漆。②隔热层。即保温材料层。③防潮层。防止隔热材料受潮而降低保温效果，一般包上油毡或塑料布、尼龙布、塑料薄膜及铝板、镀锌铁板等隔气防潮材料。④保护层。保护隔热层不受损坏，有时用保护层代替防潮层。常用的保护层有铝皮、铁皮；玻璃或塑料布；钢丝网、油毡面上刷沥青；木板或胶合板；水泥、白灰组成的麻刀灰等。⑤色层。在保护层外表面涂以各色油漆，以区别管道内的不同介质，减少吸收太阳热辐射。

4.4.5 厂房布置

（1）制冷系统。制冷装置的氨系统一般可分为单元、并联、混合三种。

单元系统是指各套制冷设备成独立系统，运行时互不影响。但设备费用高，所需厂房面积和空间大，在运行调节和检修时需停产。一般适用在小型机组和单元数少的系统中。

并联系统是将各制冷设备并连接，各设备可以互相倒换使用，运行调节和检修较能灵活调节。

混合系统是单元和并联的组合。此种系统可以是一部分并联和一部分设备单元连接，也可以是几个独立的并联系统。并联和混合系统在目前大中型水利水电工程中较多采用，三种制冷系统见图 4-9～图 4-11。

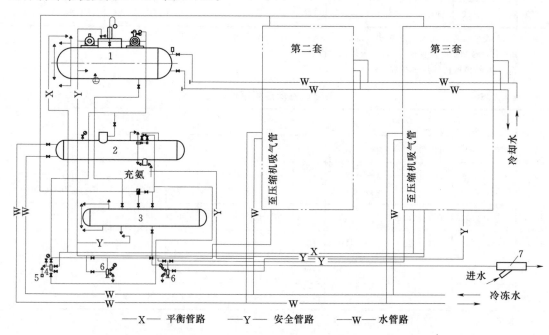

图 4-9　制冷系统图（单元系统）

1—氨压缩冷凝机组；2—卧式蒸发器；3—储氨器；4—空气分离器；5—水封；6—集油器；7—紧急泄氨器

（2）制冷厂厂房布置。厂房布置应考虑下列要求：

1）建筑形式（跨度、开间、房高等）应根据厂内设备布置、安装及使用、检修要求和地形条件而决定，山区建厂时应充分利用地形。

2）厂房应用二级耐火材料或不着火材料。采用单层建筑，并设不相邻的出入口多个，其中一个出入口应考虑设备安装要求，厂房门窗必须向外开。

3）氨制冷厂内应能够自然通风，通风条件较差时应安装换气扇，强制通风换气。

4）制冷厂各房间的照明，要求见表 4-29。

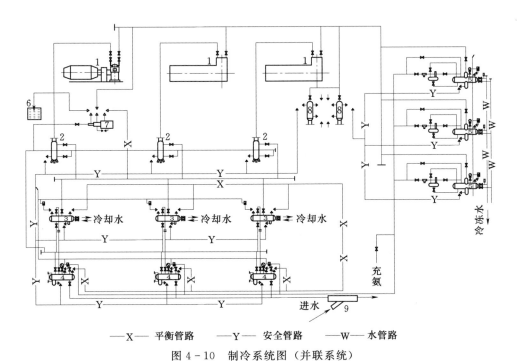

图 4-10　制冷系统图（并联系统）

1—氨压缩机；2—油分离器；3—卧式冷凝器；4—储氨器；5—卧式储氨器；6—水封；7—空气分离器；
8—集油器；9—紧急泄氨器

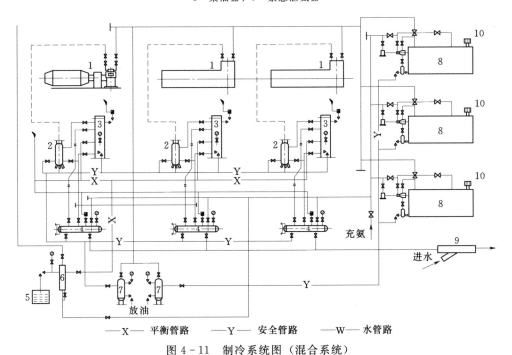

图 4-11　制冷系统图（混合系统）

1—氨压缩机；2—油分离器；3—立式冷凝器；4—储氨器；5—水封；6—空气分离器；7—集油器；
8—制冰池；9—紧急泄氨器；10—盐水推动泵

表 4-29　　　　　　　　　　制 冷 厂 照 明 要 求 表

房 间 名 称	最低光照度/lx	房 间 名 称	最低光照度/lx
机器间	30～50	储存间	10～20
设备间	30～40	水泵间	10～20
配电间	10～20	值班室	20～30
维修间	20～30	走廊及过道	10～20

5）厂内设备布置应保持操作、检修方便，并尽可能紧凑。压缩机应设于室内，其他辅助设备可设在室外或敞开式建筑中。

6）压缩机及辅助设备的布置应使连接管路最短，流向畅通并便于安装。设备管道上的压力表、温度计及其他仪表均应设置在便于观察的地方。

7）压缩机主要通道宽度不应小于 1.5m，非主要通道不应小于 0.8m，两台压缩机突出部位之间的距离不小于 1.0m。

8）洗涤式储油器的进液口应比冷凝器出液口低 200～300mm，以便氨液借重力流入油分离器中。

9）卧式冷凝器布置在室内时，应考虑其清洗和更换管子的可能，为节省建筑面积也可考虑在墙上设检修窗，以使检修方便。

10）储氨器与冷凝器出液管之间的高差应保证冷凝器氨液靠重力流入储氨器，一般冷凝器出液管口应比储氨器进液管口高出 100～200mm。采用两个以上的储氨器并联使用时，为使内部液面一致，在底部应设连通管，管上装截止阀。不同型号的储氨器并联使用，应使其液位保持一致。

4.5　制热系统

4.5.1　加热方式

为提高混凝土出机口温度，通常采用下列一种或几种材料加热方式：

（1）热水拌和。

（2）骨料堆场敷设蒸汽管道，对砂石骨料解冻加热。

（3）设置预热料仓加热砂石骨料。

（4）在拌和楼储料仓内对已加热的砂石骨料进行保温或进一步加热。

此外，还可在回转鼓筒内喷燃气加热骨料。

在气温不太寒冷的季节和地区（室外月平均气温 -5℃ 以上，最低气温在 -15℃ 以上）作业，一般采用热水拌和，砂石骨料解冻并加热到 5℃ 左右，即可满足所需的混凝土出机口温度要求。只有在严寒的季节和地区才设专门的料仓加热砂石骨料，并采取相应的隔热采暖措施。水或骨料的温度超过 38℃ 时，最好先将水和骨料加入搅拌机预拌。混合后的混凝土出机口温度一般不宜超过 26℃。各种加热方式的适用条件和技术指标比较见表 4-30。

表 4-30　　　　　　　　　　　各种加热方式的适用条件和指标比较表

项　目	料仓加热		料堆加热		鼓筒加热
	直接蒸汽	间接蒸汽	水平排管	竖直排管	
解冻并加热到 40℃的时间/h	2～3	6～10	65～75	9～12	0.1～0.15
对冻结骨料	要求事先解冻		无需事先解冻		要求事先解冻
骨料温度均匀性	中等	中等	不好	中等	均匀
对骨料含水量 的影响	含水量增加约 50%～100%		含水量可减少10%		含水量可减少 约10%～40%
适用条件	仅适用于粗 骨料加热	粗细骨料 均适用	仅适用于 砂加热	粗细骨料 均适用	适用于加热 砂与小石子
解冻并加热到 40℃的燃料消 耗指标/（kg/m³）	9～10		11～12		6～7

4.5.2　加热计算

骨料在料堆（仓）加热，可采用风、汽或水作传热介质，其计算的方法与制冷计算基本相同。

4.5.3　加热设施

（1）拌和水的加热。拌和水可在锅炉房加热后用泵送至拌和楼储水箱，也可在拌和楼的储水箱内直接加热。加热的方式有蒸汽直接加热和热交换器加热两种，也有的工程直接采用电热管对水进行电加热。

1）蒸汽直接加热。在水池或水箱内安装蒸汽管，管上钻有直径约3～4mm的小孔，孔数可按总面积等于气管截面积计算。蒸汽直接加热的水箱和管道布置见图4-12。

2）热交换器加热。适用于用水量较大的情况，简单的热交换器可在水箱内设盘管。如水质矿化度高，引起水管结垢，需作必要的水化学处理或采用其他清除措施。汽水热交换器的技术规格见表4-31。

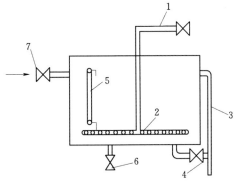

图4-12　蒸汽直接加热的 水箱和管道布置图

1—进气管；2—多孔管；3—溢流管；4—放水阀； 5—水位表；6—热水出水管；7—冷水进水管

表 4-31　　　　　　　　　　　　　　　　汽水热交换器的技术规格表

名称	单位	技 术 规 格			
筒体公称直径	mm	400	500	650	800
有效长度	mm	1200～2000	2200～3000	2600～3200	2400～3200
外形长度	mm	1882～2632	2943～3743	3432～4032	3271～4071
传热面积	mm²	3.73～6.21	10.9～14.9	20.56～25.33	30.56～40.85
管子直径×壁厚	mm×mm	25×2.5	25×2.5	25×2.5	25×2.5
管子总根数	根	44	70	112	130
进出水管直径	mm	80	100	125	125
进蒸汽管直径	mm	80	100	125	150
冷凝水管直径	mm	32	50	50	65
筒体中心高	mm	363	458	525	690
重量	kg	371.5～462.5	799.5～931.5	1257.5～1408.5	1770.3～2066.3

传热面积 F：

$$F=1.1Q_s/(K\Delta t_a\eta) \tag{4-29}$$

式中　　F——传热面积，m²；

Q_s——热交换器的总热负荷，kcal/h；

K——传热系数，蒸汽（表）压力大于 0.7kgf/cm² 时，可取 650kcal/(m² · h · ℃)；

η——热效率，一般取 0.8；

Δt_a——蒸汽和水的对数平均温差，粗略计算可近似取蒸汽和水的平均温差，℃。

（2）骨料加热。骨料可在料堆内或料仓内加热，亦可利用解冻室排管加热。蒸汽和热风可用以直接加热，亦可用以间接加热，热水一般用于间接加热。

1）蒸汽直接加热。以直径 50～60mm 的钢管，孔壁钻直径有 3～4mm 的小孔，呈梅花形布置，分层埋入料堆内通以蒸汽加热，作用半径约为 0.5～0.75m。此法的优点是安装简便、升温快。缺点是骨料含水量不宜控制，冷凝水会使其他部位骨料发生冻结，实际很少使用。

2）蒸汽或热水间接加热。在砂石料层内埋设钢排管，通过管壁进行热交换。排管一般采用直径 50～100mm 的厚壁无缝钢管，有竖直和水平两种布置形式，管的间距不宜小于 0.5m。竖直布置对粗细骨料均适用，水平布置仅适用于砂的加热。为了提高砂的加热效果，可在加热管的下面喷射压缩空气，利用空气在砂内扩散传热。间接加热法适应性强，骨料含水量稳定。缺点是钢管的磨损严重，气温在 −10℃ 以下时，加热管要设置在料仓或料罐内，土建工程量较大。露天堆料场加热排管布置见图 4-13，储仓蒸汽加热装置见图 4-14。

露天堆场的热损失，堆高 3m 以上时为 25%，堆高 2～3m 时为 30%。

3）解冻室排管加热。采用铁路运送成品骨料时，可在解冻室解冻的同时加热骨料。解冻室的温度平均约 85℃。这种方式的热损耗较大，加热时间较长，适用于用量不大，解冻后立即适用的场合。骨料解冻室蒸汽排管加热布置见图 4-15。

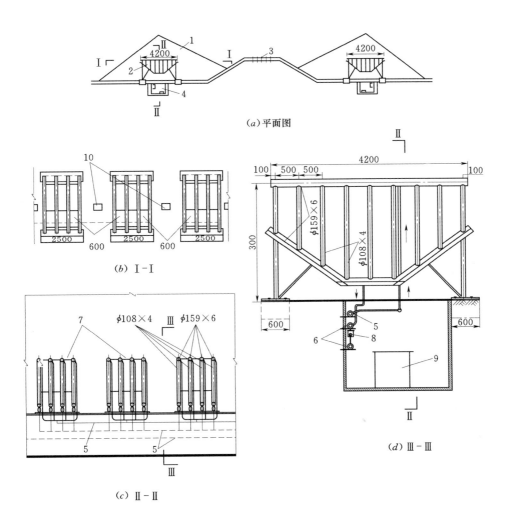

（a）平面图

（b）Ⅰ-Ⅰ

（c）Ⅱ-Ⅱ

（d）Ⅲ-Ⅲ

图 4-13　露天堆料场加热排管布置图（单位：mm）

1—料堆；2、7—排管；3—堆料机路堤；4—地弄；5—蒸汽管；6—冷凝管；8—冷凝器；

9—带式输送机；10—放料口

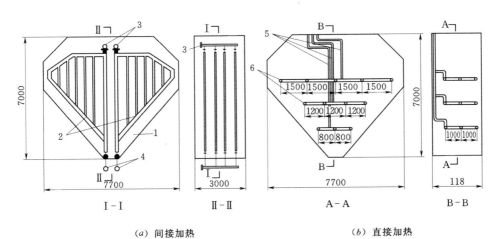

（a）间接加热　　　　　　　　（b）直接加热

图 4-14　储仓蒸汽加热装置图（单位：mm）

1—储仓；2—排管；3—蒸汽干管；4—冷凝管；5—蒸汽管；6—多孔管

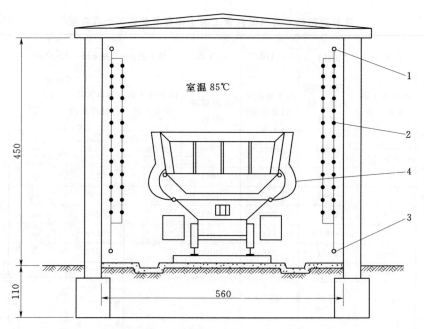

图 4-15　骨料解冻室蒸汽排管加热布置图（单位：cm）

1—供气管；2—蒸汽排管；3—回水管；4—骨料车

4）热风直接加热。有热风炉提供高温燃气，通过埋在料层内的风管直接吹入骨料加热，方法简单，可降低含水量，热风加热的蒸发量一般可按含水量的 25％计。仅适于大中石的加热，骨料热风直接加热储仓布置见图 4-16。

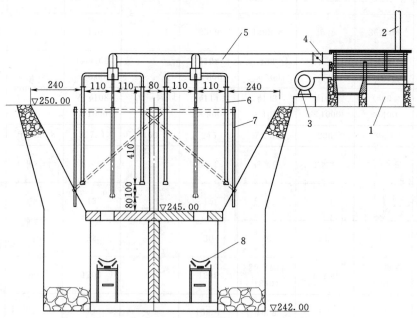

图 4-16　骨料热风直接加热储仓布置图（单位：cm）

1—砖砌热风炉；2—铸铁管烟窗；3—通风机；4—风门；5—通风管；
6—铸铁管；7—支撑钢管；8—出料带式输送机

热风还可直接吹入旋转鼓筒内加热，加热速度快而均匀，特别适于小石、细石和砂的加热。配合混凝土生产能力 120m³/h 的鼓筒加热器布置见图 4-17。改装置每小时可加热砂 72m³、石子 108m³。砂石初温－20℃，加热后砂的终温 40℃，石子为 25℃。鼓筒的直径为 2.2m，长 14m。加热骨料的燃料消耗量约 6～8kg/m³。

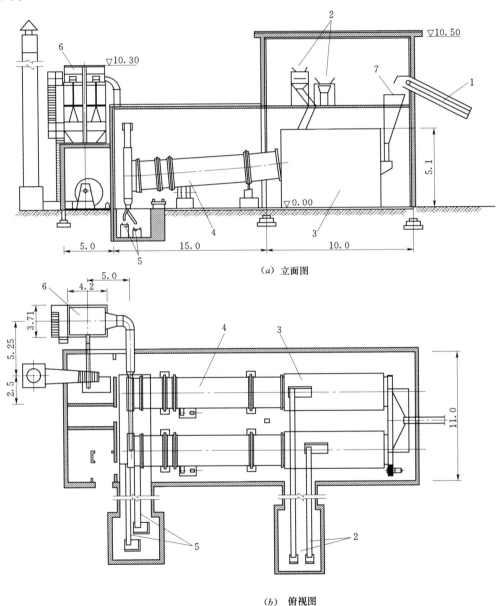

(a) 立面图

(b) 俯视图

图 4-17 鼓筒加热器布置图（单位：m）

1—燃料带式输送机；2—带式输送机；3—燃烧室；4—鼓筒；5—出料带式输送机；
6—旋风分离器组；7—进料口

（3）骨料加热的技术经济指标。国内几个工程冬季混凝土施工骨料加热技术经济指标见表 4-32，拌和楼骨料出厂排管加热的技术指标见表 4-33。

表 4－32　　　　　　国内几个工程冬季混凝土施工骨料加热技术经济指标表

项目	加热方式 单位	刘家峡 露天料堆内蒸汽排管	龙羊峡 露天料堆内蒸汽排管	潘家口 预制混凝土料罐热水排管	恒仁 保温地下式储仓排管	白山 保温混凝土储仓蒸汽排管	拉古哨 露天料堆内蒸汽排管	三门峡 钢料罐热水浸泡
料堆或料罐总容积	m³	48300	290000	9000	3665	13900	7100	1400
砂	m³	15200		1800	553	3000	1800	
细石	m³	7600		1800	526	2600		
小石	m³	7600		1200	886	3800	1800	
中石	m³	8950		1800	814	3000	1700	
大石	m³	8950		2400	886	1500	1800	
活容量	m³	11200	150000	6000	2500	6390	2000	1400
活容量与总容量比		0.23	0.5	0.66	0.68	0.46	0.28	1
冬季混凝土浇筑强度	m³/h	100	130	200	100	100	30	120
骨料加热前初温与加热后终温	℃	−10～15	−10～30	−7～15	−20～5	−20～5	−16～5	−10～5
骨料加热时间	h	5		16	16	22	12	1
加热设备排管总面积	m²	1140		2399	1298.8	2545	362.04	
排管直径×间距	mm×mm	砂 φ108 ×700 石 φ108 ×1000		φ108 ×800 φ114 ×900	φ83 ×500 φ133 ×1000	φ76 ×500 φ108 ×1000	φ89 ×850 φ89 ×400	
总热耗量	万 kcal/h	127.4	460	245	74.33	206	88.7	277
供热设备锅炉总蒸发量	t/h×台	8×5		8×2	7×6	8×1	2.4×5	10.92×5
储仓或料罐数量	个	12		15	6		4	14
储仓或料罐的放料口数量	个	22		30	30	135	12	14
工程量 混凝土	m³	1200		1298	220（砌石1840）	18200	76（砌石900）	
工程量 钢结构及钢管	t	74		155.7	76.8	217	21	89
地区月平均气温	℃	−6.3	−9.5	−8.1	−15.4	−17.5		0.1

表 4 - 33 　　　　　　　　　拌和楼骨料出厂排管加热技术指标表

指标名称		单位	拌 和 楼 型 号			
			2×0.8	3×1.0	3×1.5	2-4×1.5
加热方式			蒸汽排管	蒸汽排管	蒸汽排管 及热风管	蒸汽排管
混凝土生产能力		m³/h	30	90	108～135	250
料仓容积	总容量	m³	140.9	210	315	
	砂仓			2×35	2×52.5	2×2×80
	细石		3×34.1			2×80
	小石			4×35	4×52.5	
	中石		2×19.3			2×63
	大石					
骨料耗用量	砂	m³/h	11	36	50	85
	石子		27	80	130	280
加热时间		h	2	2	2	2
骨料温度	初温	℃	5	5	5	5
	终温		砂 15，石 28	砂 10，石 17	砂 10，石 17	砂 15，石 18
耗热量	总耗热	kcal/h	188000	360400	569200	1050000
	其中：砂		35400	52400	70000	250000
	石		152600	308000	499200	800000
加热排管面积	总面积	m²		333	334.9	
	其中：砂			115	111.7	2×108.2
	细石		5×29.6	2×58		2×54.1
	小石				4×55.8	
	中石			2×51		2×50.6
	大石					
钢管规格（外径×厚）		mm×mm	φ89×4.5	φ76×6.3	φ76×6	φ70×5
钢管长度		m	420	1395	1405	2888

（4）锅炉房。锅炉房的容量应根据加热和采暖的总小时最大耗热量确定，综合损耗补偿系数可取 1.1～1.3。锅炉的单炉容量应为总负荷的 1/4～1/3，备用锅炉 1 台。

5 给排水系统及废水处理工艺

5.1 给排水系统规模

5.1.1 给水系统规模

混凝土拌和及制冷给水系统主要供应混凝土拌和用水、制冷系统循环损失补充用水、制冷系统冲霜水及料罐冲洗用水。如有骨料二次筛分冲洗车间，还应考虑骨料二次筛分冲洗用水。混凝土拌和及制冷系统生产用水量概略指标见表5-1。

表5-1　　混凝土拌和及制冷系统生产用水量概略指标表

企业名称或用水项目		单位	用水指标	备注
1. 混凝土拌和系统	拌和用水	L/m³	150～300	以每立方米混凝土计
	料罐冲洗用水	L/s	10～20	以一个冲洗台用水计
2. 制冷系统	冷凝器用水	L/万 kcal	3000～5000	以标准工况计
	机组冷却水			根据设备样本要求确定

（1）混凝土生产用水量按式（5-1）计算：

$$Q_1 = q_0 Q_h \tag{5-1}$$

式中　Q_1——混凝土拌和系统小时用水量，m^3/h；

$\quad\quad Q_h$——混凝土拌和系统小时生产能力，m^3/h；

$\quad\quad q_0$——混凝土拌和用水指标，见表5-1，m^3/m^3。

（2）混凝土系统其他用水量。混凝土系统其他用水量包括料罐冲洗用水、车间冲洗、外加剂稀释等，用水量按式（5-2）计算：

$$Q_2 = Q_1 K_1 \tag{5-2}$$

式中　Q_2——混凝土系统其他用水量，m^3/h；

$\quad\quad Q_1$——混凝土拌和系统小时用水量，m^3/h；

$\quad\quad K_1$——混凝土系统其他用水量占生产用水量的百分比，根据多个工程的实践经验，取经验值10%～15%。

（3）制冷系统循环冷却水补充水量计算。

1）敞开式循环冷却水系统的水量损失应根据蒸发、风吹和排污等各项损失水量计算，补水量 Q_3 按式（5-3）计算：

$$Q_3 = Q_0 K_2 \tag{5-3}$$

式中 Q_3——制冷系统循环冷却水补充水量，m^3/h；

$\quad\quad Q_0$——制冷系统循环冷却水量，m^3/h；

$\quad\quad K_2$——在冷却水温降5℃时，补水率可近似取系统循环水量的1.2%～1.5%。

2）冷却塔的蒸发损失水量占进入冷却塔循环水量的百分数按式（5-4）计算：

$$P_1 = K\Delta t \tag{5-4}$$

式中 P_1——蒸发损失量，%；

$\quad\quad \Delta t$——冷却塔进水与出水温度差，℃；

$\quad\quad K$——系数（1/℃），系统K见表5-2（中间值采用内插法计算）。

表5-2 系　数　K

进塔气温干球温度/℃	−10	0	10	20	30	40
K	0.08	0.10	0.12	0.14	0.15	0.16

3）冷却塔的风吹损失率P_2，对设有收水器的机械通风冷却塔，可按0.1%计算。

4）冷却水系统的排污损失率P_3与循环冷却水质及处理方法、补充水水质和循环水的浓缩倍数有关，估算时可取0.3%，在给定的水质条件下，排污损失率按式（5-5）计算：

$$P_3 = \frac{P_1}{N-1} - P_2 \tag{5-5}$$

式中 P_3——排污损失率，%；

$\quad\quad P_2$——风吹损失率，%；

$\quad\quad P_1$——蒸发损失率，%；

$\quad\quad N$——浓缩倍数。设计浓缩倍数不应小于3.0，用再生水作为补充水时，不应低于2.5。

（4）制冷系统冲霜水用水量Q_4，可参考国产空气冷却器的型号规格表4-6里的数据。

（5）骨料二次筛分冲洗车间用水量按式（5-6）计算：

$$Q_5 = Q_g K_3 \tag{5-6}$$

式中 Q_5——骨料二次筛分冲洗车间用水量，m^3/h；

$\quad\quad Q_g$——二次筛分冲洗车间的生产能力，t/h；

$\quad\quad K_3$——骨料二次筛分冲洗车间用水量经验值指标，m^3/t。

（6）未预见水量修正系数及管网损耗系数取1.05，则混凝土系统总设计流量为：

$$Q_6 = (Q_1 + Q_2)1.05 + Q_3 + Q_4 \tag{5-7}$$

（7）混凝土拌和、制冷系统和骨料二次筛分冲洗车间总的设计流量为：

$$Q_7 = Q_5 + Q_6 \tag{5-8}$$

（8）混凝土拌和、制冷系统和骨料二次筛分冲洗车间的设计流量为：

$$Q_9 = Q_7 - Q_8 \tag{5-9}$$

式中 Q_9——混凝土拌和、制冷系统和骨料二次筛分冲洗车间设计流量，m^3/h；

Q_8——骨料二次筛分冲洗车间废水处理回收利用量，m^3/h。

5.1.2 排水系统规模

排水系统分为两部分：制冷系统冲霜水、料罐冲洗用水，如有骨料二次筛分冲洗车间还应该考虑冲洗水的排放，雨水排放。

（1）制冷系统冲霜水、料罐冲洗用水、骨料二次筛分冲洗车间冲洗用水排水规模可以考虑和给水规模一致。

（2）雨水排放。雨水的排放根据工程所在地的水文资料确定其强度。

5.2 平面布置

给排水系统常布置满足给水规模的高位水池（由取水构筑物取水至高位水池），系统用水直接由高位水池抽取。用管路连接至各用水部位。排水系统的废水经过排水沟渠汇集，进入系统设置的沉淀池，经絮凝沉淀确保废水沉淀澄清达标后排放，底泥通过吸泥机抽出后通过压滤机压滤、干化脱水，泥饼用自卸汽车运至指定渣场有序堆放。

供水系统主要由取水构筑物、高位水池和输水管路组成。

排水系统主要由以下部分组成：

（1）沉淀池。

（2）排水管路。

（3）排水明渠。

系统供水至各生产车间，并在每个水池出口设总出水阀门。各车间总进水阀门后设置计量水表及接口，由接口到各施工工作面的供水管路据施工时的实际情况敷设。

5.3 取水构筑物

5.3.1 取水构筑物位置选择

取水构筑物的位置，应根据河流水质、水文、水力、地形以及地质等条件，并结合整个给水系统的方案比较，通过综合分析和比较确定。选择取水构筑物位置时，应考虑以下基本要求：

（1）在保证供水安全的情况下，尽可能靠近用水地点，以节省输水费用。所在位置应便于施工。

（2）取水位置应在河槽断面和水力条件稳定的河段，且有足够的水深，最小水深一般不小于2～3m。若在弯曲河段处，宜设在凹岸。

（3）为避免水质污染，取水口应设在城镇及工业企业污水排放口上游100～150m以外，并应符合工程所在地颁发的《水源保护条例》的具体规定。同时，应尽量避免在回流区和死水区设取水口，以减少悬浮物吸入。

（4）在寒冷地区，取水口应避免冰凌的影响。

（5）应考虑由于施工活动（如河道截流、水库蓄水等）引起河流水文条件如流量、水位、流态悬浮物以及推移物的变化对取水构筑物的不利影响，采取必要的措施。

5.3.2　取水构筑物型式和适用条件

常用的地表水取水构筑物型式及适用条件见表5-3。

表5-3　　　　　　　　常用的地表水取水构筑物型式及适用条件表　　　　　　　单位：m

型式及示意图	特　　点	适用条件
合建式岸边固定取水泵站 最高水位▽43.00 最低水位▽28.07 1—集水井；2—水泵房；3—闸阀	（1）集水井与泵房合建，设备布置紧凑，建筑面积小； （2）吸水管路短，运行安全，维护方便	（1）岸坡较陡，岸边水深且地质条件好，不易冲刷； （2）水位变幅和流速较大； （3）取水量大，安全要求高的取水构筑物
分建式岸边固定取水泵站 ▽4.67　▽4.50 ▽0.00 ▽-3.30 1—集水井；2—人行桥；3—水泵房	（1）土建结构较简单，便于施工； （2）吸水管较长，维护管理不便，运行安全性不如合建式	（1）岸边地质条件较差； （2）采用合建式会对河道造成较大压缩时
河床式固定取水泵站（合建式）（单位：m） ▽45.80　▽46.94 ▽29.10 ▽25.20　▽26.45 4.00　40.20　19.60　24.00 8.00 1—取水头部；2—自流管；3—集水井；4—泵房；5—高位进水孔；6—阀门井	（1）所取水质较好； （2）集水井在岸上，可不受水流冲刷，不影响河道水流； （3）冬季保温防冻条件好； （4）取水头部伸入河床，检修清洗不便	（1）河床稳定，岸坡较缓； （2）主流距河岸较远； （3）岸边水深不够且易受污染
河床式固定取水泵站——水泵吸水管直接取水（单位：m） ▽15.76 ▽12.84　▽11.50 △11.88　9.20　▽8.75 ▽4.70 ▽2.38 0.60　26.50　4.00 1—取水头部；2—吸水管；3—水泵房	（1）不单设集水井，结构简单，施工方便，造价较低； （2）利用水泵吸水扬程，减小泵房埋深； （3）吸水管不允许漏气； （4）取水头部伸入河床，检修清洗不便	水泵吸水扬程较大，河水较清，漂浮物少且水位变幅不大时

型式及示意图	特　点	适用条件
淹没式固定取水泵站 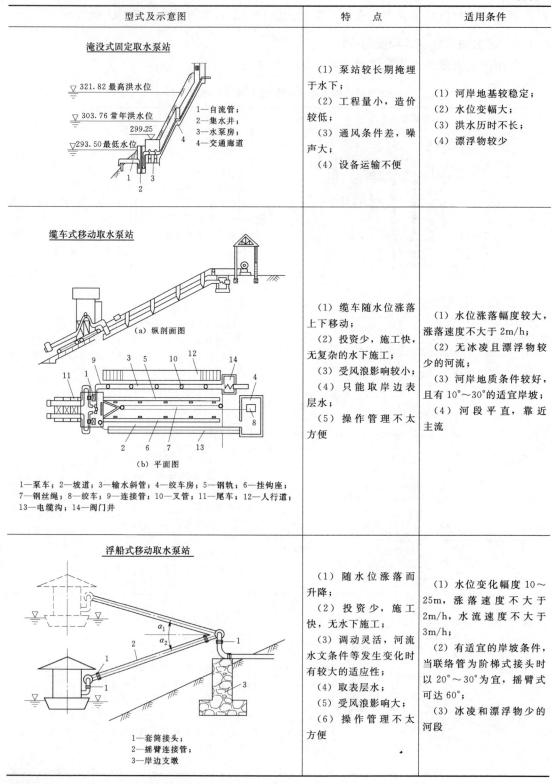 1—自流管； 2—集水井； 3—水泵房； 4—交通廊道	(1) 泵站较长期掩埋于水下； (2) 工程量小，造价较低； (3) 通风条件差，噪声大； (4) 设备运输不便	(1) 河岸地基较稳定； (2) 水位变幅大； (3) 洪水历时不长； (4) 漂浮物较少
缆车式移动取水泵站 (a) 纵剖面图 (b) 平面图 1—泵车；2—坡道；3—输水斜管；4—绞车房；5—钢轨；6—挂钩座；7—钢丝绳；8—绞车；9—连接管；10—叉管；11—尾车；12—人行道；13—电缆沟；14—阀门井	(1) 缆车随水位涨落上下移动； (2) 投资少，施工快，无复杂的水下施工； (3) 受风浪影响较小； (4) 只能取岸边表层水； (5) 操作管理不太方便	(1) 水位涨落幅度较大，涨落速度不大于2m/h； (2) 无冰凌且漂浮物较少的河流； (3) 河岸地质条件较好，且有10°～30°的适宜岸坡； (4) 河段平直，靠近主流
浮船式移动取水泵站 1—套筒接头； 2—摇臂连接管； 3—岸边支墩	(1) 随水位涨落而升降； (2) 投资少，施工快，无水下施工； (3) 调动灵活，河流水文条件等发生变化时有较大的适应性； (4) 取表层水； (5) 受风浪影响大； (6) 操作管理不太方便	(1) 水位变化幅度10～25m，涨落速度不大于2m/h，水流速度不大于3m/h； (2) 有适宜的岸坡条件，当联络管为阶梯式接头时以20°～30°为宜，摇臂式可达60°； (3) 冰凌和漂浮物少的河段

5.4 输水管路

5.4.1 设计要求

（1）输水管线路选择，应充分利用地形优先考虑重力流输水。尽量使其线路最短，工程量最小。

（2）根据给水系统的重要性、输水量规模等因素，输水管可分为单线和双线。

（3）两条以上的压力输水管一般应设连通管。连通管管径可与输水管相同，或小于输水管径的 20%～30%，但必须保证任何一条输水管事故时仍能通过 75% 的设计流量，连通管间距见表 5-4。

表 5-4　　　　　　　　连 通 管 间 距 表

输水管长度/km	<3	3～10	10～20
间距/km	1.0～1.5	2.0～2.5	3.0～4.0

（4）设有连通管的压力输水管应设置闸门。闸门直径：当输水管直径不大于 400mm 时与输水管径同；当输水管直径大于 400mm 时可小于输水管径，但不应小于输水管径的 80%。

（5）压力输水管纵断面的最高点应设排气阀，排气阀直径见表 5-5。

表 5-5　　　　　　　　排 气 阀 直 径 表

输水管直径/mm	400～600	700～900	1000～1200
排气阀直径/mm	50	75	100

（6）压力输水管纵断面的最低点应设泄气阀，其直径一般为输水管直径的 1/3。

（7）压力输水管应考虑发生水锤的可能，必要时应设水锤消除器。

5.4.2 输水管管径计算

$$D = \sqrt{\frac{4Q_9}{\pi v}}$$ 　　　　　　　（5-10）

式中　D——输水管直径，m；

　　　Q_9——输水管设计供水量，m^3/s；

　　　v——管道经济流速，m/s。

随管径及地区材料、设备和动力价格等因素而定，一般取 0.6～2.25m/s，消防、事故时管中的最大流速是 2.2～3.0m/s。管道流量—流速换算见图 5-1。

5.4.3 管道敷设

（1）施工厂区供水管网多采用钢管明敷。

（2）生产用水专用供水管道，视供水水压、沿线地质情况、施工条件及安全要求选用

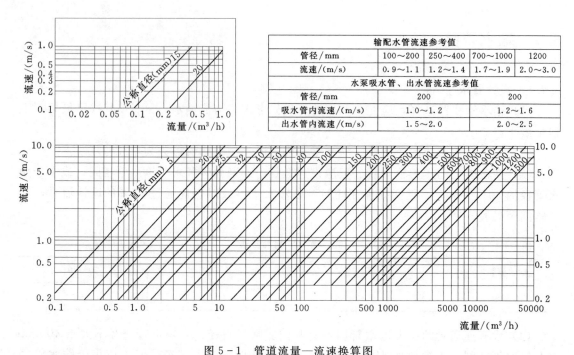

図 5-1 管道流量—流速换算图

钢管、铸铁管和预应力钢筋混凝土管明敷或暗敷。

明敷管道在石方开挖影响区应有防飞石的保护措施，寒冷地区须有保温防冻措施。

暗敷管道管顶埋深，主要由外部荷载、管材强度及管道交叉的高程要求等因素确定，一般不小于 0.7m，管道强度足够时可减至 0.5m。非金属管道为保证管体不因动荷载冲击而降低强度，其管顶埋深一般不小于 1.0~1.2m。寒冷冰冻地区的埋深除考虑上述因素外，尚须考虑土壤的冰冻深度。寒冷冰冻地区管底埋设在冰冻线以下的深度见表 5-6。

表 5-6　　　　　　寒冷冰冻地区管底埋设在冰冻线以下的深度表

管径/mm	$d \leqslant 300$	$300 < d \leqslant 600$	$d > 600$
管底在冰冻线以下埋深/mm	$d+200$	$0.75d$	$0.50d$

5.5　水泵设备选型

（1）泵站的设计流量。根据供水系统的工艺流程，水泵站的设计流量为 Q_9。

（2）水泵设计扬程按式（5-11）计算：

$$H = H_1 + \sum h + H_2 \tag{5-11}$$

式中　H——水泵设计扬程，m；

　　　H_1——净扬程，m；

120

h——水头损失，m；

H_2——安全设计水头，m，一般小扬程水泵取 2m。

（3）水头损失计算：

$$\sum h = \sum h_1 + \sum h_2 \qquad (5-12)$$

$$h_1 = iL \qquad (5-13)$$

或

$$h_1 = ALQ^2 \qquad (5-14)$$

$$h_2 = \xi \frac{Q^2}{2gS^2} \qquad (5-15)$$

以上式中　h——水头损失，m；

h_1——沿程水头损失，m；

h_2——局部水头损失，m；

i——单位管长的水头损失；

L——计算管道长度，m；

A——计算管段的比阻值，钢管及铸铁管的比阻值见表 5-7 和表 5-8，当管内流速小于 1.2m/s 时，表列数值应乘以修正系数 K 见表 5-9；

Q——输水量，m^3/s；

ξ——局部阻力系数；

g——重力加速度，m/s^2；

S——管道断面，m^2。

局部水头损失，在长距离管道中，与沿程水头损失相比所占比重很小，一般输水管和管网可不详细计算。旧钢管和旧铸铁管局部水头损失通常可按沿程水头损失的 5%～10% 计算。

表 5-7　　　　　　　　　　钢 管 的 比 阻 值 A

公称直径/mm	A 值	公称直径/mm	A 值
50①	11080	350	0.4078
70①	2893	400	0.2062
80①	1168	450	0.1089
100①	267.4	500	0.06222
125①	86.23	600	0.02384
150①	33.95	700	0.01150
125	106.2	800	0.005665
150	44.95	900	0.003034
200	9.273	1000	0.001736
250	2.583	1200	0.0006605
300	0.9392	1300	0.0004322

① 普通水煤气管，其余为壁厚 10mm 的钢管。

表 5-8		铸 铁 管 的 比 阻 值 A	
内径/mm	A 值	内径/mm	A 值
50	15190.000000	500	0.068390
75	1709.000000	600	0.026020
100	365.300000	700	0.011500
125	110.800000	800	0.005665
150	41.850000	900	0.003034
200	9.029000	1000	0.001736
250	2.752000	1100	0.001048
300	1.025000	1200	0.0006605
350	0.452900	1300	0.0004322
400	0.223200	1400	0.0002918
450	0.119500	1500	0.0002024

表 5-9　　　　　　　　　钢管和铸铁管 A 值的修正系数 K

$v/$ (m/s)	0.2	0.25	0.3	0.35	0.4	0.45	0.5	0.55	0.6
K	1.41	1.33	1.28	1.24	1.20	1.175	1.15	1.13	1.115
$v/$ (m/s)	0.65	0.7	0.75	0.8	0.85	0.9	1.0	1.1	≥1.2
K	1.10	1.085	1.07	1.06	1.05	1.04	1.03	1.015	1.00

（4）根据设计流量和设计扬程，可选择相应的水泵。

5.6 废水处理工艺

废水处理规模依据制冷系统冲霜水、料罐冲洗用水排水量、骨料二次筛分冲洗用水量，计取一定的损耗系数来确定。这些生产废水含有水泥、煤灰、砂子等细小悬浮颗粒和很少量的外加剂等有机污染物，需对这部分废水进行处理。

5.6.1 制冷系统冲霜水及料罐冲洗用水废水处理

这部分废水处理规模较小，常规的处理工艺是利用沉淀池沉淀的方法。这种处理方法较简单，沉淀池分为两个部分交替使用，确保废水沉淀澄清达标后排放，由于混凝土系统对水质要求较高，而且废水较少，一般不考虑回收利用。泥渣经装载机或反铲清理后，用自卸汽车运至指定渣场有序堆放。但此种处理工艺土建投资大，废渣干化时间长，最终处理效果不佳。

5.6.2 骨料二次筛分废水处理

混凝土生产系统骨料二次筛分废水处理工艺目前使用最多的是"加药沉淀＋压滤"相结合的方式。骨料二次筛分废水由排水沟收集入沉淀池进行一级沉淀，一级沉淀后的沉渣的处理方式有两种：

（1）机械处理方式。用装载机或反铲将沉渣从沉淀池中挖出，堆于地面上自然脱水干化，然后用自卸汽车运至指定的堆放地点。

（2）沉渣用渣浆泵抽至压滤车间压滤处理。一级沉淀后的水经管道自流到二级沉淀池，其中在二级沉淀池加药，以加速细砂和石粉沉淀，经二级沉淀池处理的水经水泵抽到回用水池，或者达标后排放。二级沉淀池沉淀后的渣浆经刮砂机处理后经渣浆泵输送到压滤车间，压滤车间处理后形成滤饼经自卸汽车运到指定的弃渣场，其常规工艺流程见图5-2。

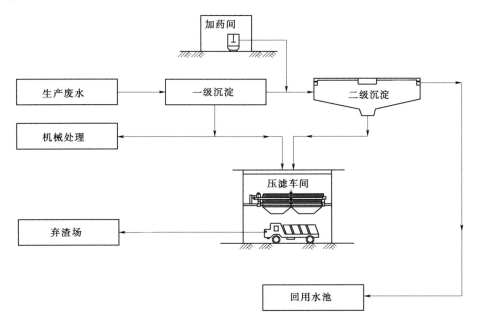

图 5-2　骨料二次筛分废水处理常规工艺流程图

6 供配电及控制系统设计

6.1 概述

混凝土生产系统工程供配电设计的主要项目包括：变配电所设计、电气设备及电线电缆选择、照明工程、防雷与接地。供配电系统的设计应符合《供配电系统设计规范》（GB 50052—2009）以及相关标准规范的规定。

混凝土生产系统工程控制系统设计的主要项目包括：自动控制系统、监视系统及自动化调度系统设计。设计应根据混凝土生产系统的工艺流程和过程控制需要进行设计。按照"可靠、先进、经济"的设计原则，选用可靠、先进的软件及硬件设备进行系统设计，保证系统可靠运行。

6.2 供配电系统

6.2.1 供电负荷计算

（1）负荷计算目的和方法。负荷计算主要是确定计算负荷，计算负荷是确定供电系统、选择变压器容量、电气设备、导线截面和仪表量程等的依据。计算负荷确定是否正确，直接影响到电器和导线的选择是否经济合理。如计算负荷确定过大，将使电器和导线截面选择过大，造成投资和有色金属浪费；如计算负荷确定过小，又将使电器和导线运行时增加电能损耗，并产生过热，引起绝缘老化，甚至烧毁，以致发生事故。为此，正确进行负荷计算是供配电设计的前提，也是实现供配电系统安全、经济运行的必要手段。

负荷计算的方法有需要系数法、利用系数法、单位指标法等几种。根据混凝土生产系统用电负荷特点，一般采用需要系数法进行供电负荷计算。用设备功率乘以需要系数和同时系数，直接求出计算负荷。

各类用电设备的负荷类别、需要系数和功率因数见表6-1。

表6-1 各类用电设备的负荷类别、需要系数和功率因数表

项 目	负荷类别	需要系数 k_c	功率因数 $\cos\varphi$
混凝土系统	Ⅱ	0.50～0.60	0.70
混凝土拌和站	Ⅲ	0.60～0.65	0.70
压缩空气站	Ⅱ	0.60～0.65	0.70～0.75

项　目	负荷类别	需要系数 k_c	功率因数 $\cos\varphi$
活塞式压缩机	Ⅲ	0.75~0.85	0.80
破碎机、筛选机、搅拌机等	Ⅲ	0.75~0.85	0.80~0.85
水泵站	Ⅱ	0.60~0.75	0.80
带式输送机（多台同时运行）	Ⅱ	0.60~0.70	0.65~0.70
带式输送机（单台独立运行）	Ⅲ	0.40~0.60	0.65~0.70
直流电焊设备	Ⅲ	0.30~0.35	0.40~0.50
交流电弧焊设备	Ⅲ	0.30~0.35	0.40~0.50
交流点焊设备	Ⅲ	0.30	0.40~0.50
碎石工厂	Ⅱ	0.65~0.70	0.65~0.75
通风机	Ⅱ	0.60	0.65~0.75
钢管加工厂	Ⅲ	0.50~0.60	0.50
钢筋加工厂	Ⅲ	0.35~0.40	0.50
修钎厂	Ⅲ	0.50	0.50
木材加工厂	Ⅲ	0.20~0.30	0.50
混凝土预制件厂	Ⅱ	0.60	0.68
机修厂	Ⅲ	0.20~0.30	0.50
码头设备	Ⅲ	0.35	0.40~0.50
仓库设备	Ⅲ	0.90	0.40~0.50
水泥厂	Ⅱ	0.70	0.65~0.70
室内照明	Ⅲ	0.80	1.00
室外照明	Ⅲ	1.00	1.00
住宅区	Ⅲ	0.60	1.00
仓库照明	Ⅲ	0.35	1.00

（2）设备功率的确定。进行负荷计算时，需将用电设备按其性质分为不同的用电设备组，然后确定设备功率。用电设备的额定功率 P_r 或额定容量 S_r 是指铭牌上的数据。对于负荷持续率下的额定功率或额定容量，应换算为统一负荷持续率下的有功功率，即设备功率 P_e。

连续工作制下的单台用电的设备功率等于额定功率，适时或周期工作制下的电动机（如起重用电动机）的设备功率要将额定功率换算成统一负载持续率下的有功功率。

用电设备组的设备功率是指不包括备用设备在内的所有单个用电设备的设备功率之和。

季节性用电设备（如制冷系统和采暖设备）应选择最大负荷计入总设备容量。

（3）需要系数法确定计算负荷。

1）用电设备组的计算负荷：

有功功率 P_c $$P_c = K_x P_e \tag{6-1}$$

无功功率 Q_c $\qquad\qquad Q_c = P_c \tan\varphi$ $\qquad\qquad$ (6-2)

视在功率 S_c $\qquad\qquad S_c = \sqrt{P_c^2 + Q_c^2}$ $\qquad\qquad$ (6-3)

计算电流 I_c $\qquad\qquad I_c = \dfrac{S_c}{\sqrt{3}U_r}$ $\qquad\qquad$ (6-4)

2）配电干线或车间变电所的计算负荷：

有功功率 P_c $\qquad\qquad P_c = K_{\Sigma p}\sum(K_x P_e)$ $\qquad\qquad$ (6-5)

无功功率 Q_c $\qquad\qquad Q_c = K_{\Sigma q}\sum(K_x P_e \tan\varphi)$ $\qquad\qquad$ (6-6)

视在功率 S_c $\qquad\qquad S_c = \sqrt{P_c^2 + Q_c^2}$ $\qquad\qquad$ (6-7)

以上各式中 P_e——用电设备组的设备功率，kW；

$\qquad\qquad K_x$——需要系数，其值见表4-1；

$\qquad\qquad \tan\varphi$——用电设备功率因数角相对应的正切值；

$\quad K_{\Sigma p}$、$K_{\Sigma q}$——有功功率、无功功率同时系数，分别取 0.8～1.0 和 0.93～1.0；

$\qquad\qquad U_r$——用电设备额定电压（线电压），kV。

3）配电所或总降压变电所的计算负荷，为各车间变电所负荷之和再乘以同时系数 $K_{\Sigma p}$ 和 $K_{\Sigma q}$。对配电所的 $K_{\Sigma p}$ 和 $K_{\Sigma q}$，分别取 0.85～1.0 和 0.95～1.0；对总降压变电所的 $K_{\Sigma p}$ 和 $K_{\Sigma q}$ 分别取 0.8～0.9 和 0.93～0.97。

当简化计算时，同时系数 $K_{\Sigma p}$ 和 $K_{\Sigma q}$ 都可取 $K_{\Sigma p}$ 值。

4）对于台数较少（4台及以下）的用电设备。3台及2台用电设备的计算负荷，取各设备功率之和；4台用电设备的计算负荷，取设备功率之和乘以 0.9 的系数。

5）自备柴油发电机组的计算负荷也可按上述方法进行计算。

利用系数法、单位面积功率法和单位指标法确定计算负荷参照《工业与民用配电设计手册》相关内容进行计算。

6.2.2 配电所变压器容量及台数确定

在混凝土生产系统供电负荷确定后，则可确定配电所变压器容量和台数。

配电变压器容量可根据系统计算负荷进行确定，配电所的变压器容量应适应各施工阶段负荷的变化，必要时还应考虑扩建的可能。

配电所一般设置 1～2 台（最多不超过 3 台）变压器。当装有两台变压器时，任意一台变压器单独运行时，宜满足计算负荷的大约 70% 的需要。当混凝土生产系统中季节性负荷容量较大时（如制冷系统氨压机组等负荷），可采用容量不一致的变压器，也可设专用变压器进行供配电。

在大型混凝土生产系统中，除大部分为 380V/220V 外，也有相当数量的设备如氨压机、空压机等的电动机为 10kV 等级，配电电压选择时应加以注意。

6.2.3 电气设备和线路选择

（1）一般原则。应满足正常运行、检修、短路和过电压情况下的要求，并适当考虑发展需要；应按当地使用环境条件进行校验；应力求技术先进和经济合理；与整个工程的建设标准应协调一致；同类设备应尽量减少品种；选择的新产品均应具有可靠消息的试验数据，并经正式鉴定合格。

（2）电气设备选择原则。电气设备选择是混凝土生产系统电气设计的主要内容之一，正确选择电气设备是保证电气主接线和配电装置达到安全、经济运行的重要条件。

1）高压电气设备选择的一般原则。在选择电气设备时，必须考虑电气设备所在地区的环境条件，在混凝土生产系统电气设计时主要包括下列内容：

A. 海拔。电气设备通常是按海拔不超过 1000.00m 条件下设计的，当使用于海拔超过 1000.00m 以上时，将因气压低、气温低、日温差大和日照强等因素而影响电气设备的外绝缘、温升和灭弧能力等。一般情况下，气温的降低可抵消海拔对温升的影响，因此，可不考虑海拔对电气设备额定电流值的影响。对于 35kV 及以下的大多数电气设备的外绝缘有一定的裕度，当在海拔 2000.00m 以下的地区使用时，也可不考虑海拔对其外绝缘的影响。当海拔超过 2000.00m 以上时，35kV 及以下的电气设备应按高原设备进行选择。

B. 环境温度。电气设备所在的环境温度是影响其输出容量、使用寿命和性能的一个重要因素。

使用普通高压电气设备，若地区的最高环境温度为额定环境温度 40℃ 时，允许高压电气设备按额定电流长期工作；当电气设备安装地点的环境温度高于 40℃（但不高于 60℃）时，每增高 1℃ 时，建议额定电流减少 1.8%；当低于 40℃ 时，每降低 1℃ 时，建议额定电流增加 0.5%，但总的增加值不得超过额定电流的 20%；使用裸导体的地区最热月平均最高温度为额定环境温度 25℃ 和海拔 1000.00m 以下时，裸导体允许按其额定电流长期运行，否则需按相关要求进行校验。

日照、风速、相对湿度、冰雪、日温差及外绝缘爬电比距等对电气设备的影响可根据工程所在地实际酌情进行考虑。

2）高压电器及高压开关柜选择。选用的高压电器及高压开关柜，其额定电压应符合所在回路的系统标称电压，其高压电器及高压开关柜的最高电压 U_{max} 应不小于所在回路的系统最高电压 U_y，即：

$$U_{max} \geq U_y$$

高压电器的最高电压见表 6-2。

表 6-2 高压电器的最高电压表

项　　目				穿墙套管	支柱绝缘子	隔离开关	负荷开关	断路器	熔断器	电流互感器	电压互感器	限流电抗器	消弧线圈
系统标称电压 /kV	3	系统最高电压 /kV	3.6	设备最高电压 /kV		3.6	3.6	3.6	3.6	3.6	3.6	3.6	系统的线对中性点电压
	6		7.2		6.9	7.2	7.2	7.2	7.2	6.9	7.2	7.2	7.2	
	10		12		11.5	12	12	12	12	12	12	12	12	
	20		24		23	24	24	24	24	24	24	24	24	
	35		40.5		40.5	40.5	40.5	40.5	40.5	40.5	40.5	40.5	40.5	

高压电器及导体的额定电流 I_t 不应小于该回路的最大持续工作电流 I_{max}，即：

$$I_t \geq I_{max}$$

由于高压开断电器没有连续过载的能力，在选择其额定电流时，应满足各种可能运行方式下回路持续工作电流的要求。

选择高压开关柜时，应根据混凝土生产系统的使用要求和环境，一般选用户内型开关柜，并根据开关柜的数量多少、断路器的安装方式和对可靠性的要求，确定使用固定式还是手车式开关柜。选用开关柜时应符合一次、二次系统方案，满足继电保护、测量仪表、控制等配置及二次回路的要求。开关柜的选择应力求技术先进、安全可靠、经济适用、操作维护方便，设备选择要注意小型化、标准化、无油化、免维护或少维护。高压开关柜应具备五防措施，对可移开或可抽出部件应具有连锁功能。

3）低压电气设备选择的原则。低压电器应按照正常工作条件进行选择，并选用符合国家标准的定型产品，额定电压及频率等，应与所在回路的标称值相适应，对某些设备还应考虑可能出现的最高或最低电压。额定电流应不小于回路的计算电流及可能出现的过负荷电流，切断负荷电流的电器，应校验其所在回路的断开电流能力，需要接通和断开启动尖峰电流的电器，应校验其接通和断开能力及操作频率。

电器设备的额定电流 I_N 一般是按环境温度40℃确定的，当装设地点温度高于40℃低于60℃时，额定电流应按式（6-8）进行修正，高于60℃则不能使用。

$$I'_N = \sqrt{\frac{\theta_0 - \theta}{\theta_0 - 40}} I_N \qquad (6-8)$$

式中　I'_N——对应新环境温度的额定电流，A；

　　　θ_0——最热月环境平均最高温度，℃；

　　　θ——由绝缘材料决定的电气设备允许的最高温度，℃。

可能通过短路电流的电器（如开关、隔离器、隔离开关、熔断器组合电器及接触器、起动器），应满足在短路条件下的短时耐受电流的要求。

（3）电缆及架空线路的选择。电缆及架空线路在混凝土系统工程的电气建设费用中占有很大的比重，其截面选择过大，不仅增加有色金属的消耗量，还增加线路的建设投资；截面选择过小，则运行导线中的电压和电能损耗加大使电能传输质量和运行经济性变差。因此，正确选择导线截面，具有重要意义。

在混凝土生产系统中，为保证电缆实际温度不超过允许值，电缆按发热条件选择，其允许长期工作电流即载流量，不应小于线路的工作电流。电缆按散热条件选择，其通过不同散热条件地段，其对应的缆芯工作温度会有差异，应按最恶劣地段来选择截面。

由于用电设备端子电压实际值偏离额定值时，其性能将受到影响。影响的程度由电压偏差的大小和持续时间而定。因此，在按载流量进行选择后，还应按电压损失来校验截面，应使各种用电设备端电压符合电压允许偏差值。

高压架空线路导线截面，一般按经济电流密度初步选择，用发热条件进行校验。大跨越的导线截面一般可按发热条件确定，对于较长的送电线路，需要按电压损失条件校验。另外，架空线路的导线应有足够的机械强度，不应由于机械强度不够而发生事故。

6.2.4　无功功率补偿

供电部门一般要求用户的月平均功率因数达到0.9以上，但由于混凝土生产系统的工艺特殊性，其自然总平均功率因数较低，需要在进行供电设计时考虑人工补偿无功功率来提高功率因数。

人工补偿无功功率提高功率因数的方法通常有：采用并联电力电容器、同步电动机和同步调相机三种方式。结合混凝土生产系统及设备配置的特点，通常采用并联电力电容器来作为人工无功补偿。当采用并联电力电容器作为人工无功功率补偿装置时，为了尽量减少线路损耗和电压损失，宜就地平衡补偿。即低压部分的无功功率宜由低压电容器补偿，高压部分的无功功率宜由高压电容器补偿。当无高压负荷时不得在高压侧装设并联电容器装置。补偿基本无功功率的电容器组宜在配电所内集中补偿。

补偿电容器组的投切方式分为手动和自动两种，为避免过补偿或在轻载时电压过高，造成某些用电设备损坏，混凝土生产系统中宜采用自动投切方式。

系统自然平均功率因数为：

$$\cos\varphi = \sqrt{\frac{1}{1 + \left(\dfrac{\beta_{av} Q_c}{a_{av} P_c}\right)^2}} \tag{6-9}$$

式中　　P_c——系统的计算有功功率，kW；

　　　　Q_c——系统的计算无功功率，kvar；

　　a_{av}、β_{av}——年平均有功、无功负荷系数，a_{av} 值一般取 $0.7\sim0.75$，β_{av} 值一般取 $0.76\sim$ 0.82。

已经投入使用的系统，其平均功率因数为：

$$\cos\varphi = \frac{W_m}{\sqrt{W_m^2 + W_{rm}^2}} = \sqrt{\frac{1}{1 + \left(\dfrac{W_{rm}}{W_m}\right)^2}} \tag{6-10}$$

式中　　W_m——月有功电能消耗量，即有功电能表的读数，$kW \cdot h$；

　　　　W_{rm}——月无功电能消耗量，即无功电能表的读数，$kW \cdot h$。

补偿容量 Q_c 按无功负荷曲线按式（6-11）、式（6-12）确定：

$$Q_c = P_c(\tan\varphi_1 - \tan\varphi_2) \tag{6-11}$$

$$或\ Q_c = P_c q_c \tag{6-12}$$

式中　　$\tan\varphi_1$——补偿前计算负荷功率因数角的正切值；

　　　　$\tan\varphi_2$——补偿后功率因数角的正切值；

　　　　q_c——无功功率补偿率见表 6-3，kvar/kW。

表 6-3　　　　　　　　　　　　　无功功率补偿率 q_c　　　　　　　　　　单位：kvar/kW

补偿前 $\cos\varphi_1$	补偿后 $\cos\varphi_2$							
	0.85	0.88	0.9	0.92	0.94	0.95	0.96	0.97
0.50	1.12	1.192	1.248	1.306	1.369	1.404	1.442	1.481
0.55	0.899	0.979	1.035	1.093	1.156	1.191	1.228	1.268
0.60	0.714	0.794	0.850	0.908	0.971	1.006	1.043	1.083
0.65	0.549	0.629	0.685	0.743	0.806	0.841	0.878	0.918
0.68	0.458	0.538	0.594	0.652	0.715	0.750	0.788	0.828

补偿前 $\cos\varphi_1$	补偿后 $\cos\varphi_2$							
	0.85	0.88	0.9	0.92	0.94	0.95	0.96	0.97
0.70	0.401	0.481	0.537	0.595	0.658	0.693	0.729	0.769
0.72	0.344	0.424	0.480	0.538	0.601	0.636	0.672	0.712
0.75	0.262	0.342	0.398	0.456	0.519	0.554	0.591	0.631
0.78	0.182	0.262	0.318	0.376	0.439	0.474	0.512	0.552
0.80	0.130	0.210	0.266	0.324	0.387	0.422	0.459	0.499
0.81	0.104	0.184	0.240	0.298	0.361	0.396	0.433	0.483
0.82	0.078	0.158	0.214	0.272	0.335	0.370	0.407	0.447
0.85	—	0.080	0.136	0.194	0.257	0.292	0.329	0.369

补偿后的功率因数为：

$$\cos\varphi = \sqrt{\dfrac{1}{1+\left(\dfrac{Q_c-Q}{P_c}\right)^2}} \qquad (6-13)$$

式中 Q——人工补偿的无功功率，kvar。

6.2.5 配电所设计及布置

在混凝土生产系统用电负荷、变压器容量、台数、高低压开关柜和功率补偿方式等确定后，则进行系统供配电部分的设计。配电所的各项设计应按照《10kV及以下变电所设计规范》（GB 50053—94）的相关要求进行。

配电所有户内、户外、半露天和移动式等四种类型，可根据混凝土生产系统的环境条件及变压器形式确定。高压侧的配电装置一般采用户外式布置，也可设置在高压配电室内。在特殊情况下，变压器在技术经济上合理时，也可以采用干式变压器。配电所的高低压开关设备应尽量采用成套装置。配电所一般为单层建筑，当受现场地形条件限制时，可采用两层建筑。

混凝土生产系统配电室规划时应尽量接近大用电设备负荷中心，如拌和楼、制冷车间等。并应便于运输，设备布置紧凑合理，便于操作、搬运、检修、试验和巡视。并适当安排高、低压配电室的相对位置，使配电室的位置便于进出线。低压配电室应靠近变压器室，控制室、值班室和辅助房间的位置应便于运行人员工作和管理。

根据系统设备配置及负荷分布情况进行供配电系统设计和规划，一个配电室安装的变压器台数不宜多于2台，在有预冷混凝土生产的工程中，应考虑变压器的季节性使用。

配电所电气设备的外露可导电部分，应与接地装置有可靠连接，成列安装的定型开关柜两端应与接地装置连接，并做好配电所的等电位连接；利用自然接地体和外引式接地装置时，其接地引入线不小于2根，并在不同位置与接地装置连接。

配电所的变压器低压侧，进出线端宜装设避雷器。

6.2.6 电缆线路敷设

混凝土生产系统内电缆敷设的一般要求：

（1）电缆线路应尽量避开具有电腐蚀、化学腐蚀、机械振动或外力干扰的区域。

（2）选择尽可能短的路径，避开场地规划中的施工用地或建设用地。

（3）应尽量减少穿越管道、公路、铁路、桥梁的次数，必须穿越时最好垂直穿过。

（4）直埋敷设应使用具有铠装和防腐层的电缆。

（5）在室内、沟内和隧道内敷设的电缆，应采用无黄麻或其他易燃外护层的铠装电缆，在确保无机械外力时，可选用无铠装电缆；易发生机械振动的区域必须使用铠装电缆。

（6）电缆直埋敷设，施工简单、投资省、电缆散热好。因此，在电缆根数较少时应首先考虑采用。

（7）电缆支架间或固定点间的最大间距、电缆敷设的弯曲半径与电缆外径的比值及敷设净距应按照《电气装置安装工程电缆线路施工及验收规范》（GB 50168—2006）的规定执行。

（8）对易受外部影响着火的电缆密集场所或可能着火蔓延而酿成严重事故的电缆线路，必须按照设计要求的防火阻燃措施施工，电缆穿过竖井、墙壁、楼板或进入配电柜的孔洞外，电缆管孔应用防火堵料密实封堵，在电缆沟内的电缆有防爆、防火要求时，应采用埋砂敷设。

6.2.7 防雷接地保护

为防止雷电波侵袭混凝土生产系统的电气设备，造成设备的绝缘损坏，应严格按《建筑物防雷设计规范》（GB 50057—2010）的要求，进行防雷接地设计。在系统内各变电所的 10kV 电源进线处设置阀式避雷器，接地线引至变电所接地网，对于混凝土生产系统内的高大建筑物等应做好防雷接地工作。

（1）所有变电所系统内接地装置以水平接地体为主，垂直接地体为辅。为了有效降低接地电阻，应利用室外电缆沟的接地扁钢将系统内各埋地钢构件有效地连为一体。接地装置完成后，若实测接地电阻大于 4Ω，应增大接地体或采取降阻措施，直到满足要求为止，且各电气设备应安全可靠接地。

（2）为防止配电房、水泥煤灰罐及拌和楼直接受雷的侵击，应在楼的顶部及楼的基础部位分别安装避雷针、避雷带和接地装置。其中配电房、拌和楼的防雷按第二类建筑设防，其接地装置的冲击接地电阻不大于 10Ω。楼的接地装置与楼柱工字钢采用电焊焊牢以便使各避雷针与接地装置通过钢构架连成一体。

（3）为保证 PLC 控制系统、拌和楼控制系统、车辆自动识别系统及其他微机控制的安全、高质高效运行，控制室应做好防雷接地、交直流接地和安全保护接地。在主控室和用电现场关键地域设集中接地铜排，将屏蔽地和保护地各自独立地连接在接地铜排上，不应当将其和电源地、信号地在其他任何地方扭在一起，以确保接地电阻在 1Ω 以下。

6.2.8 系统照明

合理的电气照明是保证安全生产、提高劳动生产率的必要措施。混凝土生产系统照明涉及堆料场、廊道、骨料输送系统、拌和楼、制冷楼、空压机房、外加剂房、胶凝材料系统及系统内道路、水泵房、机械加工及机电修配车间、物资设备仓库、办公室、调度室、值班室、配电所等项目。

（1）光源、灯具的选择。根据混凝土生产系统工程现场的实际情况，对于大面积露天堆场、生产作业区主要选用镝灯、卤钨灯；对人行道和运输道路，选用白炽灯或高压钠灯；廊道采用防水防尘灯；物资设备仓库、办公室、调度室、值班室、配电所和实验中心选用日光灯；其余部位选用白炽灯。

（2）照明度。各照明点最低照明度规定数值见表6-4。

表6-4　　　　　　　　　各照明点最低照明度规定数值

序号	照 明 部 位	照度/lx
1	一般施工区、开挖和弃渣区、场内交通道路、运输装卸平台	30
2	混凝土浇筑区、加油站、现场保养厂	50
3	室内、仓库、走廊、门厅、出口过道	50
4	地弄和一般地下作业区	50
5	安装间、地下作业掌子面	110
6	一般施工辅助工厂	110
7	特殊的维修车间	200

（3）照明供电网络。照明网络采用380V/220V中性点接地的三相四线制系统，电源取自附近配电所照明回路，在廊道等处设有供安全通行用的事故照明。灯用电压以220V为主，部分采用380V（如镝灯），在潮湿和易触及带电体、危险而又不便于工作的狭长地点选用36V电压。

在胶带机机头、机尾处应设置固定检修照明。在生产照明的头两组和后两组的中间应各设置两组检修照明。电压在36V以下的检修用局部照明和手提行灯的电源，应采用携带式降压变压器。其电源插座采用保护接零的三孔插座，相、零应有标志。

照明线路的敷设按环境条件、安装维护方便等来决定，室内照明线路以沿墙穿管暗敷为主；廊道主要通过角钢支架明敷；其余部位采用电缆明敷。

对于容易触及而又没有防止触电措施的固定式或移动式的照明器，其安装高度距地面2m以下时，使用电压应在36V以下。

6.3　控制系统

6.3.1　控制系统组成及设计原则

混凝土生产系统需要控制的设备包括胶带机、筛分机、洗砂机、空压机、氨压机、氨泵、水泵、搅拌机、输冰装置等。控制系统主要由骨料输送自动控制系统、拌和楼控制系统、车辆自动识别系统、空压机站控制单元、制冷系统控制单元及工业数字硬盘录像监控系统组成。

拌和楼控制系统一般由拌和楼厂家配置，布置在拌和楼控制室。系统采用微机管理，主要实现拌制混凝土的要料、自动称量、拌和、出料的任务。该系统与车辆自动识别控制系统相结合，实现拌和楼自动识别拌制相应级配、标号混凝土，从而提高系统混凝土生产的连续性。

车辆自动识别系统采用微机管理、工业电视监控，主要实现混凝土运输车辆从入场开始识别混凝土的级配、标号、单位等信息并传入拌和楼控制系统，拌和楼微机根据信息拌制相应级配、标号混凝土，从而实现拌和楼的连续生产，提高系统混凝土的生产效率。

空压机站控制单元一般由设备厂家配置，采用计算机监控技术，通过计算机自动采集空压机及其配套设备等信号，满足从信号检测、数据处理到动作执行的全过程自动化控制要求。

制冷系统控制单元由设备厂家配备，主要实现制冷车间中氨泵与螺杆压缩机组的联动启停，水泵与电动蝶阀的联动启停，输冰装置启停和主要设备的运行监控等。

混凝土生产系统中，由于搅拌楼、空压机和制冷系统的设备生产厂家在设备出厂时已配置有完善的控制系统，混凝土生产系统工程中主要是完成骨料输送系统的控制部分设计。对于工艺流程简单的骨料输送系统，可采用常规继电器逻辑控制方式；对于工艺流程和设备配置较多的骨料输送系统，则可采用计算机综合自动控制系统。在有条件的工程中，可将混凝土工程中的各控制子单元进行整合并实现集中监控。

采用计算机综合自动控制方式，主要是依据系统的工艺流程和平面布置，系统内的设备运行采用自动控制，实现系统的综合保护和集中监控；胶带机能实现轻跑偏报警、重跑偏停机的监控功能。整个控制系统采用计算机进行管理，具备开机记录、事故记录等生产管理报表系统，能及时打印和召唤打印。

6.3.2 控制系统结构

计算机监控综合自动化系统主要包括 PLC（下位机）、工业控制计算机（上位机）、操作台、马赛克模拟屏、现地控制箱以及数字硬盘录像机和其前端设备（云台、摄像机、解码器等）。

上位机是控制系统的管理层。它是人机对话的界面，编写或修改 PLC 工作程序，向 PLC 下达工作指令，接受 PLC 上传的数据并进行各项管理工作。它由工业控制计算机、大屏幕显示器、系统软件、组态软件、打印机、通信电缆等组成。

PLC 是系统的控制层，由 PLC 装置和应用软件等组成。它可按既定程序和参数向设备启动装置发出启、停指令，对现场来的参数进行比较、判断，接受上位机和设备传来的各种信息，并将系统设备运行状况实时传送给上位机和马赛克模拟屏。

6.3.3 控制系统功能

在系统中控室可对整个系统实行计算机（上位机）自动和手动、PLC（下位机）自动和手动的远方集中控制。在设备现地设有控制箱，可在现场对设备或生产线进行紧急停机以及设备调试开停机操作。

在中控室上位机进行数据收集、处理、报表生成等管理工作，生产实时状态如料流路径、设备状态、主要负荷变化、故障情况等可在计算机显示屏和模拟屏上显示，模拟屏上可用指示灯实时反映各设备运行和故障状况。

设备现地附近配置有现地控制箱，其内布置"远程/现地"切换开关，"启/停"按钮、指示灯、启动预告铃声按钮等，以便进行单机调试和设备故障时在现场紧急停机。

在中控室可通过电视监控系统对整个生产系统进行实时画面监控评估、录像、回放以及对摄像机进行操作获取图像。例如设备特写、场景画面、特定区域的移动侦测报警录像、画面抓拍等。

6.3.4 控制系统特点

（1）操作控制方式：具有五种控制方式，通过方式开关可方便地选择操作方式。设备现场调试安全，系统控制可靠。

1）中控室控制台上位计算机远程"自动"方式：鼠标点击屏幕系统动画"启动/停机"按钮系统按工艺流程自动启动或停止运行。

2）中控室控制台上位计算机远程"手动"方式：鼠标逐个点击屏幕设备动画"启动/停止"钮，被点击设备启动或停机。

3）中控室控制台 PLC 远程"自动"方式：控制台面一个开关指令完成系统按工艺流程启动或停机。

4）中控室控制台 PLC 远程"手动"方式：按工艺流程操作控制台台面相应开关，实现系统按工艺流程启动或停机。

5）现地"手动"方式：特殊方式。该方式独立于 PLC 系统，一般用于调试检修试车和现地紧急停机用。其独立性保证了整个混凝土系统的高度可操作性。

（2）按照生产工艺要求，控制系统既可在中控室对各个车间实行集中操作控制，或选择下放控制权在设备现地对设备进行启/停操作或将某台设备从系统切除。系统联动时，大负荷设备先行启动可降低电源启动容量，待启动完成后自动接入联动系统。

（3）生产设备采用逆物流方向逐台启动，顺物流方向逐台停机。系统运行过程中某台设备因故停机时，来料方向所有生产运输设备即时停机，去料方向设备待物料输送完毕后，按正常方式停机。设备的联锁启/停时间长度可在计算机上方便地设定和修改，确保系统启动容量在允许范围和保证胶带机上不压料，设备内不存料，正常启动为空载启动。

（4）PLC 可编程控制器采集基础层设备数据并与工业控制机进行数据通信，向工控机传送数据，接受工控机下达的指令去操作基础层设备。同时，也可脱离工控机独立工作。

（5）手动操作方式与 PLC 可编程控制器无关，最大限度地确保了控制系统的可靠性。在设备现地操作箱上有"远程/现地"模式选择开关。当选择"现地"模式，则远方控制无效。当选择"远程"模式，中控室控制台可以对设备实施控制，此时现地操作无效，但在设备现地机头控制箱上仍可对设备实施紧急停机操作。

（6）在距离较长的胶带机上安装有跑偏开关，根据跑偏开关发出的信号，做到轻跑偏报警、重跑偏停机/报警。

（7）控制系统实时显示。

1）上位机显示器能实时动态仿真显示系统工艺流程、系统设备运转和有关工作位置、主要设备负荷变化、故障画面自动弹出（设备故障、皮带跑偏）、半成品和成品输送量记录。

2）模拟屏能实时灯光显示系统运行状态灯光指示、工作位置灯光指示、故障灯光闪烁指示。

3）现地控制箱设有电源指示和设备运行状态指示灯，能实时显示设备的状态。

4）报警系统。将主要设备的负荷电流转换为数字量显示在工控机屏幕上实现负荷实时监视，胶带机发生轻跑偏时报警，重跑偏停机等。

6.3.5 监视系统设计

大型混凝土生产系统宜配置数字监控系统进行统一监视。

数字监控系统由硬盘录像机、大屏幕显示器、前端设备（解码器、云台、摄像机、镜头、室外防护罩）以及电源电缆、视频电缆、专用控制线缆组成。

监控系统常采用数字硬盘录像技术，根据现场实际情况在系统各重点部分设置全方位彩色摄像头对运输车辆、骨料仓及系统主要设备的生产运行状况进行监视。在中控室内可通过该监控系统对整个生产系统进行实时画面监控评估、录像、回放以及对摄像机进行操作获取图像。例如设备特写、场景画面、特定区域的移动侦测报警录像、画面抓拍等。监视系统控制室与骨料输送系统控制室布置在一起，以方便运行管理。

6.4 混凝土生产自动化调度系统

国内水利水电工程工地混凝土拌和楼本身的生产已经实现微机控制自动化生产，但混凝土拌制、出料与运输车辆调度之间多以人工信号体系指挥，因而制约了生产效率的提高，并容易出现差错。这种情况在多座拌和楼、多条混凝土运输线和多品种混凝土生产时，显得尤为突出。随着计算机技术的发展，混凝土生产计算机自动调度系统也应运而生。三峡水利枢纽二期工程左岸高程98.70m混凝土生产系统、溪洛渡中心场混凝土生产系统、阿海水电站混凝土生产系统等工程成功应用了车辆识别技术，并取得很好的经济效益和社会效益。

混凝土生产计算机自动调度系统由车辆识别、车道控制、车辆调度、配合比管理及拌和楼控制系统组成，实现混凝土运输车辆从入场到混凝土生产、装料、车辆出楼的全过程由调度主机控制，配置的工作人员只需监视整个生产过程，从而有效提高了大型混凝土生产系统中有多个拌和楼的生产效率和科学管理水平。

车辆自动识别装置多采用卡片识别技术，主要有磁卡、条码卡、IC卡、近距离RF射频识别卡以及远距离RF射频识别卡、电子标签等，也可采用无线遥控、自动车牌号识别等技术。磁卡及条码技术由于操作不便、易损坏、处理速度慢、易被仿造、保密性不高等缺点已经较少使用，目前使用较多的是采用射频识别技术的车辆识别系统。运用微波射频远距离快速识别的技术优势，通过车辆信息自动识别、数据库资料比对、交通信号灯自动控制等步骤实时控制车辆通行，实现车辆以5～7km/h速度不停车进入，识别通过时间较条码识别可节省一半。三峡水利枢纽工程左岸高程98.70m混凝土生产系统采用的是条形码识别技术的计算机自动调度系统，溪洛渡水电站中心场和阿海混凝土生产系统采用的是远距离射频技术的车辆自动识别系统。

6.4.1 三峡水利枢纽工程高程98.70m混凝土生产系统自动化调度系统

三峡水利枢纽工程高程98.70m混凝土生产系统是国内水电工程中第一次将条形码识

别技术用于自动化调度系统中并取得了很高的经济效益和社会效益，该项目获得 2001 年度国家企业管理现代化创新成果二等奖。

三峡水利枢纽工程高程 98.70m 混凝土生产系统配置了两座拌和楼。一座为日制 $2 \times 4.5m^3$ 拌和楼，搅拌机为双卧轴强制式；一座为国产 $4 \times 3.0m^3$ 拌和楼，搅拌机为自落式。两座楼共有四条出料线。为优化资源配置，保证生产质量，提高产量，改善劳动条件，设置了混凝土生产自动化调度系统，通过多年的运行实践显示出在生产管理车辆调度上的优越性，它尤其适用于多座拌和楼、多条出料线、多级配混凝土生产的场合。

混凝土生产自动化调度系统由车辆识别、车道控制、车辆调度、配合比管理及拌和楼所组成。在控制方面由调度主机，配合比管理计算机，拌和楼管理计算机和拌和楼原有计算机构成局域网络，将所生产的混凝土配合比统一为 99 种后，存入配合比管理计算机及两座拌和楼计算机的数据库待用。施工单位根据使用混凝土级配与要求和生产单位事先约定条码牌。需要混凝土时，将条码牌悬挂在拉料汽车的前方，即可进行混凝土要料。

混凝土运输车辆根据识别棚外的红绿灯指示依次进入识别棚，当车辆进入识别区后，即被安装在棚内顶部的摄像机拍下条码图像（也有采用红外线识别技术），并将信息传送至调度主机，调度主机经识别后发出指令：指示拌和楼按条码牌号生产混凝土；指令信号灯显示应进车道号码；同时指令识别棚和车道拦车杆拉起，引导车辆进入拌和楼下该车道待料，由于拌和楼较早收到生产信号，所以就缩短了车辆待料时间。

三峡水利枢纽工程高程 98.70m 混凝土生产系统配置自动化调度系统后，使混凝土生产形成较为完善的自动化生产体系，从车辆进入到混凝土生产装料、车辆出楼、完全由调度主机控制，配置的工作人员只需监视整个生产过程。它的主要特点是：不改变原拌和楼生产程序，调度灵活快捷；同时，可以生产 99 种混凝土，识别准确可靠，并有模拟显示、打印报表、随机浏览、查阅等功能，满足了混凝土生产管理等方面的需要。

6.4.2 溪洛渡水电站中心场混凝土生产自动化调度系统

近年来，随着计算机技术的不断提高，更多新技术应用于混凝土系统的自动化调度系统中。在阿海水电站和溪洛渡水电站中心场混凝土生产系统中，成功将射频识别（RFID）技术应用于车辆识别系统，克服了条形码识别技术中的条形码不能重新定义、条码牌易损坏、识别不灵活、识别距离近、范围小、速度慢等缺点，实现了可擦写、大容量、远距离识别、无拦车杆、带速行驶等，识别速度由三峡水利枢纽工程的 40~60s 提高到 23~35s，自动化程度更高，更适合项目精细化管理的需求。

溪洛渡水电站混凝土生产车辆射频设别的工作流程：要料信息输入识别卡、修正配合比和固定卡、进入系统识别分配车道、生产队列打料、视频动态显示和差错报警。

依据用混凝土单位的混凝土要料单，车辆识别系统调度室在识别系统计算机上填写好生产任务单和生产用标准配比，发送到拌和楼的生产工控机上。然后填写生产用的识别卡，把生产用的识别卡发放给用混凝土单位。

识别前准备：实验室工作人员根据生产需要给出生产的标准配比，并同时检测拌和楼的配比和生产情况，作出适当的调整；用混凝土单位领取到车辆识别卡后，按照车的实际情况把识别卡发放给驾驶员，并将识别卡固定在车子的挡风玻璃上。

混凝土驾驶员领取到识别卡后，根据识别指示灯的情况，进入车辆识别区域，总入口车道的红外（地磁）车辆感应器把车辆经过的信号传给识别器，识别器开始发出射频信号，对识别卡进行识别，车辆自动识别调度微机根据多个搅拌楼（站）等料车辆队列情况，科学合理的发出命令，并打开进入相应车道的指示绿灯信号。同时，关闭识别进入指示绿灯信号，开启红灯信号，防止下一辆车误进入识别系统。

在分道岔口用车道指示器指示车辆要进入的车道，安装在各个车道的红外（地磁）车辆感应器把车辆经过的信号传送到生产调度数据管理微机，车辆自动识别调度微机等车辆过去后发出命令打开识别区域的交通指示灯，指示可以进行下一辆车的自动地识别和生产。在识别的同时，车辆自动识别调度微机把分配后的车辆生产队列及时送到两个搅拌站的控制微机中，使搅拌站可以提前生产，提高生产效率。系统还有很强的差错报警功能，更加提高了生产过程中的安全性。拌和楼现场得到生产队列任务后，经过实验人员的配比确认后进行混凝土的生产。

用混凝土单位生产结束后，把识别卡从驾驶员手中收回，同时把识别卡归还给车辆调度人员，并告知调度人员任务结束。调度人员把结束的任务和配比删除，同时处理掉结束任务的识别卡。

7 混凝土生产系统的设备安装

7.1 拌和系统设备安装

7.1.1 拌和楼（站）

拌和楼（站）作为混凝土生产系统的核心设备，它的安装也是整个系统顺利生产混凝土的关键。现在一般水电站施工选择的拌和系统多为强制式拌和楼，也有自落式拌和楼。但是就拌和楼而言除搅拌方式不同外，安装顺序和结构形式基本相同，安装顺序为：主、副楼底层柱脚—出料层—拌和层—衡量层—储料层—副罐—骨料进料皮带机桁架安装—进料层—外围墙板及屋顶板—调试、试运行。常见拌和楼（站）安装技术参数见表7-1。

表7-1 常见拌和楼（站）安装技术参数表

序号	名　称	单位	设备及结构重量（总重/结构重）/t	最重单件/t	总体尺寸（长×宽×高）/（m×m×m）	总功率/kW
1	HL320-2S4500L拌和楼	座	495/375	23.5	17×17.8×39	800
2	HL360-2S6000L拌和楼	座	540/400	29	20×22.2×39.2	950
3	HL240-4F3000LB拌和楼	座	430/322	11.5	17.5×18.4×37.5	400
4	HL120-2S1500L拌和楼	座	210/168	7.5	15×7×39.2	200
5	HL240-2S3000L拌和楼	座	345/285	12.5	13.8×11.8×38	450
6	HZS120混凝土搅拌站	座	72/20	8.1	44.2×22×22	220
7	HZS90混凝土搅拌站	座	56.6/13.2	6.7	46×27.4×23	170
8	HZS60混凝土搅拌站	座	37/6.5	5	43×20×12.6	135

注 表格中设备为郑州三和水工机械有限公司提供数据，其他厂生产设备有可能不同于该表数据。

下面以HL360-2S6000L拌和楼的安装为例，阐述一下安装方法和注意事项。拌和楼（站）安装过程见图7-1。

（1）拌和楼钢结构安装。

1）出料层安装。安装项目：一层主排架、出料层平台、出料操作室、副楼钢结构及其他钢结构。

根据结构说明书，安装拌和楼第一层主、副楼底层柱脚，然后在地面组装混凝土出料斗，吊装在搅拌机平台上。主排架主要由四根立柱和其他连接件组成，主排架重量约23t。为降低空中难度，提高安全保证，主排架从拌和层分开分两片进行安装，以拌和站

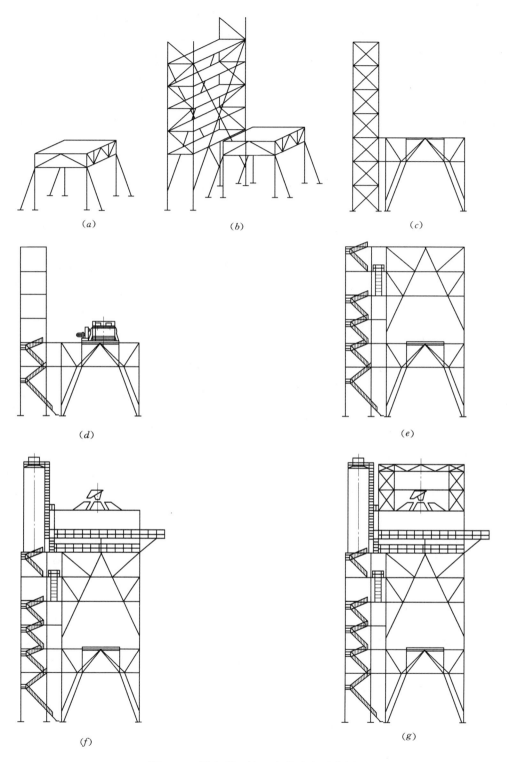

（a）

（b）

（c）

（d）

（e）

（f）

（g）

图 7-1 拌和楼（站）安装过程示意图

出料方向为轴向划分为左右两片，沿高度分为上下四片。在安装左右两片主排架以前，先将左右两片主排架在地面组装好，用25t汽车吊进行吊装就位后再安装前后两面的排架钢结构连接杆件，然后再分别扭紧左右主排架柱脚与基础板连接的高强螺栓。由于副楼可根据构件编号将排架、楼梯进行直接安装。各平台拼装好后整体采用25t汽车吊进行安装。

2）拌和层安装。安装项目：操作室、卸水管路等钢结构，拌和层主要安装2台搅拌机，搅拌机单机重约15t，将搅拌机吊上搅拌机平台，基本就位后再将卸水管路吊入上平台。搅拌机为拌和层最重的单元个体，50t汽车吊可满足安装需要。副楼排架由于结构较轻、体积较小，排架、平台组装成型后整体安装。操作室及拌和层平台钢结构等设施的安装采用25t吊车进行吊装，其他小件利用25t吊车一并安装。

3）配料层安装。

A. 配料层安装。安装项目：配料平台及其他钢结构。配料层钢结构中，配料层平台为最重。对配料层平台也是采用在地面组拼成整体，然后选用50t汽车吊整体吊装就位。整体吊装就位时应注意方向，相应同步进行副楼结构设施的安装，其他小件利用50t吊车一并进行吊装。

B. 配料检修平台。安装项目：配料检修平台等钢结构。配料层检修平台及其以上至料仓层设施中最重为配料检修平台。将检修平台以下结构设备安装完毕后，再进行配料层检修平台、四围外挑平台及其钢结构的安装。由于配料层检修平台位置较高，也是用50t汽车吊整体吊装就位进行安装。其他小件采用25t吊车进行吊装。

C. 料仓安装。安装项目：水泥罐、煤灰罐、储料仓等钢结构。料仓安装前先将衡量层里的设备吊装完毕。料仓由于其整体重量约30t，根据其结构形式将料仓分下、中、上三段进行安装。由于结构较重，位置较高，安装时，采用50t吊车进行分层安装，20t拖挂车进行现场倒运工作。

水泥、煤灰罐体采用整体吊装工艺，罐整体重量约7t，用50t吊车在地面拼成整体，用50t进行整体吊装。在安装罐体前，先将副楼罐体的支撑平台安装好。罐顶的除尘器、仓顶平台、仓顶栏杆的安装选用50t汽车吊进行。其他小件采用50t吊车一并吊装。

D. 进料层安装。主要安装项目：胶带机钢桁架、操作室、钢结构及屋顶、其他钢结构。进料层上楼胶带机、操作室、屋架等楼体设备由于所处安装位置较高，在安装之前需将各项准备工作做好。安装时采用50t汽车吊一并安装。

E. 围墙板安装。先做衡量层以下墙板骨架安装，再根据外围墙板编号图由下而上进行安装墙板、门窗，做到安全、美观大方。

（2）拌和楼设备安装。

1）拌和层安装。安装项目：搅拌机、混凝土料斗及放料弧门、卸水管路。拌和层分别主要安装有2台强制式搅拌机、料斗等设施，最重为搅拌机。

将搅拌机支架等支撑钢结构安装好以后，先将混凝土放料斗用25t汽车吊进行安装，然后就可以将2台搅拌机用50t汽车吊吊装就位进行安装。放料弧门、卸水管路及其他设施用25t汽车吊装就位进行安装。

2）配料层安装。安装项目：集中料斗、配料装置、分叉给料斗、骨料、砂、外加剂和粉料称斗，除尘器、水罐。

配料层主要设备有集中料斗、配料装置系统及其他装置。等吊装完主排架和配料层平台，检验校正结构安装的对角线和垂直度后，再相应同步组装安装副楼结构后，然后组装集中料斗，并和裤衩分料斗组装成一体，一起吊装就位。在紧固前要保证裤衩给料中心线和主楼中心线重合。当集中料斗在安装调整好位置后，调整裤衩分料斗并焊接在集中料斗上，并与平台通过螺栓连接成一体。接着组装集中料斗盖板和水泥卸料管，与集中料斗安装在一起。然后将称量层的称斗、接斗等吊起并放置在集中料斗盖板上。输冰螺旋机、水秤等在地面拼装好后，按图纸位置吊装就位，并将除尘器等副楼相应位置的设备吊装就位。

组装骨料仓的下锥体，再吊装在主排架上并紧固，然后将平板闸门、配料弧门和砂胶带给料器安装在料仓锥体下口处，平行安装副楼和主控制室，并将其吊装进副楼。

3）进料层安装。安装项目：胶带机、回转料斗、电动葫芦、除尘通风装置。进料层根据其结构形式考虑将上楼胶带机桁架吊装起与楼体进料层搭接并连接紧固，再回转料斗安装就位。由于仓顶机械设备比较多，应注意相互间的相对安装尺寸。楼封顶前，将上料控制台吊入并利用双面彩板组装上料控制室。同时，安装仓顶除尘器、电动葫芦、安全门和人孔门，以及楼内风、水、管路。进料层设备及附件虽不太重，但因设备就位位置较高，故需采用50t汽车吊吊装设备。

4）电器安装。在各用电设备基本安装就位后，就可进行设备线路的敷设，机械设备安装完毕后，进行电缆桥架的现场安装，各种设备经检验合格后，敷设电缆，接通电源，准备进入调试阶段。安装完成后的拌和楼 HL320－2S4500L、HL360－2S6000L 见图7－2。

图7－2　安装完成后的拌和楼 HL320－2S4500L（右）、HL360－2S6000L（右）

（3）安装注意事项。

1）安装过程中，采用电焊时，应注意接地保护，防止电流损伤设备。

2）空气管路接通后，应进行人工驱动各种弧门，以检查动作是否正确并消除一切异常现象。

3）回转给料器、螺旋机、带式输送机等应在全面润滑，人工转动轻便后，才可进行通电试运转。

4）气缸、气阀安装前要进行必要检查，气缸中间铰接应加注润滑油。

5）传感器吊装时，应保证垂直度，其偏差不应大于 0.5°。

6）做好安全防护工作，进行焊接时，注意下层的防火，高强螺栓需经初拧、复拧、终拧拧紧，终拧扭矩为 660N·m。

7.1.2 胶凝材料罐

拌和系统中，胶凝材料储备罐是拌和楼顺利连续生产的关键组成部分。胶凝材料罐按照是否可重复使用分为可重复利用胶凝材料罐和一次性胶凝材料罐（如卷制筒仓）。一次性胶凝材料罐建设周期短，一次性投入少，但只能在一个工地使用，不能重复拆装；可重复利用胶凝材料罐一次性投入大，制作安装周期长，但可以重复利用。按照它的容量分，可分为 3000t、1500t、1000t、800t、500t 等。但其结构基本相同，下面就两种类型的胶凝材料罐结构制作安装和设备安装进行介绍。

（1）胶凝材料罐结构安装（可重复利用）。

1）金属结构制作安装工艺流程。钢结构制作安装工艺流程如下：施工图纸→图纸校对→图纸分解→下料→加工→拼对→焊接→校正→总拼装→中检→防腐→编号→运输→安装→验收。

2）金属结构制作安装工艺编制。根据工艺流程、设计要求、编制工艺及工序记录卡，质量检验卡由现场技术主管按工艺要求安排生产制造，每道工序结束后，检验并填写工序记录卡，质量检验记录卡转入下道工序施工。

3）金属结构制作安装。金属结构制作主要为：罐体制作、上罐钢梯制作、罐顶栈桥制作及管道制作。

输灰管道制作，输灰管采用无缝厚壁钢管制作，弯管部分弯曲半径应符合相关规定。

4）钢结构制作应符合有关规定。钢结构安装前，应对钢构件的质量进行检查。钢构件的变形、缺陷超出允许偏差时，应按监理工程师要求进行处理。钢结构安装过程中，根据安装单元的结构型式和重量，选择安全可靠的安装机械和器具。安装工艺应保证现场人员安全和钢结构的精度及稳定。钢结构安装的测量和校正，根据工程特点编制相应的工艺，并经审批同意后进行。

钢结构安装、校正时，应根据风力、温差、日照外界环境和焊接变形等因素的影响、采取相应的调整措施。

以 1500t 罐体为例，一般 1 台 25t 汽车吊，就可以进行安装。但也可根据工期拼和装分开，多台吊车施工，安装顺序为从下到上—锥体、环梁、罐壁、上罐钢梯及罐顶栈桥金属结构安装。水泥罐分片制作、编号、除锈刷漆后，分层运输到施工现场安装。水泥罐安装工艺流程如下：下锥体→5 层罐壁→盖顶→除尘器→单仓泵→上罐钢梯→罐间栈桥→充灰检查→试运行→验收。建成后 1500t 胶凝材料罐见图 7 - 3。

图 7 - 3　建成后 1500t 胶凝材料罐

（2）一次性胶凝材料罐结构安装（如卷制筒仓）。卷制筒仓建造技术建造方法独特：施工时将 495mm 宽的卷板由开卷机送入成型机轧制成所需的几何形状，再通过弯折机弯折、咬口，围绕着筒仓外侧形成一条宽 30～40mm，连续环绕的螺旋凸条，在结构上起到加强筒仓强度的作用。对于材质不同的两种材料，卷制筒仓建造设备也能实现双层弯折施工。其他结构制作安装类同于可重复利用胶凝材料罐结构安装。现在这种卷制筒仓以其建造工期短、造价低、占地面积小、易管理、整体性能好、寿命长、气密性能好等特点，正被水电行业所认可。完工后卷制筒仓 1500t 胶凝材料罐见图 7 - 4。

（3）设备安装与单机调试。设备安装主要为仓泵，在水泥罐（粉煤灰）安装完毕采用吊车、倒链配合将仓泵吊放就位。

1）设备基础与埋件。

A. 仓泵柱脚要求刚度好，抗震性强，用型钢制作，焊缝无缺陷。

B. 设备柱脚与基础连接采用螺栓连接，预埋螺柱露丝长度大于 60mm，预埋螺栓垂度大于 95%，螺母要有自锁和预紧功能。

C. 泵螺栓直径要求为 30mm，调节仓螺栓直径要求为 24mm。

图 7-4　完工后卷制筒仓 1500t 胶凝材料罐

2）安装与单机调试。

A. 仓泵安装应以泵体顶部法兰为基准，保持法兰面水平。

B. PLC 主控制箱和工控机必须安装在有防雨水、防晒的地方，以保证 PLC 控制箱和工控机的正常工作。

C. 输送管路应尽可能避免有急弯的情况，转弯半径不应小于 1m。

D. 仓泵各连接处的法兰，连接必须密封，不得漏气。

E. 所有控制气源接头必须严密，不得漏气。

F. 所有管路橡胶软接头的安装必须使之保持自然状态，不得强行扭曲。

G. 在不打开大料仓检修门的情况下，将现场控制箱处于现场状态，检查进料阀、排空阀、出料阀、进气阀是否动作灵活，位置正确。

H. 在转换过程中，各气缸活塞应缓慢上升，其动作时间为 3～10s。

I. 现场控制气源必须跟输送气源分开，否则输送过程中可能发生阀门无法关闭的故障，并必须保证控制气源压力不小于 0.3MPa。

7.1.3　空压机

（1）施工方法。空压机及辅助设备安装。

A. 空压机安装。基础施工完毕应根据图纸复测其预埋件、预留孔洞、管沟、基础表面等，以便顺利安装。并根据土建提供的基准点，用墨线划出设备安装中心线，并将纵横中心线引到基础侧面不易损坏的位置。

空压机设备基础按设计做好，采用 25t 吊车将空压机吊装就位，然后进行房建工程施工。空压机就位后采用三脚架将空压机调正、找平，找平后用锶铁填实，表面光滑，斜度适宜。地脚螺栓采用二次回填方式预埋。二期混凝土达到强度后，拧紧地脚螺栓。空压机安装工艺流程如下：基础检查→空压机吊装→调正→找平→地脚回填→紧固→后冷却器→油水分离器→储气罐→管道连接→试运行→验收。

B.附属设备安装。附属设备基础混凝土达到一定强度后，采用8t、16t吊车将储气罐等安装就位，地脚螺栓采用二次预埋方式回填。

（2）检查。检查空压机到货后，按到货清单，清理到货部件，详细阅读使用说明书，机身纵向和横向安装水平偏差均不应大于0.5‰。

附属设备（冷却器、汽液分离器、储气罐等）就位前，应检查管口方位，地脚螺栓孔和基础的位置，并与施工图相符。各管路应清洁畅通，压力容器除检查合格证外，应做严密性试验。

安装完成空压机车间见图7-5。

图7-5 安装完成空压机车间

7.1.4 管道

拌和系统管道安装主要部位为：空压站向拌和楼、胶凝材料、卸灰供风管、外加剂液输送管和水管。

（1）管路安装流程。管道安装工艺流程如下：施工图纸→监理单位→设计单位→图纸分解→管道加工、编号→防腐→编号→中检→运输→安装场→调试打压试验→防腐→现场清理→终检。

（2）安装过程。根据结构设计、工艺流程顺序《工业金属管道工程施工及验收规范》（GB 50235—97）等相关条件要求、编制工艺、工序转移记录卡，由生产主管按工艺流程安排生产。

1）管道加工。管子切割前应移植原有标记：碳素钢管采用机械切割，若采用火焰切割时必须保证尺寸和表面平整，管子切割前号料必须留有余量及根据管子安装连接方式留出相应余量。镀锌管必须采用机械切割。按管道所在部位、材质、类别进行编号。低压水管的弯管制作采用冷弯或焊接制作，有缝管制作弯管时，焊缝区要避开受拉（压）区，高压钢管的弯曲半径应大于管子外径的 5 倍，其他管子弯曲半径大于管子外径 3.5 倍。

2）管道焊接。管道组成件的焊接、组装和过程检验符合《工业金属管道工程施工及验收规范》（GB 50235—97）的有关规定。焊条选择必须符合焊接规范中的焊接工艺性能良好，材料匹配原则进行选购焊接材料，焊工必须具有合格证及上岗证才可以进行施焊。

3）防腐工艺流程：除锈→底漆→面漆→检验。

4）管道安装。管道安装前与管道有关的土建工程已检验合格，满足安装要求，并已办理好交接手续。管道组成件及管道支承件等检验合格，安装所需工器具准备完毕后调试、打压、检验。

5）调试、打压、检验。管道安装完毕后进行调试、打压、检验、打压前将管道内用高压风吹干净，水、气管道用 1.2MPa 气压进行气密性检验。检验方法为充气压力达到额定压力后，保持 24h，其压降不得大于 0.02MPa（如有压降可用毛刷蘸肥皂水进行检漏）。

7.1.5　带式输送机

（1）施工工艺。

1）带式输送机施工工艺流程如下：施工准备→测量放线→机架安装→滚筒安装→驱动装置安装→托辊安装→输送带布放→输送带连接→附件安装→试车。

2）施工过程。

A. 测量放线。用经纬仪确定输送机纵向中心线，与基础实际轴线偏差应不大于 ±20mm；放出滚筒轴线，同时引出母线投影线，以便安装时测量滚筒与纵向中心线的垂直度；放出机架安装线；滚筒及机架放线应保证与纵向中心线垂直，可采用勾（3）股（4）弦（5）原理校核。

B. 机架安装。依次组装头架、尾架、中间架。由于土建预埋件的位置、标高误差，同时考虑支架制造误差，安装前应逐个埋件、逐个支腿进行测量和配对（即偏高埋件配短腿），必要时对支腿进行修正，埋件进行延伸。保证支架安装达到下列要求：机架中心线与输送机中心线应重合，其偏差不应大于 3mm；机架中心线的直线度偏差在任意 25m 内不应大于 5mm；在垂直于机架纵向中心线的平面内，机架横截面对角线（L1、L2）长度差不应大于平均长度的 3‰；机架支腿对建筑物地面的垂直度偏差不应大于 2‰；中间架的允许偏差为 ±1.5mm，高低差不应大于间距的 2‰；机架接头处的左右偏差和高低差均不大于 1mm；检查符合要求后补刷油漆，漆种、色泽应与原构件一致。

C. 滚筒安装。机架安装完毕，并固定牢固后，进行传动滚筒、改向滚筒和拉紧滚筒的组装。滚筒组装前应进行检查、清洗，轴承部位注入润滑脂，其安装应达到下列要求：

吊线坠测量滚筒横向中心线与输送机纵向中心线的重合度，其偏差不应大于 2mm；在滚筒外缘挂两个线坠（尽量靠近两端）测量滚筒轴线与输送机纵向中心线的垂直度，其偏差不应大于 2‰；使用钳工水平尺在滚筒上部测量滚筒轴线的水平度，其偏差不应大于 1‰；对于双驱动滚筒，用同一把水平尺并在同一方向测量二滚筒轴线平行度，其相对偏差不应大于 0.4mm；拉紧滚筒在输送带连接后的位置，应按拉紧装置形式，输送带带芯材料、带长和启、制动要求确定，并应符合以下要求：垂直框架式或水平车式拉紧装置，往前松动行程应为全行程的 20%～40%，其中尼龙带芯、帆布带芯或输送机长度大于 200m 的，以及电动机直接启动和有制动要求者松动行程应取小值；绞车或螺旋拉紧装置往前松动行程不应小于 100mm。

D. 驱动装置安装。带式输送机的驱动装置一般有电机、减速器、联轴器及逆止器或制动器组成，依减速器的型式不同可分为平行轴式、直交式和轴装式，驱动装置的安装应符合《机械设备安装工程施工及验收通用规范》（GB 50231—2009）及现行相关标准规范的要求。

E. 托辊安装。托辊架安装，轴线应与机架轴线垂直，调整托辊架转轴应转动灵活；对于非调心或过渡的托辊辊子，其同类辊子上表面调整到在同一平面或同一半径的弧面上，相邻三组辊子母线的相对标高差不大于 2mm；输送机凸弧段或凹弧段的托辊母线应具有弧线形；所有托辊在机架上应转动灵活并检查是否需要补充润滑油。

F. 输送带安装。输送带通常有强力型、普通型和耐热型，同一工地多台输送机安装时注意分辨，并正确区分工作面和非工作面（工作面胶层较厚）；胶带布放过程中对胶带的质量进行检查，不应有机械损伤、明显的厚薄不均、重皮、露布等缺陷；对于较短的输送机，可用人力进行布放，胶带较长时则应使用卷扬机进行布放；布放的方法是在机尾处将整卷胶带架空，沿着上托辊向机头方向展开，再绕过机头滚筒进入下层；布放输送带时应有专人指挥，以确保安全，特别是带坡度输送带布放时，应采取措施防止输送带下滑；使用卷扬机布放，沿线每 5m 设一人照管，避免跑偏、卡滞，并设专人与卷扬机操作人员保持联系。

G. 输送带连接。输送带的连接是固定带式输送安装过程中极其重要的工序，输送带的连接方法应符合设备技术文件或输送带制造厂的规定。当无规定时，可按有关规范执行。输送带的连接应配备有实际操作经验的技术工人进行操作。如无专门经验的人员，应在正式连接前进行试连接，并进行拉伸试验，破断强度应达到原输送带的 85%～90%。试连接的材料、工具、工艺过程与正式连接完全一致。输送带连接的常用方法有：机械接头、冷黏结接头、热硫化接头等。

机械接头一般是指使用皮带扣接头，这种接头方法方便便捷，也比较经济，但是接头的效率低，容易损坏，对输送带产品的使用寿命有一定影响。

冷黏结头即采用冷黏结合剂（常由胶黏剂和固化剂二个组分组成）来进行接头。这种接头办法比机械接头的效率高，也比较经济，应该能够有比较好的接头效果，但是从实践来看，由于工艺条件比较难掌握，另外黏合剂的质量对接头的影响非常大，所以不是很稳定。水电行业常用的黏结剂有：璜时得 LDJ243、巴丁 BD-958 黏合剂等。

热硫化接头是一种理想的接头方法，接头质量高，连接稳定，其接头寿命长。连接步骤：清扫、划线、裁割、打磨、涂胶、硫化。施工时需要的设备及材料：硫化机、扒皮机（或扒皮刀）、割刀、热硫化胶等。热硫化连接缺点是：施工工艺复杂、耗时长、费用高。

H. 输送机附件安装。固定带式输送机常见附件有：张紧装置、逆止装置及制动装置、清理装置、装料漏斗、卸料漏斗和犁式卸料器、卸料车等。

I. 单机调试。单机空负荷调试的条件：前述工作全部完成，并符合要求；相关的电气施工和自控施工全部完成并符合要求；所有润滑点均按规定加注润滑油脂；输送机周围及通道清理完毕。空负荷试车的合格标准：拉紧装置调整应灵活；输送机启动和运转时，滚筒均不应打滑；输送带运转时不应跑偏，若跑偏应予调整，输送带边缘与托辊端缘距离应大于 30mm；电机、变速箱、滚筒轴承温度和温升应符合设备技术文件的规定。

单机带负荷调试应具备的条件：空负荷调试合格；有逆止器的应先试验合格；必要的试车物料准备；输送机上游、下游畅通；联锁试验合格。

带负荷调试合格标准：整机运行应平稳，应无不转动的辊子；清扫器清扫效果良好，刮板式清扫器的刮板与输送带接触均匀，并不应发生异常振动；卸料装置不应产生颤抖和撒料现象；停机时制动、止逆装置效果良好；电机、轴承、变速箱温度和温升应符合设备技术文件的规定。

（2）施工过程中应注意的问题：运输过程中要轻拿轻放，避免构件变形；支架焊接应注意焊接顺序，减少焊接变形；试车过程中发现问题，应停车处理；胶带切割刀具应有深度控制卡具；黏结工作应在良好通风处实施。

7.2 预冷系统设备安装

目前水电工程中，制冷系统绝大部分以 R717 和 R22 为制冷剂。其中，R22 为制冷剂的制冷主要用于对水冷却，制造冷却水。而制冷系统的主要设备压缩机已普遍采用螺杆制冷压缩机为主。

制冷系统安装，按照《制冷设备、空气分离设备安装工程施工及验收规范》（GB 50274—98）的要求进行。其安装顺序普遍为设备安装、管路及阀门安装、系统打压、系统抽真空、防腐及保温。

7.2.1 制冷设备

整体出厂的制冷机组安装时，应在底座的基准面上找正和调平；有减振要求的应按设计要求进行。制冷设备安装时，所采用的阀门和仪表应符合相应介质的要求；法兰、螺纹等处的密封材料，应选用耐油橡胶石棉板、聚四氟乙烯膜带、氯丁橡胶密封液等。

制冷设备安装时，配置与制冷剂氨（R717）接触的零件，不得采用铜和铜合金材料；与制冷剂接触的铝密封垫片应使用纯度高的铝材。

制冷设备的安装应满足以下要求：

（1）整体安装的压缩机组，其纵向和横向的水平偏差均不应大于 0.2‰，并应在底座或与底座平行的加工面上测量。

（2）卧式设备的安装水平偏差和立式设备的铅垂度偏差均不宜大于 1‰。

（3）当安装带有集油器的设备时，集油器的一端应稍低。

（4）洗涤式油分离器的进液口的标高宜比冷凝器的出液口标高低。

（5）当安装低温设备时，设备的支撑和与其他设备接触处应增设垫木，垫木的厚度不应小于绝热层的厚度。

（6）制冷剂泵的安装，除应符合《风机、压缩机、泵安装工程施工及验收规范》（GB 50275—2010）的有关规定外，尚应符合的主要要求有：泵的轴线标高应不高于循环储液桶的最低液面标高，其间距应符合设备相关技术文件的规定；泵的进、出口连接管管径不应小于泵的进出口直径；两台以上泵的进液管应单独敷设，不应并联安装；泵不应空运转或在气蚀的情况下运转。

7.2.2 管道

制冷系统由于制冷剂用量大，水电工程中使用 R717 作为制冷剂较多。而使用 R22 作为制冷剂的制冷普遍用于冷冻水的制备，无需安装特殊管道。本节主要用于以 R717 为制冷剂的管路制作安装。冷冻水、循环水、补充水及消防用水管路按相关规范进行施工。

（1）管路制作与安装。管道需采用套丝安装时，丝扣螺纹连接处应均匀涂抹黄铅粉与甘油调制的填料或用聚四氟乙烯生料带作填料，填料不得突入管内。

管道上仪表接点开孔和焊接宜在管道安装前进行。

从压缩机到室外冷凝器的高压排气管道穿过墙体时，应留有 10～20mm 的间隙，间隙内不应填充材料。

管道安装允许偏差值见表 7-2。

表 7-2　　　　　　　　　　　管道安装允许偏差值　　　　　　　　　　单位：mm

项目			允许偏差
坐标	架空及地沟	室外	25
		室内	15
	埋地		60
标高	架空及地沟	室外	±20
		室内	±15
	埋地		
水平管道平直度	$DN \leqslant 100$		0.2%L，最大 50
	$DN > 100$		0.3%L，最大 80
立管铅垂度			0.5%L，最大 30
成排管道间距			15
交叉管的外壁或隔热层间距			20

注　L 为管子有效长度；DN 为管子公称直径。

氨制冷系统管道的坡向及坡度当设计无规定时，宜采用表 7-3 的规定。

表 7-3 氨制冷系统管通坡向及坡度范围表

管 道 名 称	坡 向	坡度/‰
氨压缩机排气管至油分离器的水平管段	坡向油分离器	0.3～0.5
与安装在室外冷凝器相连接的排气管	坡向冷凝器	0.3～0.5
氨压缩机吸气管的水平管段	坡向低压循环储液器或氨液分离器	0.1～0.3
冷凝器至于储液器的出液管其水平管段	坡向储液器	0.1～0.5
液体分配站至蒸发器的供液管水平管段	坡向蒸发器（空气冷却器、排管）	0.1～0.3
蒸发器至气体分配站的回气管水平管段	坡向蒸发器（空气冷却器、排管）	0.1～0.3

管道加固必须牢靠。有隔热层的管道在管道与支架之间应衬垫木或其他隔热管垫，垫木应预先进行防腐处理，垫木或隔热管垫的厚度应符合设计文件的规定。

不同管径的管子对接焊接时，应采用管子异径同心接头，也可将大管径的管子焊接端滚圆缩小到与小管径管子相同管径后焊接。但对于大管径管子滚圆缩径时，其壁厚应不小于设计计算壁厚。焊接时，其内壁应做到平齐，内壁错边量不应超过壁厚的 10％，且不大于 2mm。

管道焊接的位置应符合下列要求：管道对接焊口中心线距弯管起弯点不应小于管子外径，且不小于 100mm（不包括压制弯管）；直管段两对接焊口中心面间的距离，当公称直径不小于 150mm 时，不应小于 150mm；当公称直径小于 150mm 时，不应小于管子外径；管道对接焊口中心线与管道支、吊架边缘的距离以及距管道穿墙墙面和穿楼板板面的距离均应不小于 100mm；管道开孔时，焊缝距孔边缘的距离不应小于 100mm，不得在焊缝及其边缘上开孔；焊缝的补焊次数不得超过两次，否则应割去或更换管子重焊。

（2）管道排污。制冷系统管道安装完成后，应用 0.8MPa（表压）的压缩空气对制冷系统管道进行分段排污，并在距排污口 300mm 处以白色标识板设靶检查，直至无污物排出为止。

排污前，应将系统内的仪表、安全阀等加以保护，并将电磁阀、止回阀的阀芯以及过滤器的滤网拆除，待抽真空试验合格后方可重新安装复位。

系统排污洁净后，应拆卸可能积存污物的阀门，并将其清洗干净然后重新组装。

（3）系统打压。气密性试验应用干燥洁净的压缩空气进行。试验压力当设计文件无规定时，高压部分应采用 2MPa（表压），中压部分和低压部分应采用 1.8MPa（表压），试验时应注意保护中低压部分设备的压力表。

试验应采用空气压缩机。压力应逐级缓升至规定试验压力的 10％，且不超过 0.05MPa 时，保压 5min，然后对所有焊接接头和连接部位进行初次泄漏检查，如有泄漏，则应将系统同大气连通后进行修补并重新试验。经初次泄漏检查合格后再继续缓慢升压至试验压力的 50％，进行检查，如无泄漏及异常现象，继续按试验压力的 10％逐级升压，每级稳压 3min，直至达到试验压力。保压 10min 后，用肥皂水或其他发泡剂刷抹在焊缝、法兰等连接处检查有无泄漏。

对于制冷压缩机、氨泵、浮球液位控制器等设备、控制元件在试压时可暂时隔开。系统开始试压时须将玻璃板液位指示器两端的阀门关闭，待压力稳定后再逐步打开两端的阀门。

系统充气至规定的试验压力，保压 6h 后开始记录压力表读数，经 24h 后再检查压力表读数，其压力降应按式（7-1）计算，并不应大于试验压力的 100，当压力降超过以上规定时，应查明原因，消除泄漏，并应重新试验，直至合格。

$$\Delta P = P_1 - (273 + t_2) P_2 / (273 + t_1) \qquad (7-1)$$

式中　ΔP——压力降，MPa；

　　　P_1——试验开始时，系统中的气体压力，绝对压力，MPa；

　　　P_2——试验结束时，系统中的气体压力，绝对压力，MPa；

　　　t_1——试验开始时，系统中的气体温度，℃；

　　　t_2——试验结束时，系统中的气体温度，℃。

气密性试验前应将不应参与试验的设备、仪表及管道附件加以隔离。

（4）系统抽真空。氨制冷系统抽真空试验应在系统排污和气密性试验合格后进行。当系统内剩余压力小于 5.333kPa 时，保持 24h，系统内压力无变化为合格。系统如发现泄漏，补焊后应重新进行气密性试验和抽真空试验。

（5）充氨试验。制冷系统充氨试验必须在气密性试验和抽真空试验合格后进行，并应利用系统的真空度分段进行，充氨试验压力为 0.2MPa（表压）。氨制冷系统检漏可采用酚酞试纸进行，如发现泄漏，应将修复段的氨气排净，并与大气相通后方可进行补焊修复，严禁在管路内含氨的情况下补焊。

（6）管路涂装与保温。制冷设备和管道防腐工程应在系统严密性试验合格后进行。涂刷面漆前应清除设备、管道表面的铁锈、焊渣、毛刺、油和水等污物。

对于没有保温层的制冷设备及管道的外壁涂刷面漆的种类、颜色等应符合设计文件的要求；当设计无规定时，一般应采用防锈漆打底，调和漆罩面的施工工艺。管道及设备涂刷面漆的颜色宜采用表 7-4 的规定。制冷压缩机及机组和空气冷却器可不再涂漆。

表 7-4　　　　　　　　　　制冷系统管道和设备涂刷面漆颜色表

设备及管道名称	颜色名称	设备及管道名称	颜色名称
冷凝器	银灰（B04）	低压循环储液器	天（酞）蓝（PB09）
储液器	淡黄（Y06）	中间冷却器	天（酞）蓝（PB09）
油分离器	大红（R03）	排液桶	天（酞）蓝（PB09）
集油器	赭黄（YR02）	高、低压液体管	淡黄（Y06）
氨液分离器	天（酞）蓝（PB09）	吸气管、回气管	天（酞）蓝（PB09）
高压气体罐、安全管、均压管	大红（R03）	铸铁阀门的阀体	黑
放油管	赭黄（YR02）	截止阀手轮	淡黄（Y06）
放空气管	乳白（Y11）	节流阀手轮	大红（R03）

采用镀锌薄钢板、不锈钢薄钢板、防锈薄铝板等做隔热保温材料的金属保护层时，其表面可不涂漆，刷贴色环，色环的宽度和间距允许值见表 7-5 的规定。

表 7 - 5   色环的宽度和间距允许值

管路保温层外径/mm	色环宽度/mm	色环间距/m
<150	50	1.5～2.0
150～300	70	2.0～2.5
>300	100	5.0

采用硬质聚氨酯泡沫塑料和聚苯乙烯泡沫塑料为隔热层的冷库的安装。库板板芯泡沫塑料的物理机械性能应符合表 7 - 6 的规定。

表 7 - 6   库板板芯泡沫塑料的物理机械性能表

项　　目	芯　层　材　料	
	硬质聚氨酯泡沫塑料	聚苯乙烯泡沫塑料
密度/（kg/m³）	32～50	<20
压缩强度/kPa	≥196	≥147
弯曲强度/kPa	≥245	≥177
导热系数/［W/(m·K)］	≤0.024	≤0.044
吸水性/（kg/m²）	≤0.2	≤0.08
尺寸稳定性/±%	0.5	0.5
自熄性/s	3	2

7.3 供配电和控制系统安装

安装前应熟悉图纸资料，弄清设计图的设计内容，对图中选用的电气设备和主要材料等进行统计，注意图纸技术要求。准备工机具、材料。技术交底，施工前认真听取工程技术人员的技术交底，弄清技术要求，技术标准和施工方法，熟悉有关电力工程的技术规范。

7.3.1 临时施工供配电

（1）临时施工供电线路的设置。临时施工供电线路路径选择避开易撞、易碰、易受雨水冲刷和气体腐蚀的地带，在交通频繁场所应做好线路保护措施。

施工现场内的低压架空线路在人员频繁活动区或大型机具集中作业区，采用绝缘线。绝缘线不成束架空敷设，不直接捆绑在电杆、脚手架上，不拖拉在地面上；埋地敷设时必须穿管，管内不能有接头，管口密封。

导线截面的选择满足下列要求：

1）导线中的负荷电流不大于导线允许载流量。

2）线路末端的允许电压降不大于额定值的 5%。

3）线路相互交叉时，不同线路导线之间最小垂直距离符合相关规定。

4）线路导线与地面的最小距离，在最大弧垂时符合相关规定。

5）线路导线在最大弧垂和最大风偏时与建筑物凸出部分的最小距离符合的规定。

6）当施工现场几种线路同杆架设时，高压线路位于低压线路上方；电力线路位于通信线路上方；同杆架设的线路横担最小垂直距离符合相关的规定值。在同一档距内，一根导线的接头不多于1个；同一条线路在同一档距内接头不超过2个。架空线路跨越公路或其他电力线路及厂内道路处没有接头。

（2）临时施工常用电气设备的用电安全。电气设备有合格证件，设备有铭牌；使用中的电气设备保持完好的工作状态，严禁带故障运行；电气设备不超铭牌运行；固定式电气设备标志齐全；配电箱和开关箱安装牢固，便于操作和维修；落地安装的配电箱和开关箱，设置地点平坦并高出地面，其附近不堆放杂物；配电箱、开关箱的进线口和出线口设在箱的下面或侧面，电源的引出线穿管并设防水弯头；配电箱、开关箱内的导线绝缘良好、排列整齐、固定牢固，导线端头采用螺栓连接或压接；具有3个回路以上的配电箱设总刀闸及分路刀闸。每一分路刀闸不接2台或2台以上电气设备，不供2个或2个以上作业组使用；照明、动力合一的配电箱分别装设刀闸或开关；配电箱、开关箱内安装的接触器、刀闸、开关等电气设备，做到常检查，保证动作灵活，接触良好可靠，触头没有严重烧蚀现象；熔断器的规格满足被保护线路和设备的要求，严禁用金属线代替熔丝；熔体有保护罩。管型熔断器不无管使用；有填充材料的熔断器不改装使用；熔体熔断后，必须查明原因并排除故障后方可更换；装好保护罩后方可送电；更换熔体时严禁采用不合规格的熔体代替；插销和插座必须配套使用；Ⅰ类电气设备选用可接保护线的三孔插座，其保护端子与保护地线或保护零线连接。

（3）临时施工移动式电动工具和手持式电动工具的用电安全。长期停用或新领用的移动式电动工具和手持式电动工具在使用前进行检查，并测绝缘；通电前做好保护接地或保护接零；加装单独的电源开关和保护，严禁1台开关接2台及2台以上电动设备；移动式电动工具的电源开关采用双刀开关控制，其开关安装在便于操作的地方；当采用插座连接时，其插头、插座无损伤、无裂纹，且绝缘良好；因故离开现场暂停工作或遇突然停电时，拉开电源开关；加装高灵敏动作的漏电保护器；电源线采用铜芯多股橡套软电缆或聚氯乙烯绝缘聚氯乙烯护套软电缆。电缆避开热源，且不应拖拉在地上，或采取防止重物压坏电缆的措施如直埋或加盖槽钢保护；需要移动时，不能手提电源线或转动部分；使用完毕后，必须在电源侧将电源断开；使用手持式电动工具戴绝缘手套或站在绝缘台上。

（4）临时施工照明的用电安全。照明灯具和器材必须绝缘良好；照明线路布线整齐，相对固定。室内安装的固定式照明灯具悬挂高度不低于2.5m，室外安装的照明灯具不低于3m。安装在露天工作场所的照明灯具选用防水型灯头；现场办公室、宿舍、工作棚内的照明线，除橡套软电缆和塑料护套线外，均固定在绝缘子上，并分开敷设；穿过墙壁时套绝缘管；照明电源线路不接触潮湿地面，并不应接近热源和直接绑挂在金属构架上。在脚手架上安装临时照明时，在竹木脚手架上加绝缘子，在金属脚手架上设木横担和绝缘子；照明开关控制相线。当采用螺口灯头时，相线接在中心触头上。使用行灯符合下列要求：电压不超过36V；在金属容器和金属管道内使用的行灯，其电压不超过12V；行灯有保护罩；行灯的手柄绝缘良好且耐热、防潮；行灯的电源线采用橡套软电缆；行灯变压器采用双绕组型。行灯变压器一次、二次侧均装熔断器；金属外壳做好保护接地或接零措施；严禁将行灯变压器带进金属容器或金属管道内使用；变电所及配电所内的配电盘、配电柜及母线的正上方不安装灯具（封闭母线及封闭式配电盘、配电柜除外）；照明灯具与易燃物之间，保持一定的安全距离，普通灯具不小于 300mm；聚光灯、碘钨灯等高热灯具不小于 500mm，且不直接照射易燃物。当间距不够时，采取隔热措施。

（5）临时施工安全用电技术管理。供用电设施投入运行前，建立、健全用电管理机构，组织好运行、维护专业班组，明确管理机构与专业班组的职责。建立、健全供用电设施的运行及维护操作规定；运行及维护人员熟悉本单位的供用电系统。配电所内配备足够的绝缘手套、绝缘杆、绝缘垫、绝缘台等安全工具及防护设施。供用电设施的运行及维护，配备足够的常用电气绝缘工具，并定期进行电气性能试验。电气绝缘工具严禁挪作他用。各种电气设施定期进行巡视检查，每次巡视检查的情况和发现的问题记入运行日志内。电气设备或线路的停电检修，遵守下列规定：一次设备完全停电，并切断变压器和电压互感器二次侧开关或熔断器。设备或线路切断电源并经验电确无电压后，方可装设接地线，进行工作。工作地点均悬挂相应的标示牌。在靠近带电部分工作时，设监护人。工作人员在工作中正常活动范围与带电设备的最小安全距离，符合相关规定。

（6）用电管理要求。现场需要用电时，必须提前提出申请，经用电管理部门批准，通知维护班组进行接引。接引电源工作，必须由维护电工进行，并设专人进行监护。施工用电用毕后，由施工现场用电负责人通知维护班组，进行拆除。严禁非电工拆装电气设备，严禁乱拉乱接电源。配电室和现场的开关箱、开关柜加锁。电气设备明显部位设"严禁靠近，以防触电"的标志。接地装置定期检查。施工现场大型用电设备、大型机具等，有专人进行维护和管理并挂牌。

7.3.2 各单元接地装置埋设

（1）接地装置设置。

1）为保护建筑物免受雷击，对系统内的高大建筑物拌和楼、制冷楼、水泥罐等均设防雷接地，在其基础钢筋网周围安装接地体。水平接地体用 40mm×4mm 镀锌扁钢，垂直接地体用 50mm×5mm 镀锌角钢。角钢 2.5m/根，按间隔 5m 布置打入土中，与水平接地体用电焊焊接牢固，再与建筑物基础钢筋网搭接，钢筋网再与基础预埋螺栓可靠连接。施工工艺按《电气装置安装工程接地装置施工及验收规范》（GB 50169—2006）的规定执行。

2）配电房、控制室及成品料场等的接地装置安装严格按设计图纸及现行规范，随土建进度进行施工，避免漏埋和错埋。各部分接地体严格按图纸连成整体，接地的设备、金属构件及钢筋网与接地体可靠连接；接地体采用搭接焊接，焊缝的质量和长度符合图纸和规范要求；焊接后将焊缝清理干净并加涂防腐涂料；从接地装置中引出的延伸部分设明显标记并采取防腐和保护措施；接地体的埋设深度满足设计图纸和规范要求。接地网覆盖之前按施工详图认真检查做好记录，施工期间，接地网妥善保护，避免损坏。

3）接地装置安装完毕后，测量接触电位差和跨步电位差以及全部接地装置的接地电阻，各项测量符合设计及规范要求，并及时将初测值报送监理单位。

4）接地体顶面埋设深度不小于 0.6m。角钢及钢管接地体垂直配置。除接地体外，接地体引出线的垂直部分和接地装置焊接部位做防腐处理；在做防腐处理前，表面除锈并去掉焊接处残留的焊药。

5）垂直接地体的间距不小于其长度的 2 倍。水平接地体的间距不小于 5m。

6）接地线防止发生机械损伤和化学腐蚀。在与公路或管道等交叉及其他可能使接地线遭受损伤处，均用钢管或角钢等加以保护。接地线在穿过墙壁，楼板和地坪处加装钢管或其他坚固的保护套。接地干线在不同的两点及以上与接地网相连接。自然接地体在不同的两点及以上与接地干线或接地网相连接。每个电气装置的接地以单独的接地线与接地干线相连接，不在一个接地线中串接几个需要接地的电气装置。

7）接地体敷设完后的土沟其回填土内不应有石块和建筑垃圾等；外取的土壤不得有较强的腐蚀性；在回填土时分层夯实。

（2）明敷接地线的安装要求。便于检查；敷设位置不妨碍设备的拆卸与检修；支持件间的距离，在水平直线部分为 0.5～1.5m；垂直部分为 1.5～2m；转弯部分为 0.3～0.5m；接地线按水平或垂直敷设，与建筑物倾斜结构平行敷设；在直线段上，无高低起伏及弯曲等情况；接地线沿建筑物墙壁水平敷设时，离地面距离为 250～300mm；接地线与建筑物墙壁间的间隙为 10～15mm；在接地线跨越建筑物伸缩缝、沉降缝处时，设置用接地线本身弯成弧状代替补偿器。

明敷接地线的表面涂以用 15～100mm 宽度相等的绿色和黄色相间的条纹。在每个导体的全部长度上或只在每个区间或每个可接触到的部位上作出标志。当使用胶带时，使用双色胶带。中性线涂淡蓝色标志。在接地线引向建筑物的入口处和在检修用临时接地点处，刷白色底漆并标以黑色记号。

接地装置由多个分接地装置部分组成时，设置便于分开的断接卡。自然接地体与人工接地体连接处装设便于分开的断接卡。

（3）接地体（线）的连接。接地体（线）的连接采用焊接，焊接必须牢固无虚焊。接至电气设备上的接地线，用镀锌螺栓连接；有色金属接地线不能采用焊接时，可用螺栓连接。螺栓连接处的接触面按《电气装置安装工程母线装置施工及验收规范》（GB 50149—2010）的规定处理。

接地体（线）的焊接采用搭接焊，其搭接长度必须做到：

扁钢为其宽度的 2 倍（且至少 3 个棱边焊接）。圆钢为其直径的 6 倍。圆钢与扁钢连接时，其长度为圆钢直径的 6 倍。扁钢与钢管、扁钢与角钢焊接时，为了连接可靠，除在其接触部位两侧进行焊接外，并焊以由钢带弯成的弧形（或直角形）卡子或直接由钢带本身弯成弧形（或直角形）与钢管（或角钢）焊接。利用各种金属构件、金属管道等作为接地线时，保证其全长为完好的电气通路。利用串联的金属构件、金属管道作接地线时，在其串接部位焊接金属跨接线。

（4）避雷针的接地。避雷针（带）与引下线之间的连接采用焊接。避雷针（带）的引下线及接地装置使用的紧固件均使用镀锌制品。当采用没有镀锌的地脚螺栓时采取防腐措施（如刷防腐漆）。建筑物上的防雷设施采用多根引下线时，在各引下线距地面的 1.5～1.8m 处设置断接卡，断接卡加保护措施。装有避雷针的胶凝罐的金属筒体，可作避雷针的引下线。筒体底部有两处与接地体对称连接。独立避雷针及其接地装置与道路或建筑物的出入口等的距离大于 3m。当小于 3m 时，铺设卵石或沥青地面。独立避雷针设置独立的集中接地装置。当有困难时，该接地装置可与接地网连接，但避雷针与主接地网的地下连接点至 35kV 及以下设备与主接地网的地下连接点，沿接地体的长度不应小于 15m。独立避雷针的接地装置与接地网的地中距离不小于 3m。配电装置的架构或屋顶上的避雷针与接地网连接，并在其附近装设集中接地装置。

避雷针（网、带）及其接地装置，采取自下而上的施工程序。首先安装集中接地装置，之后安装引下线，最后安装接闪器。

7.3.3 系统电气安装

（1）10kV 线路施工。混凝土生产系统内的线路工程施工按照《电力建设工程施工技术管理制度》、《架空送电线路工程施工质量检查方法》及有关规程规范的要求进行，施工测量的精度应符合现行的架空送电线路测量规定的要求。

1）基础施工。基础开挖以人工挖掘为主，若遇大石则采用手风钻造浅孔小药量松动爆破开挖，尽量保护坑壁原状土不被破坏。基础开挖深度符合设计要求。接地体安装与基础开挖配合进行，以充分利用基础挖深的有利条件来进行接地安装。

电杆的埋深从基面到底部距离，不加拉线的直线杆埋深为 1.4m（12m 以下电杆），加拉线的电杆埋深为 1m。电杆埋深深度允许偏差为 +100mm，−50mm，底部应平基处理。

双杆基坑的中心偏差不超过 30mm，且两杆的底部高程误差不大于 20mm。拉线电杆的拉线基础定位，按杆塔组装图要求进行，拉线对地、拉线对横担的夹角不应超过设计规定要求。

拉线盘的埋深应满足设计要求，拉线盘的上平面应与拉线垂直。

电杆基坑和拉线坑的回填应分层夯实，且防沉层不应小于 30cm。

2）电杆的组立。电杆的组立方法依地形条件而定，当地形条件允许时即采用倒落式扒杆进行立杆，当地形条件比较恶劣时则采用单扒杆进行立杆。

起吊点须在施工前进行计算，18m 及以下的电杆采用 2 点起吊，18m 以上者应不小于 3 点及以上起吊点，吊点距顶悬臂端不超过 4m。

采用扒杆组立电杆要特别注意缆绳、制动、起吊绳的牢固可靠，确保施工时的人身设备安全。

电杆立好后，其偏差应符合下列要求：电杆的横向位移不大于 50mm；直线杆的倾斜不大于杆长的 3‰，转角杆应向外分角方向倾斜，其倾斜度不大于 1 个杆梢。

双杆立好后应符合下列要求：横向位移不大于 50mm；迈步不大于 30mm；根开不超过 30mm。

终端杆紧线前应调整主杆向拉线侧预偏，预偏值不大于 1 个杆梢。且紧线后电杆不应向受力侧倾斜。

所有拉线、吊杆及横拉杆等均应在紧线前收紧，以避免相连杆件变形。

拉线组装。拉线上把 UT 型线夹的螺帽外露出 1/3 以上的丝扣，下把露出丝扣不少于 10 扣丝，拧紧丝扣，丝扣涂油漆以防振动退扣。

拉线盘的埋深应符合设计要求，每个拉线坑应开挖马槽，以防止拉线棒弯曲受力引起主杆变形。凡置于水田内的拉线棒，除了热镀锌外应在回填土之前加涂二道防腐漆。

所有横担、绝缘子、金具的安装应符合设计要求。绝缘子安装前应抽检其电气耐压强度，抽检数量按有关规定执行。

3）架线施工。架线施工按《35kV 及以下架空电力线路施工及验收规范》（GB 50173—92）及设计施工图进行。

导线架设采用人力拖放的方法进行。在拖放过程中，尽量使导线离开地面，避免导线磨伤。在导线架设前必须做好充分的准备工作，如跨越架、交通警示牌和施工机具等。特别是在地形较复杂、施工难度大以及大的跨越档，施工前应制定详细周密的施工方案和准备工作。

导线的接续采用爆压接续，接续管与杆塔的距离不小于 15m。

安装导线线夹，应先在导线上缠绕铝包带再装线夹，以防磨损导线。

在架线施工中要仔细检查导线，看其是否有损伤，若有则按规范要求进行处理。在紧线过程中谨防过牵引超过规定的允许值。

架线施工前应对各档距弧垂进行计算，施工时采用经纬仪对弧垂进行观测，精细调整，使弧垂值达到设计要求。

导线的弧垂观测用经纬仪采用角度法进行观测。观测时要求两边导线的弧垂一致，中导线可比两边导线稍高。

跨越公路时，在跨处两侧 100m 处设置"前面施工车辆慢行"警示牌，并安排人员现场监视和指挥，以免车辆撞击和压伤导线。

跨越高低压线路时，首先应与当地供电部门取得联系，做好有关停送电手续及安全措施。若跨越处距被跨越线路杆较近时，则在该杆上绑捆木杆，挂滑轮引过导线进行跨越。若距被跨越杆较远则将被跨越线路放下，等线架好后即行恢复。

跨越处应保证其跨越净空距离符合有关规程规范的要求，若不符合要求时则报设计部门处理。

4）竣工验收及移交。整个 10kV 线路施工施工过程中，应认真做好各种施工记录，单元工程项目完工后，即进行三检（自检、互检、专检）。所有工程项目完工合格后，整理和备齐好全部的竣工资料，装订成册，写出申请竣工报告，提请监理人按规定程序组织工程竣工验收。在初检、复检及最终验收合格后进行冲击合闸试验，并进行 72h 试运行。确认工程符合质量要求后，即办理签字手续。

（2）电力变压器安装试验。

1）变压器运输：运输用的汽车、起吊钢丝绳、运输道路应事先进行安全检查，必须具有足够的安全系数，运输途中速度不能过快，不能急起动和急刹车。

2）现场检查：变压器运到现场后，要对变压器作外观检查。看其外表是否有碰撞伤痕、配件及技术资料是否齐全、变压器铭牌是否与设计一致等。如有异常情况，应处理好之后才能安装。

3）在变压器投入运行前的检查和试验：

A. 检查分组件的安装是否符合要求。

B. 检查气体继电器两端和冷却器上下联管、油箱管接头处开关是否处于开启位置。

C. 分接开关指示位置是否正确，三相是否一致，转动是否灵活。

D. 变压器主体和铁芯接地套管等是否可靠接地。

E. 储油柜、高压套管中的油面是否合适；二次接线是否正确，信号动作是否准确。

F. 各分接位置变比是否正确，操作机构指示位置是否正确。

G. 测量各分接位置直流电阻并与厂家比较。

H. 检查各绕组的绝缘电阻、吸收比、并与标准值比较。

I. 检查变压器的极性、变比、直流耐压试验、油质试验均应符合规程要求，所有试验均合格后方可投入运行。

（3）高、低压开关柜及母线的安装试验。

1）高压开关柜的检查、安装、调试。外观检查：开关柜运至现场后，应先对其进行外观检查。看其外表是否完好、螺帽是否脱落、资料是否齐全等。

真空断路器的调整、试验有下列要求：

A. 相间支持瓷瓶应在同一水平面上，三相联动的连杆拐臂应水平，角度应一致。

B. 手动慢分、慢合应灵活无卡阻现象；若有卡阻现象则应仔细检查，找出原因并进行处理。

C. 触头接触电阻、绝缘电阻、交流耐压试验值符合产品技术要求。

D. 检查三相同期性，若三相同期误差超出允许范围，则应进行调整。

E. 测量分、合闸线圈的直流电阻、绝缘电阻应符合产品技术要求。

断路器操作机构试验：在额定操作电压85%～110%范围内断路器分、合闸时间应满足规范要求。在额定操作电压的65%以上时应能可靠分闸。

手车调整：手车推拉应灵活轻便，无卡阻现象，动触头与静触头中心线应一致，触头接触紧密。机械闭锁装置应准确可靠。安全隔板应开启灵活，随手车的进出而相应动作。手车与柜体间的接地触头应接触紧密，当手车推入柜内时，其接地触头应比主触头先接触，拉出时顺序应相反。各柜的手车应能任意互换。

2）低压开关柜的检查、调整、试验。低压配电柜的外观检查内容与高压开关柜相同，若有不符，则应进行处理。

空气开关的安装：空气开关的安装要保证空气开关的接线柱、动静触头之间的接触应紧密，分、合动作应灵活可靠。

隔离刀闸的检查、调整：隔离开关接线紧固，接触良好。动静触头对准，接触紧密，三相同期一致。操作灵活无卡阻。

二次回路的检查与安装：二次回路应整齐、美观，所有接线端子都要重新检查，紧固一遍。所有端子号应与图纸相符，且要对每个回路进行查对，确保回路接线正确。

3）仪表、继电器的试验。检查仪表和继电器元件在运输中无损伤、受潮，仪表指针动作灵活无卡阻。继电器接点接通时接触良好。仪表、继电器绝缘应良好。

仪表和继电器校验：每一块仪表均要用经过计量部门认可的标准表进行检验，其误差应符合规范要求。检验每个继电器和整组保护动作情况应符合产品技术要求的规定。

设备本体及元件接地：开关柜外壳应与配电所接地网可靠接地。屏柜应安装接地汇流排，将元件的应接地点用铜线（用铜鼻子压接线头、铜鼻子要镀锡）接在接地汇流排上。

涂刷面漆和设备编号：交直流母线应按规程的规定涂相色漆。屏柜应按设计要求标识编号。

4）高、低压开关柜基础和柜体安装。开关柜基础槽钢安装允许偏差见表7-7。

表7-7 开关柜基础槽钢安装允许偏差

项 目	允 许 偏 差	
	mm/m	mm/全长
不直度	1	5
水平度	1	5
位置误差及不平衡度		5

开关柜的垂直度、水平偏差以及柜面偏差、柜间接缝的允许偏差应符合表7-8中规定。

表7-8 柜体安装的允许偏差

项 目		允许偏差
垂直度		$1.5m^{-1}$
水平偏差	相邻两柜顶部	2mm
	成列柜顶部	5mm
柜面偏差	相邻两柜边	1mm
	成列柜面	5mm
柜间接缝		2mm

屏柜应与接地可靠连接，装有电器的可开启的门，应以软铜线与接地的金属可靠连接。

5）柜顶硬母线安装及试验。母线加工：母线应矫正平直，切断面整齐。母线用螺栓连接。

A．母线连接：搭接面涂上薄层电力复合脂后，用力矩扳手紧固，紧固力矩值应符合技术要求。

B．母线固定：检查母线支持绝缘子无破损、裂纹，用2500kV绝缘测试仪检查绝缘应大于100MΩ。母线在支持绝缘子上的固定应平整、牢固。母线夹板上应有1～1.5mm间隙，使母线热胀冷缩时能自由伸缩。在一段母线的中点，母线在支持绝缘子上设置一个固定死点；母线安装完毕后应进行耐压试验，其耐压标准按规范要求执行。

（4）10kV户外真空断路器、隔离开关、高压熔断器、避雷器安装和试验。

1）断路器安装。户外断路器离地高度不应小于3m，否则应装防护罩。断路器不带油运输。安装前应开盖检查，看其真空泡是否完好、开关行程是否符合产品说明书的要求，电流互感器及二次回路是否完好、正确。均合格后，注入合格的变压器油，紧好大盖，观察其是否浸油，一切完好后方可进行分合闸试验。试验合格后，再运至现场安装。在安装时，应注意安装牢固，且操作要方便，外壳要可靠接地。

断路器试验：断路器试验项目和标准应根据产品技术要求和业主的规定进行。主要试验项目有：①本体交流耐压试验；②三相同期差试验；③分、合时间。以上三项试验均合格后，方可投入运行。

但要注意：在进行断路器手动慢分慢合正常无卡阻后，才能进行电动分合闸试验。

2）隔离开关安装。

A. 安装。调整并紧固底座全部元件的固定螺栓。支持瓷瓶安装及调整：将底座连同支持瓷瓶一起吊到基础上，调整好同相两端的水平、相间水平、相间距离，使误差在允许范围内，调好后固定在基座上。

B. 调整。主刀合闸时，要保证三相接触的同期性满足要求，且其插入深度要满足要求；分闸后三相刀片应在同一平面。对于单极开关则要保证其合闸后的插入深度满足要求、接触要紧固、且三相刀片应基本一致。

C. 引线连接。引下线或设备连线与隔离开关支持瓷瓶顶帽接线板连接前，应去掉表面氧化膜，涂上薄层电力复合脂，均匀紧固螺栓使之接触良好；隔离开关的所有转动部分应涂高温黄油，用作润滑防锈；隔离开关底座和地刀应可靠接地，接地引线采用铜棒焊接；按要求标上相色和编号。

3）避雷器安装。避雷器在安装前应先做好电气试验，即绝缘电阻试验和击穿电压试验（对氧化锌避雷器则做绝缘电阻和泄漏电流试验）。试验合格后方可进行安装，安装时应注意接触良好，特别是接地要做好。避雷器下应先接集中接地桩，然后再与主接地网相连接，接地电阻不应大于 10Ω。

（5）电缆敷设和试验。

1）电缆支架制作安装。电缆支架的预埋件应牢固，安装整齐牢固，并可靠接地；接地支架水平间距不应大于 75cm。

2）电缆管制作安装。电缆管采用镀锌钢管，内径符合电缆大小的要求，弯制半径应符合电缆弯曲半径的要求，埋设牢固、整齐。

3）电缆敷设。电缆敷设前测量实际路径，计算每根电缆的长度，合理安排每盘电缆，减少电缆损耗。电缆敷设时，电缆从电缆盘的上端引出，不使电缆在支架上及地面摩擦拖拉。电缆上不得有铠装压扁、电缆绞拧、护层折裂等未消除的机械损伤。

电力电缆和控制电缆在电缆支架上应分层整齐排列，并用卡子固定在电缆支架上，弯曲半径符合要求。

电缆穿管应一管穿一根电缆，电缆接好后应将电缆管口用防火材料封堵。

电缆沟的两端及分支处均应采用防火包封堵，并在防火包两侧各 1m 范围内的电缆上涂上防火涂料。

穿越配电室地板的孔洞处采用防火涂料封堵；穿越墙壁处及电缆分支引接处均应防火隔板封堵；贯穿处用防火堵料进行封堵。

计算机监控系统的电缆与电力电缆应分层敷设，以减小强电对其的干扰。

电缆敷设应符合《电气装置安装工程电缆线路施工及验收规范》（GB 50168—2006）的规定；光缆安装技术要求应符合《电信网光纤数字传输系统工程施工及验收暂行技术规定》（YDJ 44—89）的规定。

4）电缆头制作安装。剥离电缆外层绝缘时，应注意不要损伤芯线绝缘层；电力电缆终端头用热缩电缆头制作，控制电缆终端头用塑料带干包制作；电缆的钢铠和屏蔽层应有一端可靠接地；电缆头应按图纸挂牌编号；电缆头应排列整齐，固定牢固。

5）电缆接线。6mm及以上的电缆芯线与设备连接应用鼻子与芯线压接（铜线采用铜鼻子，铝线采用铜铝过渡鼻子），鼻子应镀锡，涂上薄层电力复合脂后用螺栓紧固。控制电缆芯线应按图纸的编号标识。

6）电缆试验。电缆试验项目包括下列内容：①测量绝缘电阻；②直流耐压试验及泄漏电流测量；③检查电缆线路的相位。

7）现场验收。当电力电缆、电线敷设、安装完毕，按照《电气装置安装工程电缆线路施工及验收规范》（GB 50168—2006）、《电气装置安装工程接地装置施工及验收规范》（GB 50169—2006）、《电气装置安装工程电气设备交接试验标准》（GB 50150—2006）、《电气装置安装工程1kV及以下配线工程施工及验收规范》（GB 50258—96）、《电气装置安装工程爆炸和火灾危险环境电气装置施工及验收规范》（GB 50257—96）的规定进行相关的检查，按照规定进行现场验收。

（6）电机安装、试验。

1）电机安装前检查以下各项：盘动转子时不得有磁卡声；润滑脂情况应正常，无变色、变质及硬化现象，其性能应符合电机工作条件；电机的引出线接线端子焊接或压接良好，且编号齐全；电机的换向器或滑环表面应光滑，并无毛刺、黑斑、油垢等，换向器的表面不平整度达到0.2mm时应进行车光，换向器片间绝缘应凹下0.5～1.5mm，整流片与线圈的焊接良好。

2）电机抽芯检查时应符合下列要求：电机内部清洁无杂物；电机的铁芯、轴颈、滑环和换向器等应清洁，无伤痕、锈蚀现象，通风孔无堵塞；线圈绝缘层良好，绑线无松动现象；定子槽楔应无断裂、凸出及松动现象，端部槽楔必须牢固；转子的平衡块应紧固，平衡螺丝应锁牢，风扇方向应正确，叶片无裂纹；磁极和铁轭固定良好，励磁线圈紧贴磁极，不应松动；鼠笼式电机转子导电条和端环的焊接应良好，浇注的导电条和端环应无裂纹；电机绕组连接正确，焊接良好；轴承工作面应光滑清洁，无裂纹或锈蚀；轴承的滚动体与内外圈接触良好，无松动，转动灵活；加入轴承内的润滑脂，应填满其内部空隙的2/3，同一轴承内不应加入两种不同的润滑脂。

3）电机整体安装。基础检查：外部观察，应没有裂纹、气泡、外露的钢筋以及其他外部缺陷，然后用铁锤敲打，不发空腔声。再经试凿检查，水泥应无崩塌或散落现象。然后检查基础中心线的正确性，地脚螺栓孔的位置、大小及深度，孔内是否清洁，基础标高是否正确。

在基础上放上楔形垫铁和平垫铁，安放位置应沿地脚螺栓的边沿和集中负载的地方，应尽可能放在电机底板支撑筋的下面。

将电机吊到垫铁上，并调节楔形垫铁使电机达到所需的位置、标高及水平度。电机水平面的找正使用水平仪。

调整电机与连接机器的轴线，此两轴的中心线必须严格在一条直线上。

通过上述内容的反复调整后，将其与传动装置连接起来。

4）电机试验：对低压电机进行绕组绝缘电阻测试，使用1000V摇表进行测量，其绝缘电阻值应不低于0.5Ω；对电机绕组进行直流电阻测试，其每相之间的电阻差值不应大于最小值一相的电阻值的 2%。

（7）接地安装、试验。本系统的接地安装材料主要使用圆钢、扁铁、角钢和降阻剂。其圆钢采用 A3 型 φ10 号，扁铁用 40mm×4mm 镀锌扁钢，角钢用 A3 型 50mm×5mm。

所有接地引出线的外露部分均采用镀锌扁铁，以防腐蚀。避雷网、避雷针与接地网的连线不小于两根，且每根之截面积不小于 50mm²。

所有金属构架、设备外壳与接地网均应进行可靠连接。电缆的金属外壳、电缆屏蔽层用编织软铜线与其焊接后，可靠地与地网连接。

每个接地网的接地电阻均要进行测量，防雷接地电阻不应大于 10Ω，系统接地和弱电接地电阻不应大于 4Ω。

（8）计算机控制系统及车辆自动识别系统安装。

1）设备安装就位。在搬运和安装设备时，应避免设备受到振动或冲击。在施工期间，对现场合同设备要采取临时保护措施，如防潮、屏蔽、防尘、通风等。施工完成时，应立即封堵所有孔洞，防止鼠、虫等小动物进入。将计算机柜体、操作台按图纸要求分别安装在基础槽钢上，并将柜体可靠接地。

2）配线和接线。设备安装就位后，根据厂家提供的设计图纸，进行电缆的敷设与接线工作，做到线路布置合理，回路接线正确无误。所有导线和电缆均排列整齐、美观、无接头，不交叉。且每根线标志齐全，标注准确，字迹清晰不退色。引入盘柜内的电缆固定牢固，接线端子不会受到机械应力。盘柜安装及电气接线技术要求应符合《电气装置安装工程盘、柜及二次回路接线施工及验收规范》（GB 50171—2012）的规定。

3）调试。

A. 调试前的检查。在调试之前，组织有关人员熟悉图纸，做好技术交底工作，确保在调试过程中的设备和人员的安全。

在计算机与各设备间的接线工作完成后，首先检查、核对内部接线、输入/输出接线。现地控制单元通电前，对盘柜及电缆进行绝缘检查，确认正确无误进行通电进行计算机静态调试。

B. 静态调试。通过计算机程控静态调试，进行下列检查：有无短路现象；模拟屏上的信号显示以及报警显示是否正确；所有输出继电器动作是否正常；所有反馈信号反馈是否正常；所有操作按钮、开关操作是否正确；程序设计是否符合要求的工艺控制流程；信号与报警功能是否正常；系统流程的模拟试验，模拟故障、事故停机流程等试验是否正常；系统联动调试运行是否正常；并校核各流程的正确性，初步确定各步骤最佳配合时间。

C. 空载与负载调试。系统自动控制通电调试时，按照先调试控制电路后调试主回路，先空载运行后负载运行的程序进行。

对控制电路进行通电调试是检查电控、配电设备接线是否正确。试验时，主电路不送电，只将控制电源接通，然后按实际工作时的程序，顺序接通相应的按钮或其他主令电器，每操作一次都检查各相应电器元件是否已按规定程序动作（如相应的信号灯是否燃亮，接触器是否闭合或分开，动作顺序和延时情况是否符合设计要求，以及有无其他异常情况等）。必要时进行人为模拟故障信号进行检查，如推动接触器铁芯以检查联锁是否有效，模拟限位开关的动作以检查保护是否可靠，按动急停按钮或接通分励脱扣器线圈电源以检查紧急停车和故障分断功能等。在进行几次这样的通电试验后，各电器元件均动作正常，计算机的故障诊断功能正常；现地故障保护功能可靠；系统流程的模拟试验，模拟故障、事故停机流程等试验均正常；证明控制部分接线正确，可以进行空载试验。

在主电路送电前，再次确认主电路接线和导体选择的正确性，并检查短路和过载保护电器是否符合要求。经空载试验，计算机程序能按要求的工艺控制流程进行控制，所有输出继电器动作是否正常；所有反馈信号反馈是否正常；信号与报警功能是否正常、模拟屏上的信号显示以及报警显示正确；电动机空载电流正常，可以进行负载试运行。

试运行过程中，对电控及配电设备进行检查，检查内容包括各指示仪表数据和各电器元件工作是否正常，导体接触点是否松动，过热和其他异常等。经检查均无异常现象。

系统进行联动负载调试运行时，确定各步骤最佳配合时间，进一步调整和完善应用软件。所有设备调试合格后，机械设备进行16h空载运转；设备运转平稳，电压、电流及相关仪表指示正常，无异常现象发生。经各方验收，可投入生产。

（9）照明工程。照明工程按照设计进行系统室内及室外照明施工。对于配电所、试验室、值班室等用双管荧光灯照明，对水泵房生产场所选用工矿灯照明，局部部照明选用白炽灯照明。户外公路照明，在公路转弯地带，选用6m高杆路灯照明，厂区内公路不单独设置公路照明，直接利用厂区照明，其他部位在胶带机及其他建筑物外墙上安装马路弯灯或镝灯照明，室内照明线路用护套线明敷，室外照明线路用绝缘电线穿PVC管明敷或暗敷。

电气照明装置的安装按已批准的设计进行施工。当修改设计时，需经原设计单位同意，方可进行。

8 系统调试与运行

8.1 系统调试

8.1.1 系统调试工作内容

（1）混凝土生产系统所有生产设备（包括拌和楼、制冷系统、胶凝材料储运系统、骨料储运系统、供风系统、供排水系统、废水回收处理系统、供配电及电气控制等所需设备）必须安装调试合格，联动运行稳定可靠，满负荷试运行无异常。

（2）拌和系统与制冷生产能力达到设计要求，各种设备及管路运行工况良好。混凝土出机口温度及质量均满足设计要求。

（3）各配套的供风、胶凝材料的供应能力达到设计要求，能满足工程使用要求。

（4）供配电与电气控制系统运行正常，能保证系统在各种工况下正常生产。

8.1.2 设备调试与空载试运行的准备

（1）设备及其附属装置，管线全部安装完毕，施工记录及资料齐全，经检验合格：润滑、液压、水、气、电气控制及附属装置的安装按照有关的施工及验收规范经检验合格后进行。

（2）需要的能源介质，材料工机具，检测仪器、安全防护设施均符合试运行的要求。

（3）电气设备的试验要求应按相关规范的施工及验收规范进行，对电气控制设备应首先对程序软件进行模拟信号调试，正常无误后，再进行带机调试。

（4）空载试验：各主要设备安装完成后，进行空载运行试验。空载试验应符合有关规范的技术要求。

（5）满负荷联动调试（试验）：所有设施（加工、供电设施和供水设施）的设备及空载试验完毕后，进行系统联动调试及生产性试验。

8.1.3 主要设备的调试

（1）胶带机的调试。胶带机调试需达到下列要求，对不能满足要求的，要及时查找原因，进行处理。

1）启动动力运行时，胶带机在托辊长度范围内能对中运行，其边缘与辊子外侧端的距离不大于设备要求。

2）拉紧装置能调整方便，动作灵活，胶带机启动和运行时滚筒不打滑，动力张紧时，动作准确。

3）清扫器的性能稳定，刮板或清扫器与传送带的接触均匀，其调节行程大于20mm，传送带运转时不发生异常振动。

4）驱动装置无渗油现象。不出现颤跳抖动现象。

5）各种机电保护装置动作准确，灵敏可靠。

6）料斗和导料槽使用中，不出现堵塞和撒料的现象。

7）带负荷时辊轴全部能转动。

（2）胶凝材料储运系统调试。胶凝材料罐及附属装置安装完毕后，开始装灰试验，装灰时应分别按500t、1000t、1400t装灰，并分别观察基础沉陷情况。检查胶凝材料罐水平、垂直缝密封情况和单仓泵、除尘器运行情况。做好检查、生产性带负荷试验全过程记录。

所有仪器、仪表应指示在正常工作范围内，发现误差，应及时查找原因、纠正。

所有接头、接口应有良好的密封性，调节仓有防爆、防静电设施，对达到工伤寿命的易磨、易损件应及时更换。

检查相应防火设施，确保人身设备安全，检查易产生噪音的设备周围是否安装了消音设施，确保运行人员身体健康。

（3）空压机的调试。检查调整空压机和电机的同轴度应满足设备说明书规定的技术要求。全面检查气缸盖、气缸、机身、十字头、连杆、轴承盖等紧固件，应已紧固和紧锁。压缩机盘车灵活，并满足厂家提供的技术要求。

仪表和电器设备应调整正确，电动机的转向与压缩机转向相符，润滑剂数量、规格与设备技术文件规定相同，供油、供水畅通、进排气畅通。

各级安全阀经校验、整定、动作灵敏可靠，盘车无阻滞现象。

空运转时，将各吸、排气阀拆开，启动冷却系统、滑润系统，其运转应正常，检查盘单装置，应处于压缩机启动所需要的位置。点动空压机、检查各部位无异常现象后，再依次运转5min、30min、2h以上。每次启动运转前，应检查压缩机润滑情况均应正常，运转中各油压、油温和各摩擦部位湿度应符合设备技术要求，各运动部无异常响声，各紧固件无松动现象。并做好各项检查记录。

压缩机空气带负荷运转后，应清洗油过滤器和更换润滑油。

（4）拌和楼的调试。拌和楼的调试步骤：首先进行设备的保养加油、指示装置回零（或复位、正常显示）；进行设备调试前控制部分的检查；进行子系统的单机空载调试、联动调试；进行子系统加载调试；系统联动试运行；检验合格投入试生产；设备投入运行。

1）单机空载调试。

A. 进行微机控制系统的检查与调试。

B. 逐台启动电机、空载运行，检查电机旋向运转情况，在启动搅拌机电机时，应先单动，确认两台电机旋向一致后，方可同时启动。

C. 检查调整进料层回转漏斗行程开关位置，使之对位正确。

D. 检查、调整带式给料机的运转情况。

E. 水管路系统进行水压试验，历时30min，各管接头处，均应无渗漏现象。

F. 用0.8MPa压力对送风管路进行密封试压，检查有无漏气现象，逐项以手控电磁气阀确认弧门、称斗水阀以及各气缸的运作正确与否，最终保证气缸动作顺畅。调节各称斗的水平，并保证弧门关闭严密，保证传感器的垂直度，调整完毕后，进行校称。

G. 各系统调整完毕后，所有机械设备进行 16h 空载联动跑合试验。

2) 生产性重载试验。

A. 检查两台回转料斗的定位与料仓上料是否一致，在所有料仓检修闸门关闭的前提下上料，并及时检查调整料位显示。

B. 在风送胶凝材料前开启仓顶除尘器，进行工况检查。

C. 打开平板闸门，进行各种物料的单一配料称量试验，并进行多次称量，调整至允许误差范围内。

D. 对水泥气动蝶阀进行手动调整并调至需要开度大小。

E. 对称量系统进行提前量的调整，以保证达到最佳的配料精度，并将每次配料和卸料周期调整至 30~45s。

F. 对搅拌机齿圈与电动机所带齿轮进行啮合调整及其他调试。

G. 调整搅拌机桨叶和衬板的间隙在设备说明书允许范围内，调整液压系统伺服压力，操作压力和搅拌机高、中、低转速在设备说明书范围内，调整搅拌机链条张紧度。

H. 在所有机械设备调试合格，经 16h 空载跑合后进行连续的重载试验，经有关各方验收合格后，方可算达到安装、调试要求。

（5）制冷系统压缩机的调试。调试在全系统充氨工作完成以后，具备制冷设备单机试运行的条件时进行。单机试运行的目的是检查和判定系统中各部位能否具备参与系统调试的条件。

调试前必须全面检查供电、供水是否符合运行要求，检查工厂产品说明书的有关技术要求。

1) 压缩机组运转前应符合下列要求：①开联轴器，单独检查电动机的转向应符合压缩机要求；连接联轴器，其找正允许偏差应符合设备技术文件的规定。②盘动压缩机应无阻滞、卡阻等现象。③向油分离器、储油器或油冷却器中加注冷冻机油，油的规格及油面高度应符合设备技术文件的规定。④泵的转向应正确；油压宜调节至 0.15~0.3MPa（表压）；调节四通阀至增、减负荷位置；滑阀的移动应正确、灵敏，并应将滑阀调至最小负荷位置。⑤保护继电器、安全装置的整定值应符合技术文件的规定，其动作应灵敏、可靠。

2) 压缩机组的负荷试运转应符合下列要求：①按要求供给冷却水。②制冷剂为 R12、R22 的机组，启动前应接通电加热器，其油温不应低于 25℃。③运转的程序应符合设备技术文件的规定。④调节油压宜大于排气压力 0.15~0.3MPa；精滤油器前后压差不应高于 0.1MPa。⑤冷却水温度不应大于 32℃，压缩机的排气温度和冷却后的油温应符合表 8-1 的规定。⑥排气压力不宜低于 0.05MPa（表压）；排气压力不应高于 1.6MPa（表压）。⑦运转中应无异常声响和振动，并检查压缩机轴承体处的温升应正常。⑧封闭处的渗油量不应大于 3mL/h。

表 8-1   压缩机的排气温度和冷却后的油温表

制冷剂	R12	R22、R717
排气温度/℃	≤90	≤105
油温/℃	≤30~55	≤30~65

螺杆压缩机组调试前应检查冷凝器，油冷却器的水路畅通，给冷凝器，油冷却器供水。

检查油箱油面的高度。

开启系统中相应的阀门，尤其注意开启排气截止阀，吸气截止阀的开启度应与电机正常运转后根据低压、高压的压差慢慢开口。

能量指示器的指针应在"0"的位置，如不在"0"位，应单独启动油泵，油压上升后，用手动控制将滑阀卸至"0"位，然后停泵，用手将联轴节按逆时针方向旋转数转使机内油向分离器排出。

观察压力情况，当高低压不平衡时，开启平衡阀使高低压平衡，然后关闭平衡阀。

启动压缩机时应先启动油泵，并检查油压，当油压上升至比排气压力高 0.196～0.29MPa 时，再启动主机。

主机运转正常后，慢慢开启吸气截止阀，然后再将能量逐渐调大。

运转 10～30min 后停车，检查各摩擦部位的润滑和温升情况，待一切正常后，再开机，继续运转 2h。

运转中应检查并记录：油箱油面高度和各部位的供油情况；润滑油的压力和温度；吸、排气的压力和温度；进、排水温度和冷却水供应情况；运动部件有无异常声响，各直接部位有无松动、漏气、漏油、漏水等现象。电动机的电流电压和温升；能量调节装置动作是否灵敏；机组的噪声和振动等。

停车时将能量调阀手柄转到减载位置，关闭供液阀，关小吸气截止阀。待滑阀回到 40%～50% 位置时，按下主机停止按钮，主机停止运转后，关闭吸气截止阀。待减载至零位后按下油泵停止按钮，继后关闭水泵，停止向油冷却器供水。切断机组电源。

（6）氨泵的调试。氨泵启动前必须检查泵的旋转方向是否正确，电机接线是否符合铭牌规定，压差控制器的调定值是否合适，低压循环储液器的液面是否达到氨泵运行高度的要求。

打开氨泵前后的截止阀，打开氨泵抽气阀，让氨液充入泵体后关闭抽气阀，启动氨泵，检查氨泵进出液管道的氨压力表指针变化情况。

系统中所有氨泵必须逐一作单机试运行，若氨泵处于空转，压差继电器跳闸，必须查出原因并加以消除，才能再启动试运行。

（7）空气冷却器及风机。空气冷却器、风机、风冷骨料仓与风管等连接的封闭冷风循环系统中，重点检查空气冷却器及冷风机设备的运行准备情况，认真清除风管内残留杂物。

检查离心风机，轴流风机的电机接线及叶轮转向是否正确。

启动风机进行常温通风试运行，检查风机是否有异常振动或叶轮擦蜗壳的现象，同时根据风机电动机的电流电压表指示，检查风机负荷情况。

二次风冷骨料仓配有两台轴流风机并联运行时，试运行中禁止单台风机工作，以免另一台风机发生长时间倒转造成事故。

风机停止后，开启空气冷却器冲霜水阀，检查淋水冲霜运行的情况，检查排水是否畅通，空气冷却器是否有漏水现象。

（8）片冰机及冰库的调试。检查片冰机及冰库的电气接线和水循环系统无误后，即可作空载单机调试。

启动片冰机制冰筒或刀架电机，检查转向是否正确，启动冰机淋水系统，检查冰机承水槽有无渗漏或其他水流入冰库。

分别启动冰库内耙冰机及升降装置，隔冰门，出冰口，作空载运行检查。

启动冰库内风机、使冰库降温至 −8℃，检查库温稳定情况，冰库隔热保温效果。

对片冰机逐一作单机制冰试运行，按冰机制冰工况运行 2～3h，检查产冰量、冰质量、冰机的冰水分离效果等。

待冰库平均储冰高度达 100～200mm 后，对冰库作有载荷调试运行，检查储冰和输出冰质量及库内各机械设备负荷运行情况。

（9）供配电系统的调试。供配电系统在完成各项检测和试验工作以后，在确认各部分绝缘状况良好，技术参数符合技术要求的前提下，方可通电进行单台设备试运行，对不满足技术要求的参数进行修正，待单台设备试运行完成以后，再进行电气联动试运行，联动试运行完成后投入动力电源进行设备空负荷试运行，历时 72h 空负荷试运行无异常情况，才能带负荷运行。

8.2 系统试运行

8.2.1 拌和系统试运行

系统满负荷联动调试合格后，主要对下列内容进行检测：

（1）各类设备的单台生产能力，运行技术参数。

（2）混凝土生产系统成品骨料的实际输送能力。

（3）混凝土生产系统的混凝土（包括预冷混凝土）的实际生产能力。（碾压混凝土和常态混凝土应分别进行检测）。

（4）混凝土生产系统各级成员备料的质量技术参数。

（5）混凝土生产系统不同配合比混凝土的质量技术参数。

（6）高温季节混凝土生产系统骨料调节料仓一次风冷后骨料出仓口温度。

（7）高温季节混凝土生产系统的产冷混凝土出机口温度。

8.2.2 制冷系统试运行

（1）系统负荷运行按冷凝器的运行，制冷压缩机的运行氨泵供液系统运行，制冷终端设备（电冰机、冰库、冷风机等）运行等顺序进行。

（2）冷凝器的运行。检查冷凝器管路和各阀门的开闭状态。运行中冷凝器的出入水管路，氨进气和出液，均压阀，安全阀前的截止阀等必须全部处于开启状态，放空阀应关闭。冷凝器的冷却水量必须符合设备的要求且不得间断供水。

检查有关阀门的开启度，根据运行情况及时调整，进出水阀除满足单台冷凝器供水的要求外，同时考虑多台冷凝器的配水均匀性。

制冷压缩机停车后，冷凝器应继续通冷却水 15min，然后切断水源。

（3）制冷压缩机的运行。制冷压缩机的运行应逐台进行，第一台压缩机正常运行后，才能开始第二台压缩机启动；压缩机达到设计制冷工况运行时，检查机组运行参数，并做好记录；压缩机稳定运行，结合空气冷却器，片冰机和制冷蒸发器负荷进行运行，并检查运行参数。

（4）氨泵的运行。氨泵逐台开启运行，并注意每台泵的运行情况，记录运行电流电压和氨泵出口压力值；根据空气冷却器和片冰机开机台数合理控制氨泵开启的台数；检查氨泵供液时，低压循环储液器的液位变化及电磁阀启动补液的工作情况。

（5）片冰机、冰库、冷风机的运行。片冰机、冰库、冷风机等设备运行均应逐台开启，不得集中启动运行；冷风机进行风冷骨料运行的每组骨料仓单独形成封闭循环系统，系统运行中应分别检查各组冷风机配置的氨管进出液阀门的启闭状态。

（6）系统停机顺序。高压储液器停止向低压供液→停氨泵→停泵 10min 后停压缩机→停冷风机→停片冰机→停止供水。

系统试运行后，应拆、洗吸气过滤器，滤油器和氨过滤器，并更换润滑油；对储液器和设备内有余压的部分进行卸压，放气、排水、排污；重新检查各设备的状态，检查各紧固件；为制冷系统的正常投产运行作准备。

8.3 系统运行管理

8.3.1 混凝土系统运行管理工作任务

混凝土系统在运行期间的主要有下列工作项目：

（1）原材料如砂石骨料、外加剂、胶凝材料等的运输、保存、计量、使用。

（2）混凝土生产与计量。

（3）各车间、设备、设施的运行和维护（包括备品备件）。

（4）混凝土生产原材料的质量检测。

（5）成品混凝土质量的质量检测。

（6）运行期废水回收处理及排放，工程废渣料的清理及运输。

8.3.2 混凝土系统运行管理要求

（1）混凝土原材料。

1）水泥。水泥的运输、保管及使用，应遵守下列规定：

A. 优先使用散装水泥。

B. 运到工地的水泥，应按标明品种、强度等级、生产厂家和出厂批号，分别储存到有明显标志的储罐或仓库中，不得混装。

C. 水泥在运输和储存过程中应防水防潮，已受潮结块的水泥应经过处理并检验合格方可使用。罐储水泥宜 1 个月倒罐 1 次。

D. 水泥仓库应有排水、通风设施，保持干燥。应设防潮层，距底面、边墙至少30cm，堆放高度不应超过 15 袋，并留出运输通道。

E. 散装水泥运到工地的入罐温度不宜高于 65℃。

F. 先出厂的水泥应先用。袋装水泥储运时间超过 3 个月，散装水泥超过 6 个月，使用前应重新检验。

G. 应避免水泥的散失浪费，做好环境保护。

2）砂石骨料。成品骨料的堆存和运输应符合下列规定：

A. 堆存场地应有良好的排水设施，必要时应设遮阳棚。

B. 各级骨料仓应设置隔墙等有效措施，严禁混料，并应避免泥土和其他杂物混入骨料中。

C. 应尽量减少转运次数。卸料时粒径大于 40mm，骨料的落差大于 3m 时，应设置缓降设施。

D. 储料仓除有足够的容积外，还应维持不小于 6m 的堆料厚度。细骨料仓的数量和容积应满足细骨料脱水的要求。

E. 在有成品骨料堆场取料时，同一级料在料堆不同部位同时取料。

3）掺合料。水工混凝土常用掺合料有粉煤灰、凝灰岩粉、矿渣微粉、硅粉、粒化电炉磷渣、氧化镁等。应储存在专用仓库或储罐内，在运输和储存过程中应注意防潮，不应混入杂物，并应有防尘措施。

4）外加剂。外加剂应存放在专用仓库或固定的场所妥善保管，不同品种外加剂应有标记，分别储存。粉状外加剂在运输过程中应注意防水防潮。当外加剂储存时间过长，对其品质有怀疑时，必须进行试验认定。外加剂应配成水溶液使用。配置溶液时应称量准确，并搅拌均匀。

5）水。凡符合国家标准的饮用水，均可用于拌和与养护混凝土。未经处理的工业污水和生活污水不应用于拌和与养护混凝土。地表水、地下水和其他类型水在首次用于拌和与养护混凝土时，需按现行的有关标准，经检验合格后可使用。检验项目和标准应符合下列要求：

A. 混凝土拌和和养护用水与饮用水试验所得的水泥凝结时间差及终凝时间差不应大于 30min。

B. 混凝土拌和养护用水配置水泥砂浆 28d 抗压强度不应低于标准饮用水拌和的砂浆抗压强度的 90%。

C. 拌和与养护混凝土用水的 pH 值和水中的不溶物、可溶物、氯化物、硫酸盐的含量应符合相关规范的规定，拌和与养护混凝土用水的指标要求见表 8-2。

表 8-2　　　　　　　　　　拌和与养护混凝土用水的指标要求表

项　　目	钢筋混凝土	素混凝土
pH 值	＞4	＞4
不溶物／（mg/L）	＜2000	＜5000
可溶物／（mg/L）	＜5000	＜10000
氯化物（以 Cl^- 计）／（mg/L）	＜1200	＜3500
硫酸盐（以 SO_4^{2-} 计）／（mg/L）	＜2700	＜2700

（2）混凝土拌制。

1）拌和设备投入混凝土生产前，应按经批准的混凝土施工配合比进行最佳投料顺序和拌和时间的试验。

2）混凝土拌和必须按照试验部门签发并经审核的混凝土配料单进行配料，严禁擅自更改。

3）混凝土组成材料的配料重均以重量计，称量的允许偏差，不应超过表 8-3 的规定。

表 8-3　　　　　　　　　混凝土材料称量的允许偏差

材　料　名　称	称量允许偏差/%
水泥、掺合料、水、冰、外加剂溶液	±1
骨料	±2

4）混凝土的拌和时间应通过试验确定。混凝土最少拌和时间见表 8-4。

表 8-4　　　　　　　　　混凝土最少拌和时间表

搅拌机容量 Q/m^3	最大骨料粒径 /mm	最少拌和时间/s	
		自落式搅拌机	强制式搅拌机
$0.8 \leqslant Q \leqslant 1$	80	90	60
$1 \leqslant Q \leqslant 3$	150	120	75
$Q > 3$	150	150	90

5）每班开始拌和前，应检查搅拌机叶片的磨损情况。在混凝土拌和过程中，应定时检测骨料含水量，必要时应加密检测。

6）混凝土掺合料宜用干掺法，且必须拌和均匀。

7）外加剂溶液中的水量，应在拌和用水量中扣除。

8）拌和楼进行二次筛分后的粗细骨料，其超逊径应控制在要求范围内。

9）混凝土拌和物出现下列情况之一者，按不合格料处理：

A. 错用配料单已无法补救，不能满足质量要求。

B. 混凝土配料时，任意一种材料计量失控或漏配，不符合质量要求。

C. 拌和不均匀或夹带生料。

D. 出机口混凝土坍落度超过最大允许值。

10）温度控制。在混凝土施工过程中，应至少 4h 测量 1 次混凝土的原材料的温度、出机口温度和气温。

9 质 量 控 制

9.1 原材料检测和试验要求

9.1.1 细骨料

（1）细骨料应质地坚硬、清洁、级配良好；人工砂的细度模数宜在 2.4～2.8 范围内，天然砂的细度模数宜在 2.2～3.0 范围内。使用山砂、粗砂、应采取相应的试验论证。

（2）细骨料的质量技术要求符合《水工混凝土施工规范》（DL/T 5144—2001）的规定。

（3）细骨料的含水率不大于 6%。

细骨料（砂）的质量技术要求见表 9-1。

表 9-1　　　　　　　　　　细骨料（砂）的质量技术要求表

序号	项　目	指标	备　注
1	表观密度/（t/m³）	≥2.5	
2	堆积密度/（t/m³）	≥1.50	
3	含泥量	—	
4	泥块含量	不允许	
5	人工砂中的石粉含量/%	6～18	系指小于 0.16mm 的颗粒
6	坚固性/%	≤10	系指硫酸钠溶液法 5 次循环后的重量损失
7	硫酸盐及硫化物的含量/%	≤1	换算成 SO_3
8	云母含量/%	≤2	
9	有机质含量	不允许	
10	细度模数	2.4～2.8	
11	饱和面干的含水量/%	≤6	
12	轻物质含量/%	≤1	表观密度小于 2.0t/m³

细骨料的检查内容和频率如下：

1）砂料全分析试验每月取样 1 次，试验项目有：细度模数（F·M值）、表观密度、吸水率、含水率、容重、空隙率、泥块含量或石粉含量、有机质、轻物质含量、云母含量、坚固性等。

2）砂料表面含水率每班至少检查 3 次，雨后、刮风或气候干燥、炎热等情况下应增加检验次数。

3）细度模数每班至少检查 1 次，当细度模数变化与配合比设计试验值相差超过±0.2时，呈报监理，并调整施工配合比。

9.1.2 粗骨料

粗骨料质地坚硬、清洁、级配良好，粗骨料的针片状颗粒含量不大于 15％，其超逊径筛检验时，超径为零，逊径小于 2％；以原孔筛检验时，控制标准为：超径小于 5％，逊径小于 10％。技术要求符合其质量符合《水工混凝土施工规范》（DL/T 5144—2001）的规定。粗骨料质量技术要求见表 9-2。

表 9-2 粗骨料质量技术要求表

序号	项 目	指标	备 注
1	表观密度/（t/m³）	≥2.55	
2	堆积密度/（t/m³）	≥1.60	
3	吸水率/％	≤2.5	
4	坚固性/％	≤12	
5	针片状颗粒含量/％	≤15	经检验论证，可以放宽至 25％
6	软弱颗粒含量/％	≤3	
7	含泥量/％	≤1	D15mm、D20mm、D40mm 粒径级
		≤0.5	D80mm、D150mm 粒径级
8	泥块含量	不允许	
9	硫酸盐及硫化物含量/％	≤0.5	换算成 SO₃
10	有机质含量	浅于标准色	
11	超径含量	0	超逊径筛检验
12	逊径含量/％	<2	超逊径筛检验
13	含水量/％	≤1	D15mm、D20mm 粒径级

粗骨料的转运、存放等均符合《水工混凝土施工规范》（DL/T 5144—2001）中的有关要求。不使其破碎、离析，尽可能减少转运次数。不得有异物侵入，不允许任何设备在骨料堆上作业。

各级粒径人工碎石的物理性能全分析试验每月取样 1 次，试验项目有：表观密度、吸水率、容重、空隙率、含泥量、泥块含量、超逊径、针片状含量、有机质含量、压碎指标、坚固性等试验。粗骨料进厂时取样检验，当质量技术要求超标时及时报告监理工程师处理。

二次筛分机筛网检查每班 1 次，如有损坏及时更换。

小、中石表面含水率每天至少检查 2～3 次，波动范围控制在±0.2％以内，超过波动范围，分析原因，及时处理。

各级（粒径）石子的超逊径含量，每班至少检查 1 次。控制标准：采用原孔筛检验时，超径小于 5％，逊径小于 10％。

9.1.3　水泥

运至工地的水泥应附有厂家（或物资供应部门）提供的出厂合格证，并由试验室进行进场检验，主要有下列规定：

（1）水泥按同厂家、同品种、同标号进行分类，相同类别的水泥以 200～400t 为一批量进行检验；每一批量水泥有厂家出厂合格证，内容包括：厂名、品种、标号、编号、批号、出厂日期、数量及厂家"出厂水泥品质检验报告"。试验室内业组负责签收、登记、资料整理和信息反馈、存档等项工作。

（2）必要时向厂家搜集出厂水泥和水泥熟料的化学全分析（含矿物组成）资料。若发现水泥异常时加密检验并报监理工程师处理。

（3）同类水泥按批号每日取样 1 次，若日进货量超过 400t 时，相应增加取样次数。

（4）取样有详细记录，内容为：取样编号、试验编号、取样日期、取样地点（车辆内取样登记车牌号）、厂家名称、品种、标号、代表数量或进货数量、取样人及见证人（签名）等。

（5）试验项目为物理力学性能全分析，内容包括：水泥强度等级、标准稠度需水量、凝结时间、安定性、比表面积、细度和比重等。

（6）上述水泥物理力学性能试验结果异常时，及时呈报监理工程师，必要时对外委托水泥水化热试验或水泥化学全分析试验。

（7）水泥储存时间长于 1 个月者，试验室重新取样检验。

9.1.4　粉煤灰

（1）粉煤灰检验按批进行，每批数量为同一厂家连续 100～200t 同等级粉煤灰，且附有供货单位的出厂合格证，其内容包括：厂名、合格证编号、粉煤灰等级、批号、出厂日期、数量和出厂质量检验成果等，试验室有专人签收、登记、存档。

（2）试验室作好取样记录，粉煤灰的细度、需水量比、烧失量、强度比、SO_3 含量中有一项试验结果出现异常时，及时呈报监理工程师和业主试验中心，必要时对外委托粉煤灰的化学全分析，分析项目有 SiO_2、CaO、Al_2O_3、Fe_2O_3、MgO、Na_2O、K_2O、SO_3、烧失量等，视厂家煤质情况还可另行增加其他分析项目。

9.1.5　混凝土外加剂

粉状物以 5t 为一取样单位，胶状物以 0.2t 为一取样单位。检验项目有：

（1）匀质性指标：含固量或含水量、密度、氯离子含量、pH 值、表面张力、水泥净浆或砂浆流动度，对于粉状物补充细度试验，对于引气剂补充泡沫性能试验。

（2）混凝土性能试验：减水率、坍落度、含气量、泌水率（泌水率比）、凝结时间、抗压强度（抗压强度比）、抗拉强度（抗拉强度比），对于减水剂补充坍落度损失试验，对于引气剂增添相对耐久性能指标试验。

（3）试验所用水泥为系统生产用相同水泥，必要时外掺粉煤灰试验，其 $F/(C+F)$ 选用配合比中最大掺量进行试验。

（4）外加剂溶液配制由试验室计算、校核，一次溶液配制量使用期不宜超过 10d。配制浓度应每班对上楼池进行检测，搅拌均匀后取样检测固形物含量，并标记挂牌，标记牌内容：名称、固形物含量、配制日期、配制数量、配制人（签名）、检验日期、检验人（签名）等。

（5）生产使用的外加剂溶液必须搅拌均匀并取样检验，每班取样 1 次（指一种外加剂）作固形物含量试验，也可用液体比重天平测定比重值，但必须有相应的试验曲线（或回归方程），否则测固形物含量，以供拌和计量使用。

9.1.6　水

拌和混凝土所用的水，除按规定进行水质分析外，按监理人指示进行定期检测，在水源改变或对水质有怀疑时，采取砂浆强度试验法进行检测对比，如果水样制成的砂浆抗压强度，低于原合格水源制成的砂浆 28d 龄期抗压强度的 90％时，该水不能继续使用。

9.2　拌和物检测和试验要求

9.2.1　拌和物拌和要求

（1）按照核准的《混凝土要料单》进行生产。

（2）拌和楼衡器每一工作班称量前进行零点校核，高精度衡器每周校正 1 次（细骨料、水泥、水等），每月对所有衡器进行全面校验。

（3）原材料均以重量计，称量偏差：胶凝材料、水和外加剂不大于±1％，粗细骨料不大于±2％，每班仔细检查混凝土各组成材料计量数值与定秤、输入、显示、储存、打印等程序是否相符。

（4）严格控制混凝土拌和时间，采用强制式搅拌机时，常态混凝土不少于 90s，低温混凝土不少于 110s；采用自落式搅拌机时，常态混凝土不少于 120s，低温混凝土不少于 150s。

（5）混凝土拌和必须均匀，外观颜色一致，低温混凝土加冰拌制时，出机口的混凝土拌和物内不得出现冰块。

9.2.2　混凝土拌和物的质量检验

（1）混凝土坍落度或 VC 值每 2h 检查 1 次（不含试件取样成型检测的次数），允许偏差满足要求。

（2）混凝土含气量每班至少抽检 4 次，检测结果与要求值中值的允许偏差为±1％。

（3）混凝土出机口温度、气温和水温每班至少检测 2 次，冬、夏季施工，每班至少检测 4 次（可与抽样成型同步进行）。

（4）混凝土凝结时间、泌水率、坍落度和含气量损失每月至少检测 1 次。

（5）主要配合比的水胶比、胶凝材料含量、水含量及砂、石实际用量的检测每季度 1 次（可与下述混凝土拌和物抽样成型的"全面检验"同步进行）。

9.2.3　混凝土拌和物的抽样成型

拌和物的抽样成型，以抗压强度为主，且与设计龄期相一致。每座楼分别取样，并以不同字母为代号予以区别。样本按每一个配合比分类（即相同配合比为同一类样本），其取样次数按相同配合比的工程量计：不大于 500m³ 者为 1 次，大于 500m³ 者，每班取样次数不少于 1.25×（每班拌和方量/500）（任一小数均按进入整数计），1 个班多于 3 个配合比时，可按三班（由零时至 24 时）同配合比的累计工程量计算取样次数，并妥善安排每一工作班的取样次数。规定如下：

（1）任意一次抽样成型均须同步进行坍落度、含气量、水温、气温、拌和物出机口温度的检测。

（2）抗压强度：设计龄期为 90d，每次取样成型 28d 和 90d 材龄的试件各 1 组；设计龄期为 28d，每次取样成型 7d、28d 材龄试件各 1 组。

（3）劈裂抗拉：每一配合比 3000m³ 工程量取样 1 次，每次成型 2 组，即 28d 和 90d 设计龄期分别成型 7d、28d 和 28d、90d 材龄的试件各 1 组（与抗压试件同步）。

（4）抗冻与抗渗：有抗冻或抗渗要求的（以签发的配料单为依据，下同）主要标号混凝土每季度取样 1 次。

（5）为验证混凝土施工配合比和探讨本工程混凝土施工的特性，对系统拌制的主要施工配合比，每季度对主要配合比取样 1 次进行全面检验，并向业主和监理工程师呈报试验计划：①抗压强度：7d、28d、90d、180d 计 4 组；②劈裂抗拉：7d、28d、90d 计 3 组；③极限拉伸：28d、90d 计 2 组；④抗压弹模：28d、90d 计 2 组；⑤抗冻：设计龄期 1 组；⑥抗渗：设计龄期 1 组。

（6）为提高试验管理水平，每季度 1 次抽检不少于 12 组试件作试验系统误差检查和统计分析。

9.3 系统运行中的质量控制

9.3.1 拌和楼校秤

拌和楼校秤的精度涉及产品质量及成本控制，是质量控制的关键步骤，校秤时要严格遵守厂家技术要求，并要在试验人员、监理的监督下进行，校秤的步骤及要点：

进入在主窗口中移动鼠标光标至"系统校正"，按鼠标左键，进入"系统调零"项，观察当前的"皮重"值与相应的"检测"值是否一致。在确保秤斗为空的前提下，移动鼠标光标到需要调零（即"皮重"值与"检测"值不一致）的秤对应的调零按钮上，按鼠标左键，即可完成该秤的调零工作（即"皮重"值与"检测"值相同），然后关闭"调零"窗口。各秤调零前要检查所有传感器和传感器电源连接是否正确，运行状态是否正常，秤斗应为空状态。系统调零界面见图 9-1。

9.3.2 系统校秤

如果是初次安装使用或长期停产以及更换传感器、电源盒等，都需要进行校秤工作。校秤前要把各台秤相应的传感器和传感器电源盒在空载状态下进行调整，并进行软件调零。具体做法如下：

在主窗口中移动鼠标光标至"系统校正"，按鼠标左键，进入下拉子菜单再点按"系统校秤"项，此时屏幕上出现系统校秤的窗口。在需要校正的秤上放上一定重量的砝码

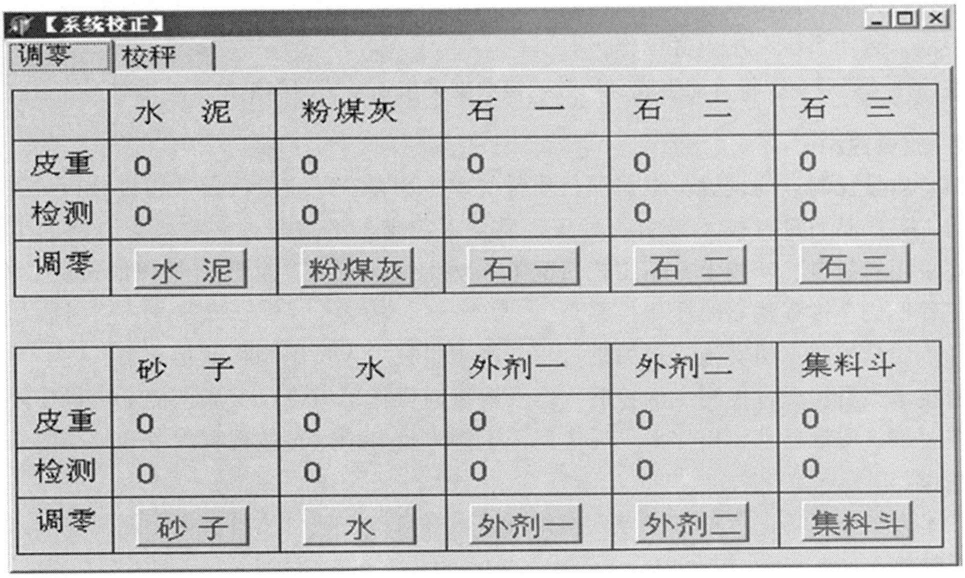

图 9-1　系统调零界面图

（此砝码值最好大于秤面额定值的一半），如果显示重量与所加砝码重量不符，按鼠标左键确定光标位置，再用键盘输入所压砝码重量值，移动鼠标光标到该秤对应的校秤按钮上点击，显示值随之改变并与实际值相符，然后将该秤上的砝码逐步减去，检查显示值与实际砝码值是否一致，直到所有砝码卸完，显示值变为"0"，至此，该秤的校秤工作完成。系统校秤界面见图 9-2。

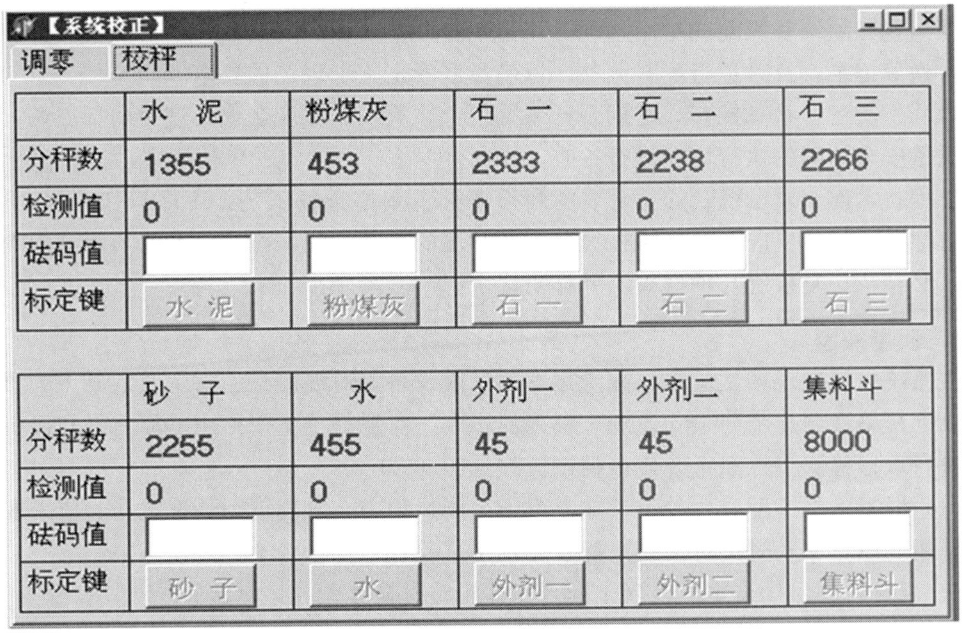

图 9-2　系统校秤界面图

在校秤时应注意在未调零和未压砝码之前严禁进行校秤工作，否则会导致整个系统的数据混乱，致使系统无法正常工作。

在校秤结束后系统将自动生成分秤数，该数据关系到系统的称量精度，绝对不能修改。

9.3.3 质量监测

（1）质量控制点的设置。根据项目质量的水平和存在的质量问题，通过分析对关键部位，对工程产品质量有较大影响的过程，质量不稳定，不易通过一次检查合格的工艺环节。在采用新材料、新技术、新工艺情况下，对生产运行及产品没有把握的过程或部位，确定工程形成全过程建立的质量控制点。

（2）质量控制点的实施。对关键过程，由项目技术人员编制作业指导书。

由技术人员将质量控制点的控制内容及要求向操作班组进行交底，使上岗操作人员熟知工艺要求、质量要求、操作要求后上岗。上岗人员必须严格按规程规范和批准的作业指导书操作。

技术人员在现场进行重点指导，操作班组做好自检，项目质检员进行巡回检查，质量安全部抽检。

在过程检验或试验室在必要点取样检验中，如上道工序发现不合格品，严禁转入下道工序生产。

项目质检员在检查中，如发现质量控制点出现不合格，按《不合格品控制程序》和《纠正和预防措施实施程序》的规定执行。

（3）质量信息反馈及处理。由于原材料、气候、运输、混凝土施工现场的原因，使混凝土在浇筑施工中操作困难，混凝土浇筑单位利用通信或口头向工程技术部直接或间接反映情况，当班调度通知拌和楼和值班质检员，了解拌和楼生产情况，由试验室做适当调整。如出现必须调整级配或增用水泥时，由工程技术部利用通信或书面通知有关部门并报监理，做好记录，及时进行配料调整，以满足混凝土施工现场的要求。

（4）生产运行状态控制。定期召开系统生产、质安、调度会议，进行内部协调，并对生产质量安全计划的执行情况进行检查。

工程技术部、质量部、安全部、材料设备部负责巡查各工艺，工序操作规程、规范、劳动纪律、原材料供应、运行机械设备控制状况的执行情况。特别对产品质量有影响的控制点，必须执行复核制与抽样检测并作出记录。

9.3.4 质量控制

在系统内设置现场试验室，配置足够的试验设备，对混凝土原材料及混凝土的质量进行检测。严格按照规范要求和监理工程师的指令，对混凝土生产所用的原材料和出机口的质量进行取样检测。拌和系统质量控制流程见图9-3。

（1）混凝土施工配合比校正。在混凝土生产过程中，发现下列情况之一，应采取现场实际使用的原材料及时进行混凝土配合比校正试验。

1）原材料的质量与室内混凝土配合比试验时有显著差异。

2）混凝土拌和物的和易性异常、混凝土拌和用水量与设计配合比的用水量有较大差别，使水胶比超过设计水胶比±0.02的范围时。

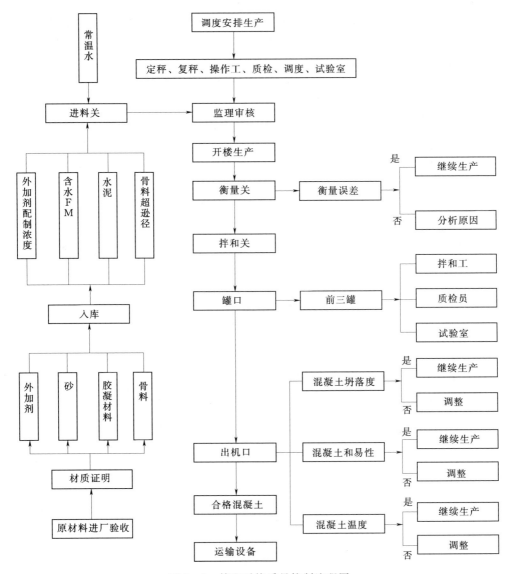

图 9-3 拌和系统质量控制流程图

3）混凝土生产质量控制过程抽样发现硬化，混凝土各项性能指标与室内配合比试验阶段存在明显差异。

4）入仓混凝土拌和物出现重大的质量波动，导致混凝土无法正常浇筑。

开展混凝土配合比校正试验时，应提交详细的试验方案或大纲，并经审批后实施。

（2）混凝土配料单确定。混凝土供料单位试验室应根据监理机构审批的施工配合比，结合混凝土施工用原材料及施工工艺等情况，提供混凝土配料单。

1）混凝土施工配合比实施前的检查。

A. 混凝土供料单位和监理工程师在开仓前应检查原材料质量和储备情况。

B. 混凝土供料单位应在拌和前对原材料进行试验检测。

C. 混凝土用外加剂应配成水溶液使用，一次溶液配制量使用期减水剂不宜超过 10d，引气剂不宜超过 7d。溶液配制完成并搅拌均匀后取样检测并标记挂牌,标记牌的内容包括名称、浓度、配制日期、配制数量、配制人(签名)、检验日期、检验人(签名)等。每一种外加剂每班至少取样 1 次,进行比重检测并换算成浓度。

D. 细骨料的含水率应保持稳定,砂表面含水率不宜超过 6%,必要时应采取加速脱水措施。

2)混凝土配料单的确定。

A. 混凝土要料单位应提前 4h 将"混凝土开仓浇筑通知单"送供料单位及其监理机构,明确混凝土设计要求、浇筑部位、工程量等信息。供料单位试验室根据原材料试验检测结果出具相应的"混凝土配料单""混凝土配料单"计算和校核必须由具备工程师及以上职称的试验人员校核签字,并提交试验监理工程师审核会签,经试验监理工程师审核后,配料单才能使用。

B. 供料单位混凝土生产系统操作员在试验人员、试验监理工程师见证和复核下将混凝土配料单录入生产系统计算机。

C. 每班开始拌和混凝土前应对拌和楼称量设备进行零点校验,并在出现异常情况时进行全面检查。

D. 供料单位试验室人员、试验监理工程师与拌和系统操作人员每次开仓前应核对录入的配料单信息的准确性,并打印配料信息,由试验监理工程师签字确认。

在混凝土开盘后立即根据拌和物检验结果对混凝土配料单进行调整,混凝土配料单的调整一般不宜超过 3 盘,直至混凝土拌和物满足要求并稳定为止。

(3)混凝土配料单调整。

1)拌和系统混凝土配料单除试验人员外,严禁任何人擅自改动。

2)供料单位试验人员应根据原材料检测结果、实测坍落度、含气量及现场反馈施工性能等信息,及时对配料单规定的范围进行调整,并经工程师及以上职称的试验人员签字确认。

3)施工配料单调整的原则:保证混凝土施工配合比水胶比不变,在一定范围内对砂率、用水量、外加剂掺量等进行适当调整,确保混凝土拌和物满足施工需要。

4)当下述条件发生变化时应对施工配料单进行调整。施工配料单调整的主要依据:

A. 骨料含水量的变化。

B. 骨料超逊径和级配发生变化。

C. 砂子细度模数发生变化、混凝土含气量变化、混凝土运输和结构物浇筑条件变化或其他气候和施工条件发生变化。

5)混凝土拌和中断 24h 以上时,供料单位试验室应重新提交混凝土配料单请试验监理工程师审核签字。

(4)混凝土配料单的实施控制。

1)混凝土拌和系统操作人员应按照确定的投料顺序和拌和时间认真操作,对每盘投料精度进行检查。供料单位应在搅拌层出机口配置专职质量检查员,随时观察出机口混凝土拌和物的质量状况;对于操作中遇到的影响混凝土拌和物质量的情况及时通知试验室,严禁拌和系统操作人员擅自处理。

2）供料单位试验人员定时对拌和系统、骨料、外加剂等质量情况进行巡检，并填写巡视记录。

3）拌和系统每次开盘或配合比级配变化前应由操作人员和质检人员对搅拌罐进行检查，试验人员对混凝土拌和物检测坍落度、含气量、温度等指标，达标后方可批量生产。

4）当混凝土在拌制过程中及出机口混凝土拌和物出现异常时，拌和系统质检人员及试验人员应及时通知值班领导和监理工程师。查明混凝土出现异常的原因，必要时指令停楼检查，不合格的混凝土拌和物应按废料处理。

5）混凝土拌和物出厂后，受料单位试验室应按照要求，对混凝土拌和物进行坍落度、含气量、温度、力学、耐久等指标进行取样检验。

（5）混凝土配合比实施信息收集及反馈。

1）供料单位试验室、受料单位试验室、监理机构、业主试验检测机构应搜集和积累完整的混凝土生产全过程的技术资料和质量检测资料。

2）对混凝土原材料和生产过程中的检查、检验资料，以及混凝土抗压强度和其他试验结果应及时进行统计分析。对于主要的控制项目，如水泥强度、粉煤灰需水量比、砂的细度模数和石粉含量、减水剂的减水率、混凝土拌和物含气量和坍落度、混凝土强度等，应采用质量管理图反映质量波动状态。

3）在混凝土施工期间，施工单位、监理机构和业主试验检测机构应各项检验结果及时整理，并定期（每月、季、年）按规定提交报告。

9.4　质量资料及报表管理

（1）水泥、粉煤灰、外加剂等出厂合格证、出厂品质检验报告及相应的技术质量文件，由专人签收、编号、登记、存档保管。每月对出厂质量资料进行统计分析。

（2）混凝土拌和物及原材料的全部抽检项目，其试验结果按月整理并进行统计，统计特征值规定如下：

1）X_i：样本子样检测值。

2）N：样本容量（即子样个数）。

3）X_{max}：样本的最大值。

4）X_{min}：样本的最小值。

5）X：样本的平均值。

6）σ_x：样本的标准差（或均方差）。

7）C_v：样本的变异系数（或离差系数）。

8）P_i：符合技术要求的样本频率，％。

（3）系统生产过程中，采用质量管理图直观地反映质量波动状态，并及时反馈到相关网点上，以便调整和改进。对砂子、小石表面含水率、砂子细度模数、骨料超逊径率、水泥强度、粉煤灰需水量比及混凝土拌和物坍落度、含气量等检测资料列表并绘制管理图。条件成熟时对原材料所有抽检项目及影响强度的主要项目试验，均采用管理图进行质量控制。

（4）混凝土强度统计每月按相同配合比为一个同类样本，以设计龄期抗压强度的 C_v 值作为评定标准。样本容量规定如下：

每月样本容量 $n \geq 30$（组），可作为一个批量统计。

每月样本容量 $n < 30$（组），可延伸到下月统计（统计月报应予以注明）。

（5）混凝土强度统计与设计龄期相一致，其统计特征值除（2）款中所列外。应增加：

1）$P(x)$：强度保证率/％。

2）$\geq 0.85R_s$ 的频率数/％（R_s 为设计标号，下同）。

3）$\geq 0.9R_s$ 的频率数/％。

4）样本容量规定见（4）款。

（6）每月定期编制《质量控制检验月报》，并及时呈报主管和有关部门。

拌和及制冷系统混凝土及其原材料质量检验取样频率见表 9-3。

表 9-3　　　　　　拌和及制冷系统混凝土及其原材料质量检验取样频率表

工序	控制点		检验内容	取样频率	备注
	序号	名称			
一原材料质量控制检查	1	水泥	出厂品质检验报告	每批	200～400t
			搜集出厂水泥和熟料化学全分析资料	1次/月	厂家或物供部门
			物理力学性能全分析：水泥标号、稠度、凝结时间、安定性、细度和比重	1组次/2d	相同厂家、品种和标号：每批大于 600t 时，应增加取样次数
	2	粉煤灰	出厂品质检验报告	每批	100～200t
			细度、需水量比、含水率	1组次/d	相同厂家、相同等级
			表观密度、水泥净浆流动、烧失量	1组次/2d	相同厂家、相同等级
			细度、需水量比、烧失量、强度比、SO_3	1组次/季	强度比应增加 180d、1年、2年、3年材龄
			化学全分析		必要时由业主委托第二方检测
	3	减水剂	出厂品质指标检验		按形式检验内容检查
			匀质性指标检验：含固量、密度、Cl^- 含量、pH 值、表面张力、细度、砂浆流动度	1次/批	
			混凝土性能试验：减水率、坍落度损失、含气量、泌水率（泌水率比）、凝结时间、抗压强度（抗压强度比）、抗拉强度（抗拉强度比）	1次/批	

工序	控制点		检验内容	取样频率	备　注
	序号	名称			
一　原材料质量控制检查	4	引气剂	（1）出厂品质指标检验		按形式检验内容检查
			（2）匀质性指标检验：含固量、密度、Cl⁻含量、pH 值、表面张力、细度、砂浆流动度	1 次/批	
			（3）混凝土性能试验：减水率、坍落度损失、含气量、泌水率（泌水率比）、凝结时间、抗压强度（抗压强度比）、抗拉强度（抗拉强度比）	1 次/批	
			（4）相对耐久性指标及含气量损失试验项目	1 次/批	
	5	减水剂配制	（1）含固量测定；（2）液体 Be 值测定；（3）水泥胶砂流动试验	1 次/3d	外加剂配制间取样
	6	引气剂	（1）含固量测定；（2）液体 Be 值测定；（3）水泥胶砂流动试验；（4）表面张力测定和泡沫性能试验		
	7	减水剂检测	含固物测定	1 次/班	拌和楼取样
			含 Be 值测定	1 次/班	
	8	引气剂溶液	含固物测定　表面张力　泡沫性能	1 次/班	
	9	砂	全分析 13 项试验项目	1 次/月	拌和楼取样（外）　拌和楼取样（内）
			表面含水率（中、小石）	2~3 次/班	
			细度模数	1 次/班	
			石粉或含泥量	1 次/2d	
	10	骨料	全分析 13 项试验	1 次/月	二次筛分后调节料仓取样
			二次筛分筛网检查	1 次/班	
			进场检查	1 次/日	
			表面含水率	2 次/班	
			超逊径及含泥量	1 次/班	

工序	控 制 点		检验内容	取样频率	备　　注
	序号	名称			
二　混凝土拌和及拌和物质控检查	11	混凝土配料单		每个配合比	经监理工程师审批
	12	衡量检查	衡量校正	1次/7d	拌和楼衡量层
			零点校核	1次/班	
			各组成材料计量值	1次/班	
	13	拌和时间	常态、碾压或低温等品种	2次/班	按每座楼、每个品种抽查
	14	坍落度	外观颜色、和易性描述	2小时/次	
	15	外观检查	和易性、黏聚性描述	3次/班	兼评混凝土工作性
	16	含气量	每个配合比	2次/班	车内取样
	17	温度检测	混凝土出机口温度、水温、气温	2次/班	冬、夏季应增加测次
	18	系统检测	泌水率、凝结时间、陷度和含气量损失	1次/月	机口取样
	19	抗压强度	90d设计龄期：28d、90d	2组/500m³	
			28d设计龄期：7d、28d	2组/500m³	
三　混凝土抽样成型	20	劈裂抗拉	90d设计龄期：28d、90d	2组/500m³	可与抗压同步成型
			28d设计龄期：7d、28d	2组/500m³	
	21	抗冻	设计龄期，有抗冻要求	2组/500m³	每个配合比
	22	抗渗	设计龄期，有抗渗透要求	1组/500m³	
	23	全面系统检验	抗压7d、28d、90d、180d、1年、2年、3年	7组/次	机口取样；每个配合比；每季检测1次
			劈拉：材龄同上	7组/次	
			极拉：28d、90d、180d、1年	4组/次	
			压弹：材龄同上	4组/次	
			抗冻（设计龄期）	1组/次	
			抗渗（设计龄期）	1组/次	
	24	试验系统误差检查	2个试件为1组，取样拌匀后成型12组，陷度、含气量、泌水率、凝结时间等同步进行	1次/季	同一装运车辆内取样

10 安 全 管 控

安全管理贯彻"安全第一、预防为主"的宗旨，坚持"安全为了生产，生产必须安全"的原则，做到思想保证、组织保证、技术保证、措施保证，确保人员、设备及工程安全。

10.1 重大危险源

10.1.1 重大危险源的概述

重大危险源分为危险化学品重大危险源和施工重大危险源。

（1）危险化学品重大危险源：长期的或临时的生产、加工、使用或储存危险物质，且危险物质的数量等于或超过临界量的单元。

（2）施工重大危险源：工程施工作业部位或场所，有危险作业、危险环境或一定范围内同一施工部位有多个危险作业组成的危险单元。

10.1.2 混凝土生产系统重大危险源辨识

（1）危险化学品重大危险源辨识。根据危险物质的特性和数量，按照《危险化学品重大危险源辨识》（GB 18218—2009）的规定。

混凝土生产制冷系统采用的是液氨制冷，液氨属于易爆有毒气体，为 2 级毒性制冷剂，氨对人体具有较大的毒性，氨会刺激人的眼睛和上呼吸器官，氨液飞溅到人体皮肤会引起肿胀乃至烫伤；当氨气在空气中浓度达到 0.3%～0.6% 时，人呼吸后会窒息、昏迷以至死亡。氨浓度达到 16%～25% 时，遇到明火会发生爆炸。根据危险程度的划分标准，危险程度应划分为 2 级。

混凝土生产的制冷系统用到氨的危险场所有：一次风冷车间、二次风冷车间、风冷平台及制冷管路。根据《危险化学品重大危险源辨识》（GB 18218—2009）的要求，毒性气体氨的使用量达到临界量 10t，就可以确定为是重大危险源。

（2）施工重大危险源辨识。根据《水利水电工程施工重大危险源辨识及评价导则》（DL/T 5274—2012）的要求，分析危险作业和危险单元的风险特性及其影响程度，定性分析和定量评价相结合的原则，可利用安全检查表法、作业条件危险性评价法、作业条件—管理因子危险性评价法、预先危险性分析法和层次分析法，辨识施工重大危险源。

在水利水电工程中，拌和楼及制冷楼的安装中，均存在高处作业和起重吊装作业，根据《水利水电工程施工重大危险源辨识及评价导则》（DL/T 5274—2012）的要求，评价是否为施工重大危险源。

10.1.3 重大危险源监控

（1）重大危险源监控技术措施。制定重大危险源技术措施时，应着重考虑消除、预防、减弱、隔离、运行控制及联锁、警告及监控预警等方面内容。

（2）重大危险源监控方法。管理人员对重大危险源专项检查、现场巡查、定点监测等常规监控措施。

10.1.4 重大危险源的应急管理

（1）建立健全涉及重大危险源全部作业岗位的安全操作规程，并保证涉及重大危险源的从业人员全面掌握本岗位的安全操作技能和在紧急情况下应当采取的应急措施。

（2）危险化学品重大危险源的储存设施与生产区、办公区、生活区等公共设施的距离必须符合国家标准或者国家有关规定。

（3）根据重大危险源管理实际和安全评估结果，针对可能出现的突发生产安全事故，制定现场处置方案。

（4）结合项目施工实际情况，组织开展现场应急处置方案应急演练，使施工人员熟练掌握紧急情况下应当采取的应急措施。及时修订和完善应急预案，并保证应急预案的有效实施。

（5）加强现场应急救援队伍建设和管理工作。根据重大危险源应急实际需要，配备应急救援装备、物资；在重大危险源现场工作岗位设立应急救援器材柜，配备必要的便携式消防器材、防爆作业工具和个体防护用品等，提高重大危险源等突发事件的专业救援处置能力。

10.2 安全措施

10.2.1 拌和楼及制冷楼安装安全措施

（1）在拌和楼、制冷楼安装前对作业队伍进行技术交底和安全教育，班组作业前进行"班前危险预知"活动，落实危险预知防范工作。

（2）作业人员必须穿戴好劳动防护用品和正确使用防护工具，施工现场派管理人员和专（兼）职人员进行安全检查、巡视，及时纠正违章行为和不文明现象。

（3）在工作前对防护设备、施工机具的状态及其坚固性进行检查，人员精神状态应保持良好状态。

（4）凡从事焊接与切割的工作人员，应熟知焊接与切割的安全技术操作规程及安全知识，并经培训、考试和考核取得合格证后，方可上岗操作。

（5）在有焊接和气割工作的场所，必须设有消防设施，当风力超过 5 级时，在折叠移动式彩棚内作业防止焊渣飞溅引起火灾。

（6）清除焊渣飞溅物时，避免对着有人的方向敲打。

（7）参加高处作业的人员，必须系好安全带和穿软底鞋，不准穿塑料底和带钉子的硬底鞋；患有高血压、心脏病、贫血等不适于高处作业病症的人员，不应从事高处作业。

（8）高处作业前，应检查防护用品（如安全带、防风绳）设施是否符合安全要求，不应迁就使用；检查排架与基础连接是否可靠、连接件是否焊接牢靠。在 2m 以上高处悬空作业时，必须拴好安全带、安全绳，做到高挂低用，且拴的地方必须牢固可靠。

（9）由于拌和楼、制冷楼高度较高，安装过程中在拌和楼、制冷楼四周合理设置防护网，防护网的高度随着拌和楼、制冷楼安装高度的增加而同步增高。

（10）高处作业人员必须佩带工具包，作业时将用的小工具、材料放在包内装好，不应乱扔杂物，随身携带的工器具必须放于安全可靠处，避免工具、材料从高处落下，严禁在高处使用抛接方法传递材料、工具。

（11）在拌和楼、制冷楼安装时，作业下方设警戒线，安排专人进行警戒工作，严禁人员通行和交叉作业。

（12）起重机在使用前要经过试车，试车前应检查挂钩、钢丝绳、卡环、齿轮和电气部分等，起重作业应由持证起重工进行指挥，禁止斜吊，禁止任何人站在吊运物品上或者在下面停留和行走，物件悬空时，驾驶人员不能离开操作岗位。

（13）起吊前应对设备重量进行核对，选择起重设备，并在起吊时检查排架两端系上防风绳。立柱、排架吊装时检查吊点位置是否牢固可靠。

（14）严禁非施工人员进入施工现场，作业时认真做到"三不"伤害（即不伤害自己，不伤害他人，不被他人伤害）。

（15）夜间施工场地应有足够的照明，杂物指定堆放处理、做到文明施工。

（16）拌和楼、制冷楼安装过程中，如果高压线离拌和楼、制冷楼比较近，在吊装过程中，设置禁止区域，并且专人监督落实。

（17）在拌和楼内部，出料斗和集中料斗安装好后设立防护网，以防人员掉入。

（18）混凝土制冷系统涉及氨气的使用，为保证在生产运行中，不产生因氨气泄漏造成的安全事故。在安装期间，严格要求氨管路的焊接质量。并在制冷楼设置室内和室外消防栓，紧急泄氨阀管口接到楼底排水沟内，消防水带，开花水枪，每层楼配防毒面具 2 副，空气呼吸器，橡胶手套，干粉灭火器，安全警示牌若干（严禁吸烟、必须戴防毒面罩等）。同时，编制氨气泄漏紧急预案措施，并按照计划进行氨泄漏演练。

10.2.2 拌和楼运行安全措施

（1）按单楼或楼群配备相应的机电维修人员。

（2）拌和楼的运行人员必须经专门安全技术培训，具备相当熟练的操作技能，并经考试合格后持证上岗。

（3）运行人员应熟练掌握拌和楼使用说明书，应熟悉混凝土生产的基本知识。机械运行和保养人员还应熟悉该楼的机械原理和设备配置，熟知高空、起重、电气等工作的一般安全常识；电气运行和保养人员，每班不少于 2 人，均应具备必要的电气知识，熟悉该楼设备、线路及电气原理和高空作业的安全常识，能正确排除故障。

（4）运行人员工作时必须佩戴安全帽，女士发辫不应外露。电工带电作业时，还应穿绝缘鞋。

（5）严禁酒后及精神情绪不正常的运行人员登楼操作。运行人员身体状况欠佳时不宜带病坚持工作。

（6）运行人员应明确各自的工作职责，在拌和楼运行期间，应坚守各自工作岗位，不得擅离职守，必须严格按照安全操作规程进行操作。

（7）楼上配备的防火设施必须齐全性能、良好，符合要求，并按规定位置放置。运行人员均应掌握一般消防知识，并会使用这些设施。

（8）禁止用明火取暖或照明；必要时可使用空调、电油汀取暖；拌和楼内禁止吸烟。

（9）机械设备运行时，不得触摸运动部件，各机构运作范围内禁止站人，严禁在运转过程中对设备进行调整和保养。

（10）机械设备启动前，应先发警示信号（电铃）并持续10s，停止电铃5s后再启动。

（11）机械设备维护和检修时，必须切断电源，取下钥匙，关闭管路阀门，并作警示标志，以免误操作，造成事故。

（12）维修人员进入料仓、水泥仓、水箱、称斗、集料斗、回转给料器、搅拌机、出料斗内工作时，宜设专人监护。工作结束后，必须清点人员、工具，确保无误后，方准封闭有关孔门或起动运转。维修人员进入集料斗前，应检查并确保各称斗内没有留存剩料。

（13）检查液压系统泄露时，必须有可靠的遮挡物，拆卸或拧动液压系统的管件和组件时，应先停止液压泵，并释放系统压力，待油液冷却后方可进行。

（14）严禁非本楼当值操作人员使用微机设备，严禁外来软盘插入本楼微机做其他工作，严禁在微机上玩游戏。

（15）液压和液压系统加油时，必须添加与原油箱（池）内相同牌号的油料，禁止将不同生产厂家或不同种类的油料混合使用。

（16）电气运行和保修人员在维护、检修电气设备时，必须先切断电源，并挂警示牌。特殊情况需要开动设备检查故障时，必须注意周围工作人员的安全，防止误操作造成人身伤害事故。在可能触电的部位，应挂警示牌。带电作业时，应穿绝缘鞋，并要有专人监护。

（17）电器设备的带电部分，当断开电源后，对地绝缘电阻不应小于 $0.5M\Omega$。电器设备的金属外壳，必须有可靠的接地，其接地电阻不大于 10Ω，每年雷雨季节前应检查一次。

（18）长期停用或经故障处理后的电机，必须经绝缘测试合格，方可投入使用。

（19）应保持电动机、传感器附近环境的清洁和干燥，防止电动机受潮或吸入粉尘。夏季骨料风冷时，尤其要防止冷凝水进入电动机或其他电气设备，并对传感器采取防潮措施。

（20）发生电器火灾，应立即切断有关电源，对于可能带电部分应使用绝缘灭火器，禁止使用其他灭火器。

（21）当发生触电或重大机械事故时，应立即断开有关电源，并向有关部门报告。

（22）未经拌和楼厂家同意，不应任意改变电气线路和组件。检查故障时允许装接辅助连线，故障排除后必须立即拆除。

10.2.3 制冷系统运行安全措施

制冷系统和混凝土拌和系统在通常情况下运行的安全措施类似，制冷系统不同于拌和楼最主要需防范因氨的特性发生的安全事故。

（1）定期对系统内所使用的安全阀进行检查，发现问题及时处理，防止因安全阀失效，导致氨气泄漏，造成人员伤亡、财产损失。

（2）氨浓度达到 $16\% \sim 25\%$ 时，遇到明火会发生爆炸。因此系统内严禁使用明火。若系统内使用明火施工时，需向工区提出动火申请，由生产副经理、工区总工、质安部主任签字认可后，方可在有保证情况下进行。严禁私自动用明火。

（3）制冷系统内电器设备故障，有可能引起火灾爆炸，在每次运行前后，均要进行检查，若不能正常运转，及时检修；在能正常运转的情况下，先空载试运转，确定没有问题后，方可带负荷运行。电器操作及运行人员应具备电气设备操作与运行的相关知识，严禁非操作人员违章操作，造成电气事故。

（4）对系统内的排气设施要经常进行维护、检修，发现问题，及时解决，以保证系统内排气、通风条件良好，防止因排气、通风设施故障，氨气浓度过高，而造成人员伤亡、财产损失。

（5）现场操作人员要经常对系统各个部位进行维护、检查及巡视。操作人员在操作前后注意操作设备相关设施的情况，防止因未及时发现泄漏问题而造成人员伤亡、财产损失。在发现液氨泄漏时，应判断泄漏部位，带好自身防护设备切断泄漏部位，减少泄漏量，同时报告车间、调度及现场管理人员。操作工及维护人员在确定人身安全的情况下，用大量清水进行喷雾吸收漏氨。泄漏严重的情况下，按照应急处理预案处理。

（6）系统实际运行中，相关系统（如压力系统、配电系统）操作人员、维护及施工人员，应注意各自系统运行情况，对出现异常情况（如压力容器承压元件、管道发生裂纹、鼓泡、变形、泄漏、严重振动等情况）的部位及时处理，必要时，操作人员可采取紧急措施，停止运行，事后立即向现场负责人员报告。

10.3 应急管理

《中华人民共和国安全生产法》和《国家突发公共事件总体应急预案》对混凝土生产系统本着"预防为主、突发有备、统一指挥、控制事故、分工负责、处理迅速"的原则，增强员工安全意识及自我保护意识，对突发事故均要制定相应应急预案。

10.3.1 应急处置救援工作原则

应急工作原则包括：归口管理部门、统一领导指挥原则；等级处置原则；分级、分部门负责和协调一致原则；局部利益服从全局利益的原则。

（1）以人为本，减少损失。在处置安全生产事故时，坚持以人为本，把保护群众生命、财产安全放在首位，把事故损失降到最低限度。

（2）统一领导，分级负责。在项目部的统一领导下，各部门按照在处置事故中的职责分工和权限，分级负责，协调有序地开展抢救、事故处理和善后工作。

（3）预防为主，平战结合。贯彻落实"安全第一、预防为主"的方针，坚持事故处置与预防工作相结合，落实预防事故的各项措施，建立应对生产安全事故的快速反应机制，做到常备不懈，快速反应，处置得当。

10.3.2 组织指挥体系及职责

系统安全生产事故应急指挥体系由组织指挥组、应急救援小组和应急抢救小组、后勤保障小组等组成。

（1）组织指挥组。发生安全生产事故，需要联合相关部门共同实施救援和处置的，项目部安全工作领导小组立即转为安全生产事故应急救援小组，负责组织指挥事故的应急救援行动。

（2）应急救援小组。事故发生后，救援小组根据事故严重程度、涉及范围和应急救援行动的需要，设立现场救援指挥部。参与现场应急处置行动的相关部门和单位，在现场救援指挥部的统一指挥下，实施现场应急处置和救援行动。

（3）应急抢救小组。应急抢救小组应该落实到具体的个人。

（4）后勤保障小组。应急救援机构下设后勤保障组，主要成员为综合管理部和物资部成员，负责救援时的物资、机械、救助器材的保证。

10.3.3 预防与预警

（1）预防及预警信息。制定对生产安全事故的有效预防、预警和处置措施，逐步形成完善的预警工作机制。对可能引发事故的隐患和苗头，要进行全面评估和预测，做到早发现、早报告、早解决。安全部要加强对违章作业行为的整治力度和危险源的控制，努力消除安全隐患，从源头上防止事故的发生。

（2）预警行动。各有关部门接到预警信息后应迅速核实情况，并积极采取设施维护等预防和应急措施，及时、有效地采取处置措施，将事故消除在萌芽状态。

（3）预警体系建设。完善事故监测预警平台，实现和当地公安、交通、气象、卫生等部门间的信息互通，逐步形成完善的预警工作机制。

10.3.4 应急响应

（1）分级响应机制。生产安全事故应急响应按分级响应机制。按"作业人员→厂队→工区→项目部→监理、业主→地方政府主管部门"的顺序依事故大小及造成的后果进行分级汇报。

（2）指挥与协调。

1）事故发生后，调度室立即核实和确认，将情况报告救援小组，提出启动本预案的建议，根据救援小组的指令，迅速启动本预案。组长及时主持救援小组会议，研究部署应急处置工作。

2）开通与现场救援指挥部、各应急行动组的通信联系，随时掌握事故应急处置进展情况。

3）根据事态发展和应急处置工作进展情况，救援小组及时组织协调各部门，根据职责分工采取行动。

10.3.5 生产施工过程中具体的应急救援措施

（1）电气设施着火的应急措施。电路老化、超负荷、潮湿、环境欠佳（主要指粉尘太大）等引起的电路短路、过载而发热起火。常见起火地方：电制开关、导线的接驳位置、保险、照明灯具、电热器具。电器发生火灾时，首先要切断电源。在无法断电的情况下千万不能用水和泡沫扑救，因为水和泡沫都能导电。应选用二氧化碳、1211灭火器、干粉灭火器或者干沙土进行扑救，而且要与电器设备和电线保持 2m 以上的距离，高压设备还应防止跨步电压伤人。

（2）仓库内物资着火的应急措施。

1）应首先查明燃烧区内有无发生爆炸的可能性。

2）扑救密闭室内火灾时，应先用手摸门的金属把手，如门把手很热，绝不能贸然开门或站在门的正面灭火，以防爆炸。

3）扑救储存有易燃易爆物质的容器时，应及时关闭阀门或采用水冷却容器的方法。

4）装有油品的油桶如膨胀至椭圆形时，可能很快就会爆燃，救火人员不能站在油桶接口处和正面，且应加强对油桶进行冷却保护。

（3）制冷车间内氨泄漏引起火灾的应急措施。

1）疏散人员。

A.开启火灾应急广播，说明起火部位、疏散路线。

B.组织处于着火层等受火灾威胁的楼层人员，沿火灾蔓延的相反方向，向疏散走道、安全出口部位有序疏散。

C.疏散过程中，应开启自然排烟窗，启动排烟设施，保护疏散人员的安全；若没有排烟设施则要提醒被疏散人员用湿毛巾捂住口鼻靠近地面有秩序的往安全出口前行。

2）火灾现场逃生。

A.当处于烟火中，首先要想办法逃走。如烟不浓可俯身行走；如烟太浓，须卧地爬行，并用湿毛巾蒙着口鼻，以减少烟毒危害。

B.不要朝下风方向跑，最好是迂回绕过燃烧区，并向上风方向跑。

C.当制冷楼内发生火灾时，如火势不大、可将衣服打湿，从火中冲过去，如楼梯已被火封堵，应立即通过冰库输冰胶带机进入拌和楼脱险；如其他方法无效，可用绳子顺着往下滑。

3）发生火灾时救人。由于氨气有毒，被困人员及时带上车间内部的防毒面具，若无防毒面具，应用湿毛巾或衣物蒙住口鼻。

A.缓和救人法：在被火围困人员较多时，可先将人员疏散到本楼相对较安全的地方，再设法转移到地面。

B.转移救人法：引导被困人员从输冰胶带机到拌和楼的楼梯转移到地面。

C.架梯救人法：利用各种梯等登高工具抢救被困人员。

D.绳管救人法：利用建筑物的室外各种管道或室内可利用的绳索实施滑降。

E.控制救人法：用消防水枪控制防火楼梯的火势，将人员从防火梯疏散下来。

F.缓降救人法：利用专用的缓降器将被困人员抢救至地面。

4）火灾处理。

A.进入氨泄漏的车间，人员穿戴防化服（氧气呼吸器），佩戴防毒面具。

B.找到氨泄漏的管路或设备，及时关闭其进出气管路阀门，打开安全阀和紧急泄氨阀，排出着火管道或设备内的滞留氨气，控制泄漏源。

C.关闭设备电源，打开车间每层配置的防爆式排气扇和移动式排气扇，打开所有门窗，车间内进行通风排气。

D.迅速打开车间每层楼配置的室内消火栓，铺开消防水带，水枪对准着火部位进行冲洗，对泄漏处上方进行喷洒，溶解空气中泄漏的氨气；消防人员用 4kg 手提储气瓶式通用（磷酸铵盐）干粉灭火器对临近设备进行喷射，保护临近设备的安全。

E. 火势较大且靠近门窗时，可采用室外消火栓连接消防水带进行灭火。

F. 消防大队消防水车进行洒水灭火。

（4）发生泄氨时的急救措施。

1）事故发生时，操作人员一定要冷静沉着，不要惊慌失措，以免乱开或错开机器设备上的阀门，导致事故进一步的扩大。

2）必须正确判断情况，组织有经验的技工穿戴防护用具进入现场抢救。

3）如果是高压管道漏氨，应立即停止压缩机的运转，切断漏氨部位与有关设备连通的管道，放空管道内的存氨并置换后进行补焊。

4）如果是低压系统管道漏氨，应关闭该设备的供液阀及相关阀门，开动风机排除氨气并用醋酸液喷雾中和，防止污染。

5）在泄漏处上方喷水，溶解空气中泄漏的氨气。

（5）发生氨中毒的急救措施。

1）氨对人体所造成的伤害，大致可分为三类：

A. 氨液溅到皮肤上引起的冷灼伤。

B. 氨液或氨气对眼睛的刺激或灼伤性伤害。

C. 氨液被吸入后刺激呼吸器官，重则导致昏迷甚至死亡。

2）当发生冷灼伤时，应立即把氨液溅湿的衣服脱掉，用大量的水或 2％ 硼酸水冲洗皮肤，切忌干加热；解冻后，再涂凡士林、植物油或万花油。

3）呼吸道受氨气刺激引起严重咳嗽时，可用湿毛巾或用食醋弄湿毛巾捂住口鼻，可以显著减轻氨对呼吸道的刺激和中毒程度。

4）呼吸道受氨刺激较大而且中毒比较严重时，可用硼酸水滴鼻漱口，并给中毒者饮入柠檬水（汁），但切勿饮白开水。

5）如果中毒者呼吸困难甚至休克时，应立即进行人工呼吸，并饮入较浓的食醋，有条件的施以纯氧呼吸，并立即送往医院抢救。

10.4　事故控制

10.4.1　控制施工过程中事故的发生应遵循的基本要求

（1）必须取得《安全施工许可证》后方可施工。

（2）必须建立健全安全管理保障制度。

（3）各类施工人员必须具备相应的安全生产资格方可上岗。

（4）所有新工人必须经过三级安全教育，即：施工人员进场作业前进行公司、项目部、作业班组的安全教育。

（5）特种作业（指对操作者本人和其他工种人员以及对周围设施的安全有重大危险因素的作业）人员，必须经过专门培训，并取得特种作业资格。

（6）对查出的事故隐患要做到整改"五定"的要求：定整改责任人、定整改措施、定整改完成时间、定整改完成人、定整改验收人。

（7）必须把好安全生产的"七关"标准：教育关、措施关、交底关、防护关、文明关、验收关、检查关。

（8）必须建立安全生产值班制度，并有现场领导带班。

10.4.2　制定安全技术措施

施工安全技术措施是在施工项目生产活动中，根据工程特点、规模、结构复杂程度、工期、施工现场环境、劳动组织、施工方法、施工机械设备、变配电设施、架设工程以及各项安全防护设施等，针对施工中存在的不安全因素进行预测和防范，消除不安全因素，防止事故发生，确保施工项目安全施工。

（1）施工安全技术措施的审批管理。

1）一般工程施工安全技术措施在施工前必须编制完成，并经过项目经理部的技术部门负责人审核，项目经理部总工程师审批，报公司项目管理部、安全监督部门备案。

2）对于重要工程或较大专业工程的施工安全技术措施，由项目（或专业公司）总工程师审核，公司项目管理部、安全监督部复核，由公司技术部或公司总工程师委托技术人员审批，并在公司项目管理部，安全监督部备案。

3）大型、特大型工程安全技术措施，由项目经理部总工程师组织编制，报公司技术部、项目管理部、安全监督部审核，由公司总工程师审批，并在公司的上述三个部门备案。

4）分包单位编制的施工安全技术措施，在完成报批手续后报项目经理部的技术部门备案。

（2）施工安全技术措施变更。施工过程中若发生设计变更时，原安全技术措施必须及时变更，否则不准施工；施工过程中由于各方面原因所致，确实需要修改原安全技术措施时，必须经原编制人同意，并办理修改审批手续。

（3）施工安全技术交底。施工安全技术交底是在建设工程施工前，项目部的技术人员向施工班组和作业人员进行有关工程施工的详细说明。安全技术交底一般由技术管理人员根据分部分项工程的实际情况、特点和危险因素编写，它是操作者的法令性文件。

11　混凝土生产系统工程实例

11.1　三峡水利枢纽工程高程 98.70m 混凝土生产系统

11.1.1　工程概况

三峡水利枢纽工程位于湖北省宜昌市境内，坝址距宜昌市约 40km。大坝为混凝土重力坝，装机总容量为 1820 万 kW，工程混凝土总量为 2715 万 m³。

三峡水利枢纽工程高程 98.70m 混凝土生产系统主要承担永久船闸、临时船闸、升船机、右非溢流坝段和下游引航道的混凝土生产任务，承担混凝土总量为 609.3m³。混凝土生产系统布置在地面高程为 98.70m 和 100.00m 两个台地上，占地面积约 10 万 m²。系统布置有日本进口的 2×4.5m³ 和国产 4×3m³ 的混凝土拌和楼各一座，以及胶凝材料储运设施、骨料冲洗脱水设施、一次风冷骨料仓、二次风冷骨料仓、制冷车间、制冷楼和供风、供冷、供电及其他附属设施组成。

三峡水利枢纽工程高程 98.70m 混凝土预冷系统，设计制冷总容量为 1100 万 kcal/h，其中一次风冷制冷容量为 400 万 kcal/h；二次风冷容量为 300 万 kcal/h；制冰 350 万 kcal/h；制冷水容量为 50 万 kcal/h。主要预冷措施为骨料二次风冷、加片冰和补充部分冷水拌和。设计要求骨料经过冲洗脱水后，进入一次风冷调节料仓，通入 −10℃ 冷风，骨料温度由 28.7℃ 降至 8～10℃ 进入拌和楼料仓后，通入 −15℃ 冷风，骨料由 8～10℃ 降至 −1～0℃ 左右；拌和时，每 m³ 混凝土加入 50kg 片冰，并补充剩余拌和冷水量，可生产低于 7℃ 预冷混凝土。

三峡水利枢纽工程高程 98.70m 混凝土生产系统主要技术指标见表 11-1，混凝土预冷系统主要技术指标见表 11-2，平面布置见图 11-1，工艺流程见图 11-2。

表 11-1　　三峡水利枢纽工程高程 98.70m 混凝土生产系统主要技术指标表

序号	项　　目	单位	数值	备　注
1	混凝土总量	万 m³	609.3	
2	拌和楼生产能力	m³/h	564	
3	月最高强度	万 m³/月	14.05	
4	骨料堆场容量	万 m³	4.6	
5	水泥罐容量	t	10500	
6	粉煤灰罐容量	t	4500	
7	标准工况制冰量	万 kcal/h	1100	
8	制冰量	t/h	12.5	

序号	项 目		单位	数值	备 注
9	制冷水量		t/h	40	
10	供水量		t/h	2500	
11	供风量		m³/min	240	
12	工作人员		人	300	
13	占地面积		万 m²	10	
14	电机容量		kW	12065	
15	土石方		万 m³	4.3	
16	混凝土		万 m³	1.3	
17	主要设备配置	2×4.5 拌和楼	座	1	
		4×3.0 拌和楼	座	1	
		1500t 水泥罐	个	7	
		1200t 粉煤灰罐	个	3	
		制冷楼	座	1	
		胶带机 B=1200	m	578	共 7 条
		胶带机 B=1000	m	540.8	共 4 条
		胶带机 B=800	m	284.6	共 18 条

表 11-2　　三峡水利枢纽工程高程 98.70m 混凝土预冷系统主要技术指标表

序号	项 目		指 标				备 注
1	预冷混凝土出机口温度/℃		≤7				
2	预冷混凝土生产能力/（m³/h）		167+180				两座楼预冷混凝土产量
3	制冷容量/（万 kcal/h）	一次风冷	400				
		二次风冷	350				
		制冰	300				
		制冰水	50				
4	空气冷却器面积	骨料仓/组	G1	G2	G3	G4	2×4.5m³ 生产线
		一次风冷/m²	2600	2600	2100	2100	
		二次风冷/m²	2550	2550	2250	2250	
5	冷风循环量/（万 m³/h）		35（一次） 25（二次）				
6	空气冷却器面积	骨料仓/组	G1	G2	G3	G4	4×3m³ 生产线
		一次风冷/m²	1750	1750	1600	1600	
		二次风冷/m²	1600	1600	1400	1400	
7	冷风循环量/（万 m³/h）		25（一次） 18（二次）				
8	骨料初温/℃		28.7				
9	一次风冷骨料终温/℃		6.85	7.06	7.83	12.16	
10	二次风冷骨料终温/℃		-1.43	-2.48	-0.68	5.1	
11	片冰产量/（t/d）		300				
12	冰库/t		50×2				
13	冷水产量/（t/h）		50				
14	冷却水循环量/（t/h）		4400				
15	冷却水耗用量/（t/h）		660				
16	电机总功率/kW		6570				

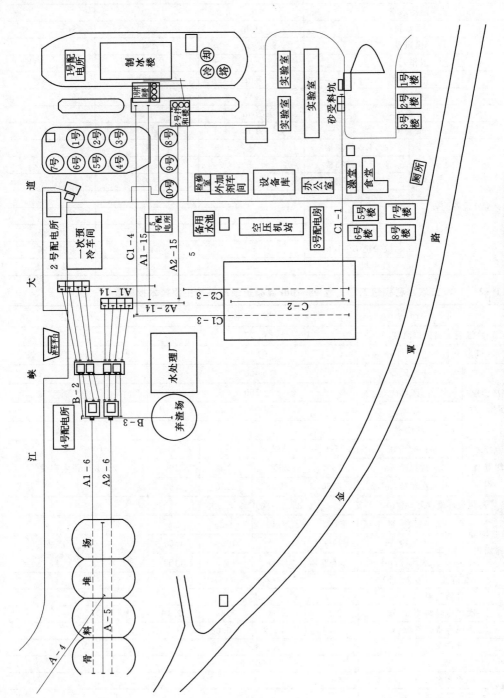

图 11 - 1 三峡水利枢纽工程高程 98.70m 混凝土生产系统平面布置图

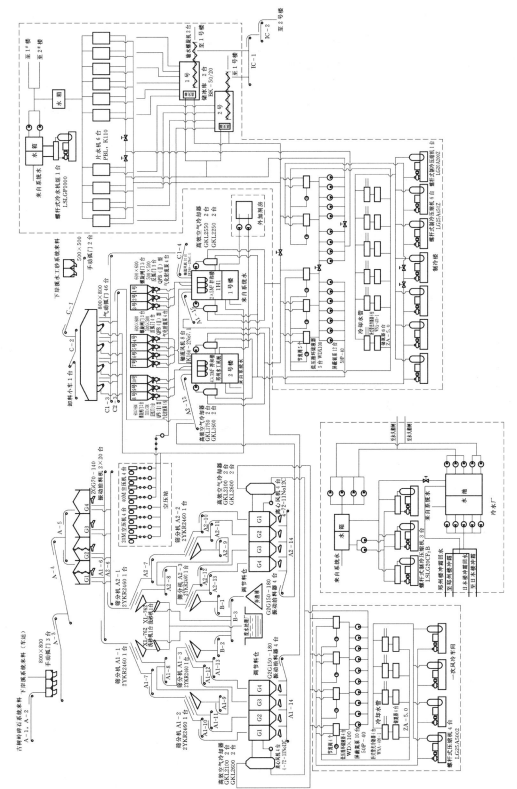

图 11－2 三峡水利枢纽工程高程 98.70m 混凝土生产系统工艺流程图

11.1.2 系统的主要特点

（1）混凝土供应量大，质量要求高。作为三峡水利枢纽一期工程中左岸唯一的拌和系统，它主要承担负临时船闸、升船机、下引航道、左非溢流坝段等施工部位约 160 万 m³ 混凝土任务；在三峡水利枢纽二期工程中又主要承担永久船闸 450 万 m³ 混凝土的供应。在左岸其他拌和系统尚未形成期间，还向厂房、厂房坝段、右岸坝身段及临建工程提供了约 30 万 m³ 混凝土。

（2）生产周期长，灵活性大。高程 98.70m 拌和系统生产时间从 1995 年 10 月到 2003 年或更长一些，地理位置优越，距永久船闸、下引航道约 800m，距临时船闸、厂房、厂房坝段 2000m，可支持其他拌和系统，也可用于左岸工程混凝土调峰。

（3）自动化程度较高，实现生产调度自动化和网络管理。管理网络系统与业主、监理的微机进行联网，通过网络业主、监理可以了解系统情况，基本实现业主远程控制。运行单位也可从业主和监理处获得有关文件、指令和其他信息。

（4）工艺先进，率先采用了"二次风冷"生产工艺。

11.1.3 工艺特点分析

（1）二次风冷技术的应用。水电项目中，防止大坝因温度应力出现危害性裂缝，是施工人员最头疼的问题，而降低混凝土出机口温度是避免裂缝的前提。国内外常规的混凝土预冷技术为水冷骨料加上风冷保温，最后加片冰拌和混凝土，俗称"三冷法"。然而，不可避免带来的问题是，占地面积大，工艺环节多，运行操作复杂，冷量损耗大，材料出口温度不稳定，且工程投资大，运行费用高，还会产生危害环境的废水。

在三峡水利枢纽工程高程 98.70m 混凝土生产系统中首次采用的二次风冷技术改变了业内人士认定风冷骨料只能保温且效率低的观点，打破了混凝土出机口温度难以达到 7℃ 以下的定论，为三峡水利枢纽工程作出了不可磨灭的贡献。

通过多次试验及实际运用表明，二次风冷工艺带来极为可观的效益：一是利用地面二次筛分所设骨料仓兼作一次冷却仓，将传统的水冷骨料改为风冷骨料，同等生产能力下可减少占地面积 80%，并节约投资，同时无影响环境的废水产生；二是通过上料胶带机将一次风冷后的骨料直接送入二次风冷仓，保证连续生产和连续冷却；三是最后加入片冰拌和混凝土，预冷混凝土温度可稳定地达到 7℃。

二次风冷技术与常规的骨料冷却技术相比，除占地减少外，经测算还降低能耗 31%，减少投资 32%，节省运行费用 39%。在三峡水利枢纽二期工程中，节约投资近 1 亿元，节省运行费约 1.16 亿元。

（2）先进的水泥罐群储量检测系统。以往水泥罐内水泥储量的检测是靠人工吊绳的办法，先测量深度，然后再换算，计算出罐内储量。检测过程慢，劳动条件差，且危险性大，不利于生产安排。高程 98.70m 混凝土生产系统有 10 个 1500t 水泥罐（其中 3 个用于粉煤灰）组成的罐群，靠人工去测量难度是很大的。1997 年 10 月引进 STD 总线料位测量系统，它由 ZCHJ 重锤料位探测器作为测量装置，与控制室计算机组成检测网络，可非常方便了解每个罐内的水泥储量，并可从计算机显示器上了解到多种信息。该系统具备统计、打印功能、模拟显示水泥罐群运行情况，给管理带来极大的方便。和三峡水利枢纽工程物资部门联网后，资料调用方便，对于平衡三峡地区水泥供应和合理安排储量创造了有利条件。

（3）陶瓷钢铁弯管的应用。水泥气力输送管道中弯头是最容易磨损的地方，在以往输送水泥的弯道都是钢管，使用中磨损快，而且由于大部分弯头是架空布置，磨穿后不仅影响水泥输送，修复也比较困难。1999 年 6 月项目部将耐磨损、耐腐蚀、耐高温的陶瓷钢铁复合弯管应用于气力输送现场，经检验使用效果良好，提高了水泥输送的效率，保证了混凝土生产的正常运行。

（4）混凝土生产自动化调度系统的运行。三峡水利枢纽工程左岸高程 98.70m 混凝土生产系统安装有两座拌和楼，共有四条出料线，在多条出料线的情况下，均衡生产是提高产量的重要因素，以往主要是依靠人为调度，过程慢、车辆等待时间长，影响系统生产效率，而且容易出错。1998 年 9 月安装了自动化调度系统后，用计算机代替了人工指挥生产，调度车辆。通过五年多的实际运行，该系统达到了预期目的，系统生产效率提高了 8%，差错率也降到了 0.28‰ 以下。

（5）商品混凝土运作模式。高程 98.70m 混凝土生产系统是三峡水利枢纽工程中唯一施行商品混凝土运作供应模式的生产系统，向宜昌三峡建设三八七联营总公司、中国人民武装警察部队水电部队、宜昌三峡工程三联总公司、中国葛洲坝集团公司、宜昌青云水利水电联营公司、中铁大桥局集团有限公司等多家施工单位供应混凝土。能在同一时段向不同单位、不同部位提供几十个配合比的优质混凝土，其中 2003 年 11 月 8 日的白班创下生产 53 个配合比共计 2140m³，满足了工程施工的需要。商品化运行模式提高了系统的自动化水平，减少了人为的操作误差，确保了混凝土的质量。充分发挥了机械设备的效率，提高了系统的生产能力。对于用户而言，提供了一条方便、快捷、准确的混凝土生产通道，对加快工程进度十分有利。由于整个过程都是科学有序地进行，从衡量、搅拌、卸料、计量、检测都以计算机控制，不含人为因素，加上设备先进，管理科学，供应结算方便，因此用料单位也乐于接受。

11.1.4　系统运行状况分析

三峡水利枢纽工程高程 98.70m 混凝土生产系统从 1995 年 7 月开工兴建，1995 年 10 月第一条混凝土生产线（2×4.5m³ 拌和楼）投入生产，1996 年 3 月第二条混凝土生产线（4×3m³ 拌和楼）投入生产运行。截至 2003 年年底安全运行 9 年，共生产优质混凝土 585 万 m³，其中预冷（出机口温度小于 7℃）混凝土为 385 万 m³，占混凝土总量的 66%。混凝土预冷系统设计生产能力 345m³/h，月生产能力为 10 万 m³，设计制冷容量为 1075 万 kcal/h，实际配置为 1100 万 kcal/h。生产运行中的最高生产强度为 319m³/h，在 2000 年混凝土生产高峰期（年产 144 万 m³）时，7 月、8 月、9 月三个月预冷混凝土产量分别为 11.4 万 m³、11.1 万 m³、12.7 万 m³。

三峡水利枢纽工程高程 98.70m 混凝土生产系统是三峡水利枢纽工程左岸最早建成最先投入运行的系统，在建设和运行期间采用了一些新技术、新工艺和新设备，为提高系统产量、保证质量提供了重要的条件，满足了三峡水利枢纽工程的建设需要。特别是二次风冷技术的应用，为国内预冷混凝土的生产开辟了一个新的技术领域。1996 年 4 月预冷系统建成后经过 5 月的生产运行，长江三峡集团公司于 5 月 31 日组织了监理、设计和施工单位对预冷系统进行了检测并召开了温控混凝土生产验证会，与会专家检查了制冷系统设备安装运行情况，实测了混凝土出机口温度和骨料各控制点温度，混凝土出机口温度达到了7℃以下，小时生产能力、骨料各控制点温度都达到了设计要求。三峡水利枢纽二期工程开工后，为确定混凝土生产的预冷措施，决定对已运行两年的98.70m预冷混凝土生产系统进行检测和验证，业主组织监理、设计和施工单位于1997年5月31日、6月1日和8月15日进行较大规模的检测，从检测数据和两年的预冷混凝土生产实践结果显示，采用二次风冷技术的预冷系统能够满足工程对预冷混凝土的要求，出机口温度均稳定在7℃以下。随后三峡水利枢纽二期工程所有混凝土生产系统均采用了二次风冷新工艺来生产所需的预冷混凝土。

11.2 红水河龙滩水电站右岸高程308.50m混凝土生产系统

11.2.1 工程概况

龙滩水电站是红水河梯级开发中的骨干工程，工程以发电为主，兼有防洪、航运等综合效益。本工程为Ⅰ等工程，工程规模为大（Ⅰ）型，工程枢纽布置为：碾压混凝土重力坝。工程正常蓄水位400m，初期按375m建设，水电站装机容量为5400MW。大坝混凝土总量740万m³，其中碾压混凝土480万m³。

龙滩大坝共配置了右岸高程308.50m和高程360.00m、左岸高程382.00m三大混凝土生产系统，设计生产强度为32万m³/月。系统配置有制冷设施，能同时生产常态混凝土和预冷混凝土，设计预冷碾压混凝土出机口温度为12℃，预冷常态混凝土出机口温度为10℃。

在三大系统中，右岸高程308.50m混凝土生产系统是当时国内规模最大、生产低温碾压混凝土强度最高的强制式拌和系统，系统设计、建安及运行管理均为施工单位独立完成。系统设计生产能力600m³/h（均为碾压混凝土），配置了两座2×6m³强制式拌和楼，主要担负右岸5～21号坝段碾压混凝土及部分常态混凝土的生产任务。

右岸高程308.50m混凝土生产系统位于龙滩水电站坝址右岸下游350m处的通航建筑物（中间渠系）一期开挖形成的高程308.500m平台和扩挖形成的高程315.00m平台、高程320.00m平台上，是右岸形成的第一座也是当时国内规模最大、生产强度最高的一座混凝土生产系统，主要担负围堰、右岸7～21号坝段碾压混凝土及部分常态混凝土的生产任务。

混凝土生产系统由混凝土拌和楼、骨料储运系统、水泥和粉煤灰储运系统、混凝土预冷系统、废水处理设施以及其他辅助设施组成。混凝土拌和楼为两座分别为郑州水工厂和杭机所生产的2×6.0m³双卧轴强制式搅拌楼；骨料储运系统主要由两座筛分楼（骨料处理能力为1400m³/h），两座调节料仓，10个骨料储存罐和40条胶带机组成；水泥和粉煤灰储运系统主要有1500t的胶凝材料罐、胶凝材料气送装置（智能单仓泵）及管路、4台40L、两台20L空压机及附属设施组成；混凝土预冷系统由一次风冷、二次风冷、制冰以及制冷水系统组成。其中一次风冷系统以车间形式布置高程308.50m平台紧靠粗骨料调节料仓下游端，附属的三座BLSJ（Ⅱ）800冷却塔布置在315.00m高程，一次风冷车间负责调节料仓粗骨料的一次预冷；二次风冷、制冰以及制冷水系统以楼体形式布置在高程308.50m平台1号拌和楼下游端，主要负责两座拌和楼顶料仓粗骨料的二次风冷以及向拌和楼输送拌和用冷水及片冰。预冷系统总装机容量 1744×10^4 kcal/h（标准工况），电机功率 9000kW。混凝土生产系统占地面积约 4 万 m^2。

高程 308.50m 混凝土生产系统设计主要技术指标见表 11-3。

表 11-3　　　　　高程 308.50m 混凝土生产系统设计主要技术指标表

序号	项　目	单　位	指　标	备　注
1	混凝土设计生产能力	m^3/h	600	均为碾压混凝土
	预冷混凝土设计生产能力	m^3/h	440	碾压混凝土，$T_机=12℃$
		m^3/h	360	常态混凝土，$T_机=10℃$
2	冲洗脱水车间处理能力	m^3/h	1400	筛分骨料
3	成品骨料设计输送能力	t/h	2700	
4	成品骨料活容量	t	37500	满足高峰期 1d 用量
5	水泥设计输送能力	t/h	100	
6	水泥储量	t	4500	满足高峰期 4d 用量
7	煤灰输送能力	t/h	95	
8	煤灰储量	t	2550	满足高峰期 3d 用量
9	系统供风量	m^3/min	200	
10	冷风循环量	万 m^3/h	64	未记二次风冷冷风循环量
11	片冰生产能力	t/h	10	
12	5℃冷水生产能力	m^3/h	35	
13	需水量	m^3/h	850	
14	制冷装机容量	万 kW	1.62	
		万 kcal/h	1744	
15	系统总装机容量	kW	14100	

11.2.2　工艺流程

高程 308.50m 混凝土生产系统所需的成品砂石骨料由大法坪砂石加工系统加工，通过 4km 长距离带式输送机、经系统内的高架胶带机（B1~B6），运至成品骨料罐堆存。骨料罐内的粗骨料按照拌和楼要求混合或单一给料，经带式输送机送入冲洗、筛分分级、脱水车间，筛洗脱水后进入调节料仓，然后由带式输送机送入拌和楼；砂直接由料罐经带式输送机送入拌和楼。

水泥、粉煤灰经散装罐车由南丹中转站运至右岸混凝土生产系统，气送入钢结构罐储存，然后经 NCD8.0 仓式泵气送进拌和楼。

生产预冷混凝土的工艺为"二次风冷＋片冰＋冷水"，片冰采用气送装置进行。龙滩水电站右岸高程 308.50m 混凝土生产系统工艺流程见图 11-3，系统平面布置见图 11-4。

11.2.3　工艺特点分析

（1）特大型强制搅拌楼的选用。根据大坝混凝土浇筑方案，拌和楼需要高质量、高强度的生产碾压混凝土和常态混凝土（单楼产量不小于 300m^3/h），以便与高速带式输送机供料线相适应，提高供料保证率，减少设备台套。$2 \times 6m^3$ 双卧轴强制式搅拌楼的碾压混凝土生产能力为同类型之最。

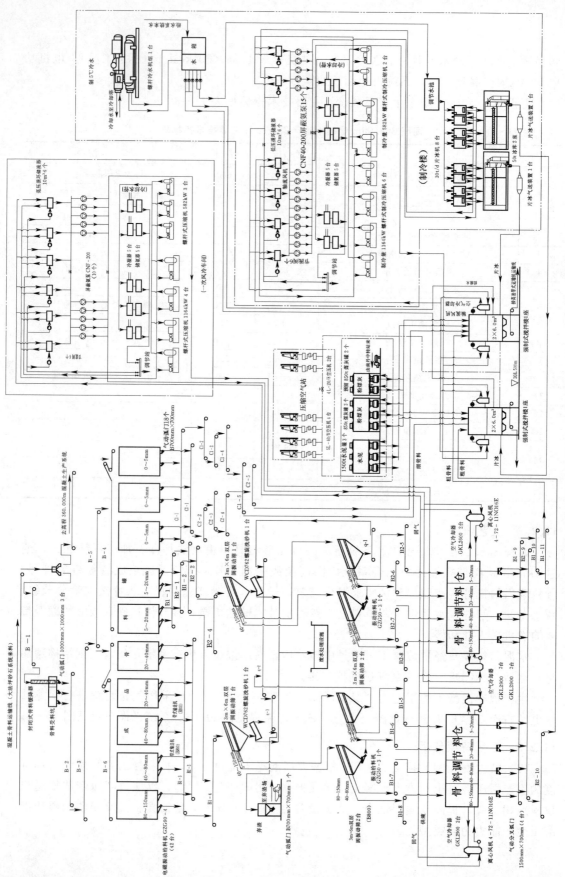

图 11-3　龙滩水电站右岸高程 308.50m 混凝土生产系统工艺流程图

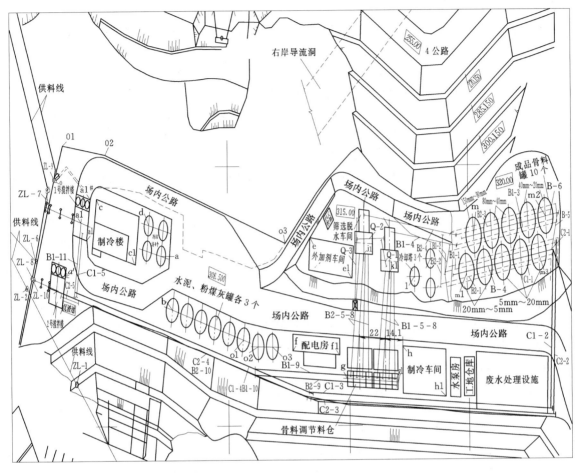

图 11-4　龙滩水电站右岸高程 308.50m 混凝土生产系统总平面布置图

（2）卷制筒仓的使用。系统的胶凝材料罐选用了卷制钢板水泥筒仓，该仓由德国进口专业制造设备卷制，仓体为五层螺旋咬边结构，极大地提高了仓体的强度，保证了筒仓的安全性和可靠性，且具有建设周期短，造价低等特点。

（3）大规模混凝土骨料罐群的运用。高程 308.50m 混凝土生产系统作为国内最大的强制式混凝土生产系统，其高强度的混凝土生产对骨料储运系统提出了更高要求。在系统技施设计中，因地制宜采用骨料罐装的储料工艺，采用 10 个直径 14m、高 25m 的混凝土骨料罐，总储量达 37500t，粗骨料有效活容积达 85％以上，细骨料活容积达 65％以上，能满足高峰强度 1d 用量，保证了系统骨料供应。

（4）智能 NCD8.0 仓式泵的设计选用。系统设计时选用了目前先进的上引式智能 NCD8.0 仓式泵。本型号的仓泵压缩空气分三路：一路直接进入仓泵底部气室，一路进入仓泵顶部，另一路二次气进入出料口附近的输送管道中。与传统的仓泵相比，增加了二次助吹，在物料经流化并排出时，二次气同时提供动力助吹，并在排堵时提供动力，大大降低了管路堵塞现象的发生，并为处理管路堵塞提供了方便。

当泵体内料量达到设定的重量时发出信息，通过传感器而下料插板门自动关闭，这种采用称重的方式来判断料位比传统的料位计可靠、便于量化管理。

经过运行实践证明，智能型 NCD8.0 仓泵的选用满足了高强度、大方量混凝土生产的要求，大大地简化了繁琐的操作，提高了效率。

（5）拌和楼料仓风冷工艺的改进。在制冷系统的工艺设计时，增加了拌和楼砂风冷工艺。同时针对在制冷系统过程中，小石仓的风冷难题（如风量太小，小石不易冷透等），采用了拌和楼小石仓分层风冷的工艺，将拌和楼小石仓分上下两段分别配置进回风风道，分两层对小石进行风冷。实践证明，对小石仓进行分层风冷，比传统的一段风冷相同条件可降低 2～3℃，且冻仓频率大大地降低。

（6）自动控制技术。高程 308.50m 混凝土系统的生产过程均采用自动控制方式，控制系统主要由 3 个监控单元和 4 个工况监视单元组成，在中控室进行集中控制与监视。

该方案将原投标设计中的骨料罐进料操作站、骨料二次筛分集控室和 1 号、2 号楼的进料操作站调整为一个中控室集中控制，将整个高程 308.50m 骨料运输及进料系统在中控室内进行集中控制。在集控室可对整个系统实行计算机（上位机）自动和手动、PLC（下位机）自动和手动的远程集中控制。在设备现地设有控制箱，可在现场对设备或生产线进行紧急停机以及设备调试开停机操作。

（7）整合监控技术的开发应用。龙滩水电站右岸大坝混凝土生产系统的砂石骨料运输系统十分复杂，其中包含大法坪砂石骨料放料运输系统、4km 长距离胶带机输送系统、高程 308.50m 混凝土生产系统和高程 360.00m 混凝土生产系统 4 个子系统。因 4 个子系统分属 3 个标段，在设计和建设时各标段只考虑了本合同范围内设备的供配电和控制系统，而后业主方将整个系统都交于大坝联营体运行时，大法坪及长胶骨料运输系统与高程 308.50m 和高程 360.00m 混凝土生产系统间的运行衔接就出现了很大的矛盾。

长距离胶带机在两个系统的骨料运输中起着"龙头"的作用，本身有一套控制系统，两个混凝土生产系统也已具备较高的自动化程度。但由于各系统间设备分散、各系统相对独立建设，而系统运行时相互间又存在着紧密的工艺联锁关系，若相互间无控制接口，势必给整个混凝土骨料运输系统的运行维护工作带来很大的干扰。

为充分发挥和提高各系统自动控制优势、提高整个大坝骨料输送系统的运行效率、降低运行成本，混凝土系统设计组与技术合作单位于 2003 年 11 月联合开发了一套上位机整合监控技术来完成上述 4 个子系统"一条龙生产"的整合功能。整合监控系统能与各子系统控制接口，上位机系统能根据高程 308.50m 和高程 360.00m 混凝土生产系统骨料罐实时料位显示进行自动要料与停止送料，确保骨料不混仓和不送错要料系统。

11.2.4 混凝土生产系统的技术改造

（1）2×6m³ 拌和楼 IHI 搅拌机液压站的改造。本系统搅拌机采用日本 IHI 公司生产的 2×6m³ 液压强制式搅拌机，在 2004 年上半年液压管爆裂而不能正常工作达 13 次之多，每次处理需要花 5～8h，严重影响了生产。在生产时楼体结构剧烈振动，对液压元件、管路带来了巨大损伤，并伴随巨大噪声。经分析液压系统与搅拌机的生产能力不匹配，是产生其振动的直接原因；楼体结构支撑过多导致搅拌机高压油管弯道过多，致使油路不顺畅，加剧了噪声；搅拌层平台结构刚度不够，也是产生剧烈振动的原因。

针对以上问题，对液压系统进行了改造：改造原有每个液压站上两台 K5V200DT 液压泵，大幅度减小这两台液压泵的出力，降低这两台泵的负荷，以便使电机不超载。同时，减小这两台液压泵输出量，改进工况，以期减小噪声和振动；在原每个液压站旁增加两个液压站，分别用 75kW 电机驱动，以弥补原 K5V200DT 调整后减小的出力，以保证搅拌机的拌和转速不变。

经过对搅拌机液压系统的改造，使其与搅拌机的生产能力相匹配；用消声彩板对液压系统进行隔离，以降低噪声传播；对搅拌层平台进行支撑加固，以增加结构刚度。经测试改造后楼体的振动幅度由原来的 5cm 减小到不足 1cm，噪声由原来的 105dB 减小到 80dB，既改善了操作环境，又提高了拌和楼结构和设备的安全性，延长了设备的使用寿命。

（2）出料弧门操作系统。2×6m³ 拌和楼下料弧门由汽缸推动，操作灵活性差，下料弧门的开度不易控制。而生产的混凝土主要通过供料线高速皮带机运输，对下料弧门卸料的均匀性要求很高，需要下料弧门开度灵活，可控性强。为此将气动控制改成了液压控制，并将以前气动按钮更换为更具手感的可控操作手柄，改造后的液压放料弧门满足了生产的实际需要。

（3）制冷楼输冰装置。高程 308.50m 混凝土生产系统的片冰采用气力输送，在实际运行中存在如下缺点：输冰管道易堵塞，且疏通往往需要较长时间；冰库螺旋机易堵塞；拌和楼上小冰仓易结块堵塞，且冰温损失较大。

针对输冰管堵塞问题，将原输冰管道进行改造，尽可能减少小于 90°的弯头，同时定期对罗茨风机进行排水（每班 2～3 次），改造后输冰管道堵塞现象明显减少，输冰质量明显提高。

针对冰库与螺旋机的出冰口堵塞问题，在出冰口加装水管，定期冲洗；在运行过程中每 2h 人工对溜冰口进行疏通，这往往仅需要几分钟时间。这样在后来的运行中，溜冰口几乎没有发生堵塞现象。

为解决拌和楼上小冰仓堵塞问题，在小冰库输冰螺旋机的溜冰口段上成 120°焊接 3 段角铁，当螺旋机旋转时角铁起到了破拱作用，有效防止了由于冰起拱导致的堵塞现象。

11.2.5 混凝土生产系统的运行状况分析

2005 年 7 月龙滩水电工程对高程 308.50m 混凝土生产预冷系统进行了测试，当月预冷混凝土生产量为 10.76 万 m³，小时生产强度为 215.2m³。测试结果混凝土出机口平均温度为 11.44℃，合格率为 90.8%，证明预冷系统达到了设计要求。

截至 2006 年 6 月 30 日高程 308.50m 系统混凝土生产总量达 304 万 m³，并创下了日产 11870m³ 的高产纪录，混凝土出机口温度均达到设计要求。实践证明生产系统的工艺设计及设备配置满足了大坝混凝土施工对其质量及生产强度的要求。

龙滩水电站高程 308.50m 混凝土生产系统是国内第一个由施工单位自行设计、建安和运行管理的项目，通过对招标方案的优化、运行过程中进行的一系列的技术改造，为龙滩大坝的快速高效建设提供了有力的保障，证明其设计完全能满足实际生产需要，施工单位的技术改造成效显著，有效地解决了设备厂家的设计和制造缺陷，也为以后类似工程的建设提供了宝贵的经验。

龙滩水电站右岸高程 308.50m 混凝土生产系统全貌见图 11-5。

图 11 - 5 龙滩水电站右岸高程 308. 50m 混凝土生产系统全貌

11.3 雅砻江锦屏一级水电站右岸大坝工程高线混凝土生产系统

11.3.1 工程概况

锦屏一级水电站枢纽建筑物主要由混凝土双曲拱坝、水垫塘和二道坝、右岸无压泄洪洞、右岸进水口、引水系统、右岸地下厂房及开关站等组成。

右岸高线混凝土生产系统位于大坝右岸坝肩 1885.00m 高程附近，主要供应大坝混凝土、垫座混凝土以及导流底孔封堵混凝土。根据施工总进度安排，本系统承担混凝土供应总量约 576 万 m³，需满足混凝土月高峰浇筑强度 20 万 m³。右岸高线混凝土生产系统主要由两座拌和楼（各配 2×7.0m³ 强制式搅拌机、出料容积 2×4.8m³）组成。系统生产能力 600m³/h，配置骨料二次筛分和预冷设施，制冷系统容量为 1100 万 kcal/h。混凝土预冷系统需满足预冷混凝土浇筑高峰期月平均强度约 16 万 m³ 的供应，预冷混凝土设计生产能力 480m³/h。全部预冷混凝土生产量约 566 万 m³，混凝土出机口温度为 7℃ 及 10℃，其中 7℃ 混凝土生产能力为 480m³/h，三班制生产。混凝土拌制后，卸入 9.6m³ 运输车运至缆机给料平台。

右岸混凝土拌和及制冷系统主要技术指标见表 11-4，拌和系统总布置见图 11-6。

表 11-4 右岸混凝土拌和及制冷系统主要技术指标表

序号	项 目		单位	数值	备 注
1	混凝土设计高峰月强		万 m³/月	20	
	预冷混凝土设计高峰月强			16	常态混凝土，T=7℃
2	混凝土设计生产能力	常温混凝土	m³/h	600	
		预冷混凝土	m³/h	480	常态混凝土，T=7℃
3	搅拌楼铭牌生产能力	常温混凝土	m³/h	340	一座 2×7m³ 楼，（出料容积 2×4.8m³）
		预冷混凝土	m³/h	250	
4	胶凝材料储量	水泥	t	6×1500	满足高峰期 7d 用量
		掺合料	t	4×900	满足高峰期 7d 用量
5	骨料储量	粗骨料	m³	4×5500	满足高峰期 2d 用量
		砂	m³	2×4000	满足高峰期 2d 用量
6	拌和系统制冷容量	一次风冷	万 kcal/h	500	标准工况
		二次风冷	万 kcal/h	275	
		冷水	万 kcal/h	50	
		片冰	万 kcal/h	225	
		冰保温及输送	万 kcal/h	50	
		合计	万 kcal/h	1100	
7	主要制冷设计能力	高温时段常态混凝土出机口温度	℃	7	
		最大冷水生产量	t/h	50	4~6℃
		片冰产量	t/d	280	

序号	项　　目		单位	数值	备　　注
8	污水处理规模		t/h	300	
9	压气站规模		m³/min	240	
10	系统耗水量		m³/h	400	
11	电机装机容量	拌和系统	kW		
		制冷系统	kW		
		水处理系统	kW		
		合计	kW		
12	生产班制		班	3	
13	生产定员		人	270	不包括竖井进骨料的长胶带输送机运行人员
14	建筑面积		m²		含库房、偏厦
15	占地面积		m²	24000	

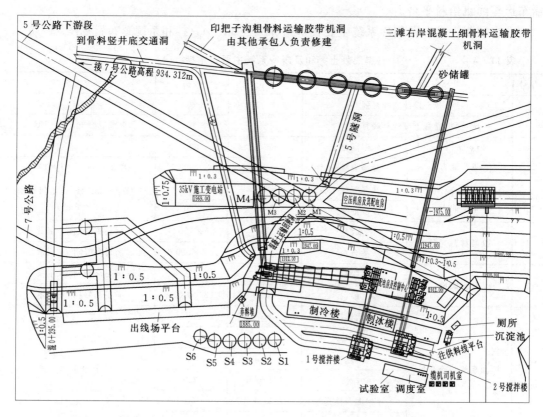

图 11-6　锦屏一级水电站大坝右岸大坝工程高线混凝土生产拌和系统总布置图

11.3.2　工艺特点分析

（1）大型强制搅拌楼的选用。根据大坝混凝土浇筑方案，拌和楼需要生产高质量常态混凝土，以便与高速缆机相适应，提高供料保证率，减少设备台套。

（2）卷制筒仓的使用。系统的胶凝材料罐选用了卷制钢板水泥筒仓，该仓由德国进口专业制造设备卷制，仓体为五层螺旋咬边结构，极大地提高了仓体的强度，保证了筒仓的安全性和可靠性，且具有建设周期短，造价低等特点。

（3）大规模混凝土骨料竖井的运用。锦屏一级右岸高线混凝土生产系统作为国内大型的强制式混凝土生产系统，其高强度的混凝土生产对骨料储运系统提出了更高要求。在系统技施设计中，因地制宜采用骨料竖井的储料工艺，能满足高峰强度 2d 用量，保证了系统骨料供应。